国家电网
STATE GRID

U0831093

电网企业专业技能考核题库

信息调度监控员、信息通信客户服务代表

国网宁夏电力有限公司 编

中国电力出版社
CHINA ELECTRIC POWER PRESS

内 容 提 要

本书编写依据国家职业技能鉴定、电力行业职业技能鉴定与国家电网有限公司技能等级评价（认定）相关制度、规范、标准，立足宁夏电网生产实际，融合新型电力系统构建及新时代技能人才发展目标要求。本书主要内容为电网企业技能人员技能等级认定与评价实操试题，包含技能笔答及技能操作两大部分，其中技能笔答主要以问答题形式命题，技能操作以任务书形式命题，均明确了各个环节的考核知识点、标准答案和评分标准。

本书为电网企业生产技能人员的培训教学用书，可供从事相应职业（工种）技能人员学习参考，也可作为电力职业院校教学参考书。

图书在版编目（CIP）数据

信息调度监控员、信息通信客户服务代表 / 国网宁夏电力有限公司编. —北京：中国电力出版社，2022.9
电网企业专业技能考核题库
ISBN 978-7-5198-7199-4

Ⅰ. ①信… Ⅱ. ①国… Ⅲ. ①电力系统调度–监视控制–职业技能–鉴定–习题集 ②电力通信系统–商业服务–职业技能–鉴定–习题集 Ⅳ. ①TM-44

中国版本图书馆 CIP 数据核字（2022）第 203408 号

出版发行：中国电力出版社
地　　址：北京市东城区北京站西街 19 号（邮政编码 100005）
网　　址：http://www.cepp.sgcc.com.cn
责任编辑：马　丹（010-63412725）　马雪倩
责任校对：黄　蓓　朱丽芳　马　宁
装帧设计：郝晓燕
责任印制：钱兴根

印　　刷：固安县铭成印刷有限公司
版　　次：2022 年 9 月第一版
印　　次：2022 年 9 月北京第一次印刷
开　　本：889 毫米×1194 毫米　16 开本
印　　张：22
字　　数：633 千字
定　　价：84.00 元

《电网企业专业技能考核题库　信息调度监控员、信息通信客户服务代表》

编　委　会

《电网企业专业技能考核题库　信息调度监控员、信息通信客户服务代表》

编　写　组

主　　编　沙卫国

副 主 编　吴旻荣　段文奇

编写人员　张振宇　柴育峰　王　晔　魏　宁　韩红卫
苏　望　贾　博　陈　玲　宋文龙　何玉鹏
张　伟　邓广志　杨龙雨　胡长武　李　强
邹洪森　党　引　卢　磊　景妍华

审稿人员　夏　琨　段文奇　党仲魁　贾　博　马泽坤
魏文婷

前　言

国网宁夏电力有限公司以国家职业技能鉴定、电力行业职业技能鉴定与国家电网有限公司技能等级评价（认定）相关制度、规范、标准为依据，主要针对电网企业各类技能工种的初级工、中级工、高级工、技师、高级技师等人员，以专业操作技能为主线，立足宁夏电网生产实际，结合新型电力系统构建要求，编写了《电网企业专业技能考核题库》丛书。丛书在编写原则上，以职业能力建设为核心；在内容定位上，突出针对性和实用性，涵盖了国家电网有限公司相关政策、标准、规程、规定及现代电力系统新设备、新技术、新知识、新工艺等内容。

丛书的深度、广度遵循了“适应发展需求、立足实践应用”的工作思路，全面涵盖了国家电网有限公司技能等级评价（认定）内容，能够为国网宁夏电力有限公司实施技能等级评价（认定）专业技能考核命题提供依据，也可服务于同类电网企业技能人员能力水平的考核与认定。本套丛书可供电网企业技能人员学习参考，可作为电网企业生产技能人员的培训教学用书，也可作为电力职业院校教学参考用书。

由于时间和水平有限，难免存在疏漏之处，恳请各位专家和读者提出宝贵意见。

目 录

第一篇

信息调度监控员

第一部分
信息调度监控员
初级工

第一章　信息调度监控员初级工技能笔答

单 选 题

Jb0706571001　SG－I 6000 v2.0 主页状态为（　　）且应用系统运行状态为（　　）不产生告警。（3 分）

A. 404；1　　B. 200；0　　C. 500；1　　D. 200；1

考核知识点：SG－I6000 操作基础

难易度：易

标准答案：D

Jb0706571002　SG－I6000 v2.0 以下（　　）不属于资源管理的功能。（3 分）

A. 新增　　B. 修改　　C. 导入　　D. 导出

考核知识点：SG－I6000 操作基础

难易度：易

标准答案：C

Jb0706571003　智能一体化运维支撑平台（SG－I6000 v2.0）中，关于告警管理功能不正确的是（　　）。（3 分）

A. 资源群组管理　　B. 告警策略管理　　C. 通知群组管理　　D. 告警恢复组管理

考核知识点：SG－I6000 操作基础

难易度：易

标准答案：D

Jb0706571004　SG－I6000 v2.0 集“调度、运行、（　　）、客服、三线”业务功能于一体的智能一体化运维支撑平台（SG－I6000 v2.0）。（3 分）

A. 技改　　B. 大修　　C. 建设　　D. 检修

考核知识点：SG－I6000 操作基础

难易度：易

标准答案：D

Jb0706571005　以下（　　）是 SG－I6000 v2.0 的一级导航菜单。（3 分）

A. 我的主页　　B. 资源配置　　C. 采集控制　　D. 工具应用

考核知识点：SG－I6000 操作基础

难易度：易

标准答案：D

Jb0706571006　SG－I6000 v2.0 信息调度管理机构根据通过监控发现系统异常后，拟写调度联系单，发送给调度联系单审核人员，进入（　　）环节。（3 分）

A. 联系单审核　　B. 联系单位反馈　　C. 审核定性　　D. 审核通过

考核知识点：SG－I6000 操作基础

难易度：易

标准答案：A

Jb0706571007　SG－I6000 v2.0 公告通知接收单位用户登录后，选中并打开一条通知信息，若需签阅且当前用户拥有签阅权限则会显示（　　）和签阅按钮。（3 分）

A. 已签阅框　　B. 未签阅框　　C. 签阅意见框　　D. 以上都是

考核知识点：SG－I6000 操作基础

难易度：易

标准答案：C

Jb0706571008　衡量数字通信系统的有效性主要性能指标是（　　）。（3 分）

A. 传输速度　　B. 差错率　　C. 码元传输速率　　D. 误码率或误信率

考核知识点：业务知识

难易度：易

标准答案：A

Jb0706571009　数据透视表的字段指的是（　　）。（3 分）

A. 数据源中的列　　B. 对数据进行透视的区域

C. 数据透视表布局区域　　D. 数据源中的行

考核知识点：技能知识

难易度：易

标准答案：A

Jb0706571010　机房及（　　）的接地电阻、过电压保护性能，应符合有关标准、规范的要求。（3 分）

A. 生产设备　　B. 安全设施　　C. 办公场所　　D. 相关设施

考核知识点：规章制度

难易度：易

标准答案：D

Jb0706571011　管理信息内网与外网之间、管理信息大区与生产控制大区之间的边界应采用国家电网有限公司认可的（　　）进行安全隔离。（3 分）

A. 防火墙　　B. 纵加装置　　C. 隔离装置　　D. 准入装置

考核知识点：规章制度

难易度：易

标准答案：C

Jb0706571012　检修工作需其他调度机构配合布置工作时，工作许可人应确认相关（　　）已完成后，方可办理工作许可手续。（3分）

A. 安全措施　　B. 管理措施　　C. 组织措施　　D. 技术措施

考核知识点：规章制度

难易度：易

标准答案：A

Jb0706571013　工作前，作业人员应进行身份（　　）和（　　）。（3分）

A. 鉴别、认证　　B. 鉴别、授权　　C. 验证、授权　　D. 验证、备案

考核知识点：规章制度

难易度：易

标准答案：B

Jb0706571014　检修前，应检查检修对象及受影响对象的运行状态，并核对（　　）是否一致。（3分）

A. 运行方式与检修方案　　B. 检修方式与检修方案

C. 运行方式与检修方式　　D. 运行方案与检修方式

考核知识点：规章制度

难易度：易

标准答案：A

Jb0706571015　对于基础环境的监控有（　　）。（3分）

A. 机房电源、机房空调、视频监控、应急措施是否到位

B. 机房电源、机房空调、服务器、视频监控是否到位

C. 机房电源、机房空调、服务器、视频监控、应急措施是否到位

D. 机房空调、服务器、应急措施是否到位

考核知识点：辅助设施基础

难易度：易

标准答案：C

Jb0706571016　各类信息通信报表的内容主要由（　　）和（　　）两大部分组成，其中后者在报表中所占的比例随报表等级逐级增大。（3分）

A. 对比分析评价、调度运行情况统计　　B. 调度运行情况统计、对比分析评价

C. 调度运行情况统计、异常故障流程处置　　D. 异常故障流程处置、调度运行情况统计

考核知识点：业务知识

难易度：易

标准答案：B

Jb0706571017　信息系统（　　）级检修计划应报送国家电网有限公司数字化工作部，审批后方可执行。（3分）

A. 一　　B. 二　　C. 三　　D. 四

考核知识点：规章制度

难易度：易
标准答案：A

Jb0706571018　“四不放过”不包括（　　）。（3分）
A. 事故原因未查清不放过　　B. 事故教训未总结不放过
C. 整改措施未落实不放过　　D. 有关人员未受到教育不放过
考核知识点：规章制度
难易度：易
标准答案：B

Jb0706571019　信息系统事件共分为（　　）。（3分）
A. 一级至五级　　B. 五级至八级　　C. 二级至六级　　D. 一级至四级
考核知识点：规章制度
难易度：易
标准答案：B

Jb0706571020　开展专业技术技能培训考核，推行岗位安全技术等级认证，班组长、工作票签发人、（　　）、工作许可人（“三种人”）等关键岗位人员必须具备相应的专业技术技能和安全技术等级。（3分）
A. 工作监护人　　B. 工作负责人　　C. 工作成员　　D. 工作审批人
考核知识点：规章制度
难易度：易
标准答案：B

Jb0706571021　定期巡检是指按既定周期，以及时发现信息系统安全运行（　　）为目的的巡检。（3分）
A. 隐患　　B. 隐患和缺陷　　C. 缺陷　　D. 异常
考核知识点：规则制度
难易度：易
标准答案：B

Jb0706571022　信息调度规程调度管理中不正确的项目为（　　）。（3分）
A. 调度管理的任务、组织形式　　B. 职责、权限、调管范围划分
C. 运行方式及调度计划编制和管理　　D. 检修工作汇报制度
考核知识点：业务知识
难易度：易
标准答案：D

Jb0706571023　通信运行方式对信息系统而言，说法正确的是（　　）。（3分）
A. 未发生安全事件，信息系统就被认为安全
B. 存在风险一定不安全
C. 一次彻底的风险评估，将对信息系统的安全状况做出准确的判断

D. 只要风险控制在可接受的范围内，就可以达到系统稳定运行的目的
考核知识点：业务知识
难易度：易
标准答案：D

Jb0706572024 国网信通公司调度采取分级模式设置，从上至下依次为：国网信通调度、(　　)、地市通信调度。(3分)
A. 分部信通调度　B. 省信通调度　C. 国网信通调度　D. 地市信通调度
考核知识点：规章制度
难易度：中
标准答案：B

Jb0706572025　SG－I6000 v2.0 调度任务列表记录区域按钮不包括(　　)。(3分)
A. 新增　B. 删除　C. 撤回　D. 处理
考核知识点：SG－I6000 操作基础
难易度：中
标准答案：D

Jb0706572026　在 SG－I6000 v2.0 系统中，信息通信运行值班结束时，值班人员填写当班交接班记录，描述当班总体情况、问题处理记录、遗留事项，同时由(　　)对交接班记录进行共同确认。(3分)
A. 运行人员　B. 接班人员　C. 调度主管　D. 调度值长
考核知识点：SG－I6000 操作基础
难易度：中
标准答案：B

Jb0706572027　SG－I6000 v2.0 配置告警处置策略可以按照(　　)方式告警。(3分)
A. 策略通知接收对象告警信息　B. 间接屏蔽告警
C. 策略通知发送对象告警信息　D. 以上都可以
考核知识点：SG－I6000 操作基础
难易度：中
标准答案：A

Jb0706572028　SG－I6000 v2.0 系统中，单指标触发策略中，阈值告警和(　　)可以添加多个触发规则。(3分)
A. 趋势告警　B. 字符比较　C. 缺失告警　D. 故障告警
考核知识点：SG－I6000 操作基础
难易度：中
标准答案：B

Jb0706572029　SG－I6000 v2.0 中新的表单在拟办的页面中，单击(　　)，选择相应的流程模板，即发起相应的流程。(3分)

A. 新建　B. 审核　C. 执行　D. 验证

考核知识点：SG－I6000 操作基础

难易度：中

标准答案：A

Jb0706572030　若想更改应用视图菜单、网络视图菜单、机房视图菜单打开后默认显示的视图，需要在（　　）菜单下修改。（3分）

A. 应用视图　B. 网络视图　C. 机房视图　D. 默认视图配置

考核知识点：技能知识

难易度：中

标准答案：D

Jb0706572031　总线结构的网络，采用（　　）方式传输信息。（3分）

A. 随机争用传输媒体　B. 令牌传递

C. 类似电话系统的电路交换协议　D. 逻辑环

考核知识点：网络基础

难易度：中

标准答案：A

Jb0706572032　SG－I6000 v2.0 系统，正在流转的流程表单，在待办列表中，单击（　　）可进行审批操作。（3分）

A. 新建　B. 查看　C. 处理　D. 刷新

考核知识点：SG－I6000 操作基础

难易度：中

标准答案：C

Jb0706572033　SG－I6000 v2.0 代办中单击查看流程图，可查看当前流转状态，（　　）框内，指已完成的节点。（3分）

A. 绿色　B. 红色　C. 黄色　D. 蓝色

考核知识点：SG－I6000 操作基础

难易度：中

标准答案：A

Jb0706572034　SG－I6000 v2.0 作业总览中脚本分类数量统计和作业按近（　　）天的执行趋势图形展示。（3分）

A. 3　B. 7　C. 10　D. 15

考核知识点：SG－I6000 操作基础

难易度：中

标准答案：B

Jb0706572035　SG－I6000 v2.0 7.2 脚本库管理中单击（　　）按钮，提供 shell、sql、python 等脚本在线编辑器，实现脚本的在线编辑。（3分）

A. 新建　　B. 新增　　C. 删除　　D. 刷新

考核知识点：SG－I6000 操作基础

难易度：中

标准答案：A

Jb0706572036　在 SG－I6000 v2.0 系统中，新建脚本页面分为（　　）和脚本信息两个 Tab，必须先填写完成基本信息所需的必填字段，才可以单击下一步填写脚本信息。（3 分）

A. 脚本发布　　B. 脚本版本　　C. 基本信息　　D. 脚本来源

考核知识点：SG－I6000 操作基础

难易度：中

标准答案：C

Jb0706572037　SG－I6000 v2.0 系统中脚本信息的“脚本来源”支持（　　）和本地上传两种方式。（3 分）

A. 修改　　B. 新建　　C. 更新　　D. 在线编辑

考核知识点：SG－I6000 操作基础

难易度：中

标准答案：D

Jb0706572038　SG－I6000 v2.0 系统中作业列表页面提供定时作业的“启动”“停止”和“执行”操作，其中（　　）操作弹出执行详情页面。（3 分）

A. 执行　　B. 启动　　C. 停止　　D. 运行

考核知识点：SG－I6000 操作基础

难易度：中

标准答案：A

Jb0706572039　各单位可根据实际情况制定《国家电网公司电力安全工作规程（信息部分）（试行）》的实施细则，经（　　）批准后执行。（3 分）

A. 职能管理部门　　B. 运维部门　　C. 本单位　　D. 安监部门

考核知识点：规章制度

难易度：中

标准答案：C

Jb0706572040　因故间断信息工作连续（　　）个月以上者，应重新学习《国家电网公司电力安全工作规程（信息部分）（试行）》，并经考试合格后，方可恢复工作。（3 分）

A. 三　　B. 六　　C. 十二　　D. 二十四

考核知识点：规章制度

难易度：中

标准答案：B

Jb0706572041　新参加工作的人员、实习人员和临时参加工作的人员（管理人员、非全日制用工等）应经过（　　）后，方可参加指定工作。（3 分）

A. 信息安全知识教育　　B. 信息岗位技能培训
C. 安全工作规程培训　　D. 电气知识培训
考核知识点：规章制度
难易度：中
标准答案：A

Jb0706572042　升级操作系统、数据库或中间件版本前，应确认其（　　）及对业务系统的影响。（3分）
A. 可操作性　　B. 稳定性　　C. 安全性　　D. 兼容性
考核知识点：规章制度
难易度：中
标准答案：D

Jb0706572043　主机设备或存储设备（　　），应验证所承载的业务运行正常。（3分）
A. 检修工作结束前　　B. 检修工作结束后　　C. 检修工作中　　D. 检修工作开始后
考核知识点：规章制度
难易度：中
标准答案：A

Jb0706572044　省级电网公司申报一级检修计划时，需要上传相关文档到总部调度进行审核，不包含（　　）文档。（3分）
A. 检修计划　　B. 检修方案　　C. 现场测试单　　D. 工作票、操作票
考核知识点：业务知识
难易度：中
标准答案：D

Jb0706573045　在实施调度行为时，应使用规范化用语发布调度指令，调度指令发布人为（　　）部门。（3分）
A. 上级调度　　B. 下级调度
C. 上级调度或下级调度都可以　　D. 上级调度或下级调度都不可以
考核知识点：业务知识
难易度：难
标准答案：A

Jb0706573046　（　　）应急组织体系机构负责公司信息系统年度、月度检修计划和临时检修计划的编制。（3分）
A. 调度指挥监控机构　　B. 基础设施及应用系统运行机构
C. 信息通信检修机构　　D. 信息通信管理机构
考核知识点：规章制度
难易度：难
标准答案：A

Jb0706573047　运检部门（单位）通过设备（　　），及时掌握设备状况变化趋势，分析设备故障及异常原因。（3分）

A. 运行数据统计分析　B. 状态检测　C. 缺欠跟踪　D. 风险评估

考核知识点： 业务知识

难易度： 难

标准答案： A

Jb0706573048　信息调度负责将批准后的可能影响用户应用的检修计划告知（　　），由（　　）统一组织发布面向用户的相关信息通信系统停机检修公告。（3分）

A. 管理部门　B. 业务部门　C. 信息通信客服　D. 数字化工作部

考核知识点： 规章制度

难易度： 难

标准答案： C

Jb0706573049　SG－I6000 v2.0，双击（　　）记录，打开并可编辑拟办任务记录。（3分）

A. 新增　B. 新建　C. 代办　D. 拟办

考核知识点： SG－I6000 操作基础

难易度： 难

标准答案： D

Jb0706573050　SG－I6000 v2.0 系统中新建场景实例和修改场景实例列表类似，可以设置（　　）。（3分）

A. 定时任务执行　B. 自动任务执行　C. 选择执行　D. 直接执行

考核知识点： SG－I6000 操作基础

难易度： 难

标准答案： A

Jb0706573051　SG－I6000 v2.0 系统中实现设备的全过程管理，设备管理模块下关于设备变更流程的描述正确的是（　　）。（3分）

A. 提供变更信息的编辑

B. 提供变更信息的申请和审核

C. 支持用户批量导入变更失败时，可明确提示用户导入失败

D. 以上选项描述都正确

考核知识点： SG－I6000 操作基础

难易度： 难

标准答案： D

Jb0706573052　SG－I6000 v2.0 系统中，立即执行页面跳转到执行情况页，动态展示执行的过程。在执行过程中，可以（　　）已暂停的执行。（3分）

A. 打开　B. 恢复　C. 停止　D. 以上都不对

考核知识点： SG－I6000 操作基础

难易度： 难

标准答案：B

Jb0706573053　通过（　　）功能模块可以查询到性能监测模块系统中的历史数据。（3分）

A. 综合分析　B. 业务监测　C. 综合评价　D. 统计查询

考核知识点：业务知识

难易度：难

标准答案：D

多选题

Jb0706581054　国网信通调度承担的主要职责中包括（　　）。（5分）

A. 负责调度管控监视范围内信息系统的实时监视、指挥协调、检修计划管理、信息报送和统计分析评价工作

B. 负责审核、下达调度管辖范围内信息通信系统的运行方式，对调度管辖范围内信息通信资源统一管理并调配使用

C. 负责组织开展调度管辖范围内信息通信系统应急预案的编写及应急演练工作，负责应急处置工作

D. 对调度管辖范围内信息系统的上下线进行审核；参与通信系统的验收与投运等相关工作

考核知识点：规章制度

难易度：易

标准答案：ABCD

Jb0706581055　信息系统业务中断是指（　　）之外的信息系统授权用户无法使用该系统处理业务。（5分）

A. 系统管理员　B. 网络管理员　C. 安全管理员　D. 数据库管理员

考核知识点：业务知识

难易度：易

标准答案：AD

Jb0706582056　SG－I6000 v2.0 调度任务列表记录区域按钮包括（　　）。（5分）

A. 新增　B. 删除　C. 撤回　D. 刷新

考核知识点：SG－I6000 操作基础

难易度：中

标准答案：ABCD

Jb0706582057　新上线信息系统（设备）和新投运通信系统（设备）应在上线试运行前完成监控接入，同时还需满足（　　）后，方可纳入信息通信调度监视范围。（5分）

A. 信息系统需完成上线试运行申请并通过部署实施验收，具备完整的运行方式及应急预案，接入前完成单点部署等隐患整改工作

B. 通信系统完成工程验收、完成系统上线流程审批，具备完整的运行方式及应急预案

C. 完成监控有效性验证，具备声、光、电告警功能，能够清晰准确地对系统故障、缺陷进行定位和提示；同时具备完备的操作手册，提供所有监控项、阈值等监控指标的定义，提供监控内容列表，并根据调度需要开展专项培训

D. 监控工具对于未达到安全生产要求的监控工具（告警准确性、及时性不够，告警信息不明确，存在安全漏洞等）不予接入

考核知识点：规章制度

难易度：中

标准答案：ABCD

Jb0706582058　SG－I6000 v2.0，应用示例中建立单个流程，管理单个流程下的（　　）。（5分）

A. 数据模型　　B. 展现模型　　C. 应用控制模型　　D. 流转环节模型

考核知识点：SG－I6000操作基础

难易度：中

标准答案：ABCD

Jb0706582059　精密空调压缩机高压报警常见于（　　），压缩机低压报警常见于（　　）。（5分）

A. 春季　　B. 夏季　　C. 秋季　　D. 冬季

考核知识点：辅助设施基础

难易度：中

标准答案：BD

判　断　题

Jb0706591060　严格设备选型、招标、监造、安装、运行、维护全过程质量控制和监督，共享设备质量信息。（3分）

A. 对　　B. 错

考核知识点：规章制度

难易度：易

标准答案：A

Jb0706591061　任何单位和个人不得阻挠和干涉对事故的报告和调查处理。（3分）

A. 对　　B. 错

考核知识点：规章制度

难易度：易

标准答案：A

Jb0706591062　事故主要责任是指直接导致事故发生，对事故承担主体责任者。（3分）

A. 对　　B. 错

考核知识点：规章制度

难易度：易

标准答案：A

Jb0706591063　发生信息系统损坏或信息系统泄密的事件计为信息系统安全事件。（3分）

A. 对　　B. 错

考核知识点：网络安全基础

难易度：易

标准答案：A

Jb0706591064　信息通信系统调度运行管理的主要对象包括：信息系统软硬件设备，业务应用系统和各种传输、交换、终端等通信设施。(3 分)

A. 对　　　　B. 错

考核知识点：规章制度

难易度：易

标准答案：A

Jb0706591065　交接班前 10min 及交接班过程中，原则上不进行计划性或临时性操作。(3 分)

A. 对　　　　B. 错

考核知识点：规章制度

难易度：易

标准答案：A

Jb0706591066　调度员不得擅自变更交接班时间，若接班人员无法按时到岗，应提前告知所在班组值长，并由交班人员继续值班，由于交班人员擅自离岗产生的问题，由交班人员负责。(3 分)

A. 对　　　　B. 错

考核知识点：规章制度

难易度：易

标准答案：A

Jb0706591067　安全事故报告应及时、准确、完整，任何单位和个人对事故不得迟报、漏报、谎报或者瞒报。(3 分)

A. 对　　　　B. 错

考核知识点：规章制度

难易度：易

标准答案：A

Jb0706591068　数据独立性是指数据之间相互独立。(3 分)

A. 对　　　　B. 错

考核知识点：基础知识

难易度：易

标准答案：B

Jb0706592069　根据预警通知单明确的工作内容和计划时间，通信检修、故障恢复等任务结束，通信系统恢复正常运行方式后解除通信系统运行风险预警，并由信通调控部门 (单位) 及时通知相关信通运维部门 (单位)。(3 分)

A. 对　　　　B. 错

考核知识点：规章制度

难易度：中

标准答案：A

Jb0706592070 值长是信息通信调度当值期间的值班工作负责人，负责组织应急处置和紧急、重要事件的汇报，指导、分解值班任务、主持交接班等工作。（3分）

A. 对　　B. 错

考核知识点：规章制度

难易度：中

标准答案：A

Jb0706592071 严格外部人员访问应用程序，对允许访问人员实行专人全程陪同或监督，可以不必登记备案。（3分）

A. 对　　B. 错

考核知识点：规章制度

难易度：中

标准答案：B

Jb0706592072 各级信息通信调度机构负责调管范围内的新建工程和工程改造中的业务运行方式的开通、变更、退出等工作。（3分）

A. 对　　B. 错

考核知识点：业务知识

难易度：中

标准答案：A

Jb0706592073 当值调度员查看值班视图时所在班次的班组名称会加粗显示。（3分）

A. 对　　B. 错

考核知识点：业务知识

难易度：中

标准答案：A

Jb0706592074 SG－I6000 v2.0 登录系统，首先进去的是工作台，将待办待阅以及用户关注的内容集中展示，方便及时处理。以组件配置的方式，可以按照相同的用户关注点提供灵活配置功能。（3分）

A. 对　　B. 错

考核知识点：SG－I6000 操作基础

难易度：中

标准答案：B

Jb0706592075 SG－I6000 v2.0 在权限管理组件的工作台管理菜单中，可对工作台组件进行新增、授权、分类、删除等管理。（3分）

A. 对　　B. 错

考核知识点：SG－I6000 操作基础

难易度：中

标准答案：B

Jb0706592076　SG－I6000 v2.0 按照单位、角色对组件进行授权，授权后，在前端工作台页面即可配置选择。(3 分)

A. 对　　B. 错

考核知识点：SG－I6000 操作基础

难易度：中

标准答案：A

Jb0706592077　在 SG－I6000 v2.0 工作台组件授权，选定组织单位及角色，单击组件授权，在弹出窗口中选定工作台组件进行授权。(3 分)

A. 对　　B. 错

考核知识点：SG－I6000 操作基础

难易度：中

标准答案：A

Jb0706592078　在 SG－I6000 v2.0 资源配置组件中资源管理，面向全部资源提供基础的查询、修改、删除等功能。(3 分)

A. 对　　B. 错

考核知识点：SG－I6000 操作基础

难易度：中

标准答案：B

Jb0706593079　在 SG－I6000 v2.0 资源配置组件中普通用户使用微应用即可编辑工单，进行工单流转，完成规范化的资源管理。(3 分)

A. 对　　B. 错

考核知识点：SG－I6000 操作基础

难易度：难

标准答案：A

Jb0706593080　信息通信系统运行检修人员在巡检、检修等过程中发现的有可能影响到用户正常使用业务应用系统的信息，要及时告知信息通信客服人员。(3 分)

A. 对　　B. 错

考核知识点：规章制度

难易度：难

标准答案：A

Jb0706593081　SG－I6000 v2.0 中“资源管理”下，选择资源，单击“修改”，进入修改状态，单击“数据关系”页签，进入关联关系图形化维护界面。(3 分)

A. 对　　B. 错

考核知识点：SG－I6000 操作基础

难易度：难

标准答案：A

Jb0706593082　在 SG－I6000 v2.0 新增资源节单中单击工具栏按钮“新增资源”，出现“资源类型列表”窗口，显示所有资源类型，单击选择一个资源类型，窗口下方将出现该类型资源的默认图元。（3 分）

A. 对　　B. 错

考核知识点：SG－I6000 操作基础

难易度：难

标准答案：A

Jb0706593083　不得无故取消或延期已批复的信息通信检修计划，取消或延期已批复的检修计划，需报本次检修流转的本级调度机构批准。（3 分）

A. 对　　B. 错

考核知识点：规章制度

难易度：难

标准答案：B

Jb0706593084　SG－I6000 v2.0 新增资源节点中绑定资源实例，右击新增的资源节点，弹出绑定资源，按照提示新增或选择已有资源。（3 分）

A. 对　　B. 错

考核知识点：SG－I6000 操作基础

难易度：难

标准答案：A

Jb0706593085　各级调度机构须对本单位调管范围内信息通信系统安全策略的调整进行备案管理，对于影响上下级级联贯通系统的安全策略的调整，须报总调备案。（3 分）

A. 对　　B. 错

考核知识点：业务知识

难易度：难

标准答案：A

Jb0706593086　输入和输出设备是用来存储程序及数据的装置。（3 分）

A. 对　　B. 错

考核知识点：主机基础

难易度：难

标准答案：B

Jb0706593087　交接班内容包含：当值期间信息通信系统运行情况、完成的检修工作、未完结的检修工作票和其他注意事项等。（3 分）

A. 对　　B. 错

考核知识点：业务知识

难易度：难

标准答案：B

简 答 题

Jb0706531088　SG－I6000 v2.0 中调度联系单实现哪些环节的全过程闭环管理？（3 分）

考核知识点：SG－I6000 操作基础

难易度：易

标准答案：

填写、审核、反馈、审核定性流程。

Jb0706531089　发现机房有异味，应该怎么做？（3 分）

考核知识点：规章制度

难易度：易

标准答案：

（1）需立即汇报调度台，可能有设备零件老化迹象。

（2）个别设备部件温度偏高。

（3）电缆绝缘老化，存在起火隐患。

Jb0706531090　电力行业从业人员义务有哪些？至少写出两点。（3 分）

考核知识点：规章制度

难易度：易

标准答案：

严格遵守本单位的安全生产规章制度和操作规程，接受安全生产教育和培训，发现事故隐患应立即向现场安全生产管理人员报告。

Jb0706531091　调度操作指令形式有哪些？（3 分）

考核知识点：业务知识

难易度：易

标准答案：

调度操作指令形式有单项指令、逐项指令、综合指令。

Jb0706531092　简述安全事故处理的"四不放过"原则。（3 分）

考核知识点：规章制度

难易度：易

标准答案：

四不放过是指事故原因未查清不放过、责任人员未处理不放过、整改措施未落实不放过、有关人员未受到教育不放过。

Jb0706531093　信息通信调度员值班日志包括哪些内容？至少写出两点。（3 分）

考核知识点：业务知识

难易度：易

标准答案：

（1）信息通信网络、业务应用、安全防护等系统的运行状态。

（2）信息通信系统检修票、方式单处理状态。

（3）调度指令票、调度联系单处理状态。
（4）信息通信系统、应用系统故障\缺陷受理及处理记录。

Jb0706531094　信息调度工作为保障信息系统的安全稳定运行，主要开展的工作有哪些？至少写出两点。（3分）
考核知识点：规章制度
难易度：易
标准答案：
（1）信息调度值班。
（2）检修计划管理。
（3）方式资源管理。
（4）应急安全管理。
（5）统计分析等。

Jb0706531095　定时巡视是指按照规定的频次对哪些内容进行有针对性的检查？至少写出两点。（3分）
考核知识点：业务知识
难易度：易
标准答案：
（1）信息通信系统及设备的可用性。
（2）关键指标。
（3）重要性能。

Jb0706531096　SG－I6000 v2.0 工作台组件列表包含哪些组件？至少写出两点。（3分）
考核知识点：SG－I6000 操作基础
难易度：易
标准答案：
SG－I6000 v2.0 工作台组件列表包含新增、编辑、删除组件。

Jb0706531097　虚拟实例的实现方式有几种？至少写出两种。（3分）
考核知识点：虚拟化技术基础
难易度：易
标准答案：
虚拟实例的实现方式有全虚拟化、半虚拟化、硬件辅助虚拟化。

Jb0706531098　虚拟机的优势有哪些？至少写出两点。（3分）
考核知识点：虚拟化技术基础
难易度：易
标准答案：
虚拟机的优势有封装性、隔离性、兼容性。

Jb0706531099 《国家电网有限公司安全事故调查规程（2021年版）》所指的网络不可用是指什

么？（3分）

考核知识点：规章制度

难易度：易

标准答案：

网络中断或网络原因造成业务中断。

Jb0706531100 《国家电网有限公司安全事故调查规程（2021年版）》规定，危险性生产区域包括哪些？（3分）

考核知识点：规章制度

难易度：易

标准答案：

（1）容易发生触电、高空坠落事故的场所。

（2）爆炸、爆破场所。

（3）起吊作业容易发生中毒、窒息事故场所。

（4）易发生机械伤害、火灾、烧烫伤等引起人身和设备事故的场所。

Jb0706531101 安全事故报告的要求有哪些？至少写出两点。（3分）

考核知识点：规章制度

难易度：易

标准答案：

安全事故报告的要求有准确、及时、完整。

Jb0706531102 各单位信息调度员应了解哪些内容？至少写出两点。（3分）

考核知识点：业务知识

难易度：易

标准答案：

（1）了解应急预案处置内容。

（2）熟悉应急预案处置流程。

（3）负责应急预案的保管。

Jb0706531103 调度员岗前培训的内容应包括哪些？（3分）

考核知识点：业务知识

难易度：易

标准答案：

调度员岗前培训的内容应包括制度与流程、专业理论知识、专业技能、综合能力。

Jb0706532104 信息系统的主要故障类型包括哪些？（3分）

考核知识点：业务知识

难易度：中

标准答案：

信息系统的主要故障类型包括网络故障、服务器故障、数据库故障、存储故障。

Jb0706532105 调度录音系统应每月进行检查，主要检查哪些方面？（3分）

考核知识点：业务知识

难易度：中

标准答案：

（1）运行可靠。

（2）录音效果良好。

（3）录音数据准确无误。

（4）存储容量充足。

Jb0706532106 公司信息通信调度管理工作主要内容包括什么？（3分）

考核知识点：规章制度

难易度：中

标准答案：

公司信息通信调度管理工作主要内容包括信息通信调度值班、检修计划管理、方式资源管理、应急安全管理和统计分析等工作。

Jb0706532107 在SG－I6000 v2.0系统中调度值班实现了哪些功能？至少写出两点。（3分）

考核知识点：SG－I6000操作基础

难易度：中

标准答案：

在SG－I6000 v2.0系统中调度值班实现了调度排班、值班、交接班、值班日志。

Jb0706532108 SG－I6000 v2.0调度联系单可以查询到公司哪些层级？（3分）

考核知识点：SG－I6000操作基础

难易度：中

标准答案：

SG－I6000 v2.0调度联系单可以查询到国家电网有限公司总部、省级电网公司、地市公司。

Jb0706532109 SG－I6000 v2.0流程表单中，当前处理人都包含哪些？（3分）

考核知识点：SG－I6000操作基础

难易度：中

标准答案：

SG－I6000 v2.0流程表单中，当前处理人包含流程最新的签收或者操作处理人。

Jb0706532110 SG－I6000 v2.0事件报告单中信息通信系统运行事件发生并排除后，填报即时报告，单击“发送”按钮发送给哪里等待上报？（3分）

考核知识点：SG－I6000操作基础

难易度：中

标准答案：

省级电网公司/直属单位事件报告上报人员。

Jb0706532111 UPS 主要由哪些组件构成？（3 分）

考核知识点：辅助设施基础

难易度：中

标准答案：

UPS 主要由整流充电器、蓄电池、逆变器组件构成。

Jb0706532112 SG－I6000 v2.0 事件报告单中评审填报的正式报告，给出评审意见，单击“发送”按钮发送评审意见，流程流转至哪里等待审批？（3 分）

考核知识点：SG－I6000 操作基础

难易度：中

标准答案：

国家电网有限公司信息通信分公司事件报告审批人员。

Jb0706532113 SG－I6000 v2.0 值班视图中，国家电网有限公司总部和省级电网公司共用哪些的页面？至少写出两点。（3 分）

考核知识点：SG－I6000 操作基础

难易度：中

标准答案：

（1）日视图。

（2）月视图。

Jb0706532114 广域网协议有哪些？至少写出两点。（3 分）

考核知识点：网络基础

难易度：中

标准答案：

广域网协议有 PPP、X.25、FrameRelay。

Jb0706532115 云计算特点有哪些？至少写出两点。（3 分）

考核知识点：云平台基础

难易度：中

标准答案：

云计算特点有虚拟化、超大规模、高可用性。

Jb0706532116 传输层协议有哪些？（3 分）

考核知识点：网络基础

难易度：中

标准答案：

传输层协议有：① TCP；② UDP。

Jb0706532117 域名解析的两种主要方式是什么？（3 分）

考核知识点：网络基础

难易度：中

标准答案：

域名解析的两种主要方式是递归解析、反复解析。

Jb0706532118 Sql Server 2008 提供的身份验证模式有哪些？（3 分）

考核知识点：数据库基础

难易度：中

标准答案：

Sql Server 2008 提供的身份验证模式有 Windows 身份验证模式、Sql Server 身份验证模式。

Jb0706532119 什么是信息系统账号实名制？（3 分）

考核知识点： 规章制度

难易度：中

标准答案：

信息系统账号实名制是指使用人使用真实身份信息申请，经本级人力资源管理部门批准后进行的账号注册。

Jb0706532120 SG－I6000 v2.0 数据调和中包括哪些？至少写出两点。（3 分）

考核知识点：SG－I6000 操作基础

难易度：中

标准答案：

SG－I6000 v2.0 数据调和中包括变更审核、调和日志、调和配置、数据去重。

Jb0706532121 SG－I6000 v2.0 系统资源监测模块监测资源包括哪些？至少写出两点。（3 分）

考核知识点：SG－I6000 操作基础

难易度：中

标准答案：

SG－I6000 v2.0 系统资源监测模块监测资源包括应用系统、服务器、数据库、中间件。

Jb0706532122 危害电力设施行为有哪些？至少写出两点。（3 分）

考核知识点：业务知识

难易度：中

标准答案：

（1）向电力线路设施射击。

（2）向导体抛掷物体。

（3）擅自在导线上接用电气设备。

Jb0706532123 一个存储系统性能的衡量指标通常有哪些？至少写出两点。（3 分）

考核知识点：存储技术基础

难易度：中

标准答案：

一个存储系统性能的衡量指标通常有 IOPS、带宽、时延。

Jb0706532124　请简述集群架构的优点，至少写出两点。（3 分）

考核知识点：架构基础

难易度：中

标准答案：

（1）易于管理。

（2）灵活的负载均衡。

（3）可靠的安全性。

（4）可扩展性。

Jb0706532125　SG－I6000 v2.0 省级电网公司业务系统同步中单击新增左侧的同步按钮可以将国家电网有限公司总部的哪些信息同步到省级电网公司？至少写出两点。（3 分）

考核知识点：SG－I6000 操作基础

难易度：中

标准答案：

（1）指标数据。

（2）业务系统。

Jb0706532126　信息机房内的哪些设备需使用不间断电源？至少写出两点。（3 分）

考核知识点：规章制度

难易度：中

标准答案：

（1）数据通信网核心路由器。

（2）视频监控终端。

Jb0706532127　空调在夏季出现高压告警，可能的原因有哪些？至少写出两点。（3 分）

考核知识点：辅助设施基础

难易度：中

标准答案：

（1）制冷剂太多。

（2）室外机太脏。

（3）管路有泄漏。

（4）循环水太脏。

Jb0706532128　SG－I6000 v2.0 单指标触发条件可以配置哪些项目？至少写出两点。（3 分）

考核知识点：SG－I6000 操作基础

难易度：中

标准答案：

SG－I6000 v2.0 单指标触发条件可以配置缺失告警、阈值告警、字符比较、趋势告警。

Jb0706533129　压缩式制冷循环经过四个过程，它们依次是什么？（3 分）

考核知识点：辅助设施基础

难易度：难

标准答案：

压缩式制冷循环需经过压缩、冷凝、节流、蒸发过程。

Jb0706533130 什么场合开展特殊巡检？（3分）

考核知识点：SG－I6000操作基础

难易度：难

标准答案：

在有外力破坏可能或恶劣气象条件（如雷电、暴雨、高温等）、特殊历史时期、节假日、国家重要会议期间、设备带缺陷运行或其他特殊情况下对设备进行的巡检。

Jb0706533131 《国家电网公司电力安全工作规程（信息部分）》规定，工作负责人应具备哪些条件的人？（3分）

考核知识点：规章制度

难易度：难

标准答案：

应熟悉工作范围内信息系统情况、熟悉安全工作规程、熟悉工作班成员工作能力，并经信息运维部门批准。

Jb0706533132 对电力系统运行的基本要求是什么？（3分）

考核知识点：规章制度

难易度：难

标准答案：

（1）保证可靠地持续供电。

（2）保证良好的电能质量。

（3）保证系统运行的经济性。

Jb0706533133 信息通信备品备件是指什么？（3分）

考核知识点：规章制度

难易度：难

标准答案：

信息通信备品备件是指新增、授权、分类、删除管理。

Jb0706533134 内存出现故障可能发生什么？至少写出两点。（3分）

考核知识点：主机基础

难易度：难

标准答案：

备品指能够独立行使某种电气性能的整体性设备，能够完全替代原有同类在运设备；备件指整体性设备的零部件，可替代在运设备上的同类零部件，使在运设备继续保持原有性能。

Jb0706533135 APM事务界面，展示的内容包括哪些？至少写出两点。（3分）

考核知识点：云平台基础

难易度：难

标准答案：

（1）事务的调用次数。

（2）事务的错误分布情况。

（3）事物的整体时延分布情况。

Jb0706533136　SG－I6000 v2.0 资源群组管理可以按哪些类别进行分组？至少写出两点。（3 分）

考核知识点：SG－I6000 操作基础

难易度：难

标准答案：

SG－I6000 v2.0 资源群组管理可以按单位、机房、系统、指定具体资源进行分组。

Jb0706533137　制定计划时，一般要写清楚哪些？（3 分）

考核知识点：SG－I6000 操作基础

难易度：难

标准答案：

制定计划时，一般要写清楚目标、任务、措施、步骤。

Jb0706533138　SG－I6000 v2.0 数据模型在左侧树导航节点中选择某个流程模板节点后，单击新建按钮，可以创建哪些内容？至少写出两点。（3 分）

考核知识点：SG－I6000 操作基础

难易度：难

标准答案：

可以创建数据模型、展现模型、字典模型、应用控制器模型。

第二章　信息调度监控员初级工技能操作

Jc0706511001　计算实时监控服务器总数量。（100分）

考核知识点：主机基础

难易度：易

技能等级评价专业技能考核操作工作任务书

一、任务名称

计算实时监控服务器总数量。

二、适用工种

信息调度监控员初级工。

三、具体任务

某省电力公司本部共有在运服务器1000台，其中内网800台、外网100台、未联网80台、私网20台，各下属地市公司共有在运服务器1000台，其中内网600台、外网200台、未联网100台、私网100台，按照SG－I6000 v2.0设备监控的要求，需要纳入实时监控的服务器总数量为多少台。

四、工作规范及要求

要求写出计算步骤。

五、考核及时间要求

（1）本考核操作时间为10分钟，时间到停止考评，包括报告整理时间。

（2）问题查找和排除过程中，如确实不能查找出问题，可向考评员申请排除问题，该项问题项目不得分，但不影响其他项目。

技能等级评价专业技能考核操作评分标准

<table>
<tr><td>工种</td><td colspan="5">信息调度监控员</td><td>评价等级</td><td>初级工</td></tr>
<tr><td>项目模块</td><td colspan="4">主机基础—实时监控服务器</td><td>编号</td><td colspan="2">Jc0706511001</td></tr>
<tr><td>单位</td><td colspan="2"></td><td>准考证号</td><td colspan="2"></td><td>姓名</td><td></td></tr>
<tr><td>考试时限</td><td colspan="2">10分钟</td><td>题型</td><td colspan="2">单项操作</td><td>题分</td><td>10分</td></tr>
<tr><td>成绩</td><td></td><td>考评员</td><td></td><td>考评组长</td><td></td><td>日期</td><td></td></tr>
<tr><td>试题正文</td><td colspan="7">计算实时监控服务器总数量</td></tr>
<tr><td>需要说明的问题和要求</td><td colspan="7">要求单人操作完成</td></tr>
</table>

序号	项目名称	质量要求	满分	扣分标准	扣分原因	得分
1	检查计算步骤是否完整	经计算得出，需要纳入实时监控的服务器总数量为1700台	100	与质量要求中计算结果不符，扣100分		
合计			100			

Jc0706512002　通信电源容量计算。（100 分）

考核知识点：主机基础

难易度：中

技能等级评价专业技能考核操作工作任务书

一、任务名称

通信电源容量计算。

二、适用工种

信息调度监控员初级工。

三、具体任务

一套通信电源有 5 个整流模块，每个模块 50A，请问整套通信电源的容量是多少安培。

四、工作规范及要求

要求写出计算步骤。

五、考核及时间要求

（1）本考核操作时间为 10 分钟，时间到停止考评，包括报告整理时间。

（2）问题查找和排除过程中，如确实不能查找出问题，可向考评员申请排除问题，该项问题项目不得分，但不影响其他项目。

技能等级评价专业技能考核操作评分标准

工种	信息调度监控员					评价等级	初级工
项目模块	主机基础—通信电源				编号	Jc0706512002	
单位			准考证号			姓名	
考试时限	10 分钟	题型		单项操作		题分	100 分
成绩		考评员		考评组长		日期	
试题正文	通信电源容量计算						
需要说明的问题和要求	要求单人操作完成						

序号	项目名称	质量要求	满分	扣分标准	扣分原因	得分
1	检查计算步骤是否完整	经计算得出，整套通信电源的容量为 250A	100	与质量要求中计算结果不符，扣 100 分		
合计			100			

Jc0706513003　机房设备。（100 分）

考核知识点：主机基础

难易度：难

技能等级评价专业技能考核操作工作任务书

一、任务名称

计算机房设备电源模块。

二、适用工种

信息调度监控员初级工。

三、具体任务

某机房设备总负载为 78A，系统配置两组 400AH 蓄电池组并联，均充电流设为 0.1C10（C10 为电池额定容量）若选 30A 整流模块构成电源系统，需多少块。

四、工作规范及要求

要求写出计算步骤。

五、考核及时间要求

（1）本考核操作时间为 10 分钟，时间到停止考评，包括报告整理时间。

（2）问题查找和排除过程中，如确实不能查找出问题，可向考评员申请排除问题，该项问题项目不得分，但不影响其他项目。

技能等级评价专业技能考核操作评分标准

工种	信息调度监控员					评价等级	初级工
项目模块	主机基础—机房设备				编号	Jc0706513003	
单位			准考证号			姓名	
考试时限	10 分钟		题型	单项操作		题分	10 分
成绩		考评员		考评组长		日期	
试题正文	计算机房设备电源模块						
需要说明的问题和要求	要求单人操作完成						

序号	项目名称	质量要求	满分	扣分标准	扣分原因	得分
1	检查计算步骤是否完整	经计算得出，需要 6 块	100	与质量要求中计算结果不符，扣 100 分		
合计			100			

第二部分
信息调度监控员中级工

第三章　信息调度监控员中级工技能笔答

单　选　题

Jb0706471001　《国家电网公司电力安全工作规程（信息部分）》的一般安全要求中，禁止从任何公共网络直接接入（　　）。（3分）

A. 管理信息外网　　B. 管理信息内网　　C. 管理信息网　　D. 信息业务网

考核知识点：规章制度

难易度：易

标准答案：B

Jb0706471002　调度指令是信息通信调度员对运行维护单位检修维护人员或下级信息通信机构值班调度员发布（　　）"执行"的决定。（3分）

A. 强制　　B. 要求　　C. 请求　　D. 协商

考核知识点：规章制度

难易度：易

标准答案：A

Jb0706471003　按照《国家电网公司电力安全工作规程（信息部分）》规定，检修工作如需关闭网络设备、安全设备，应确认（　　）。（3分）

A. 网络设备、安全设备已发出告警信息。　　B. 有无冗余的网络设备、安全设备。

C. 所承载的业务可停用或已转移。　　D. 网络设备、安全设备是否完好。

考核知识点：规章制度

难易度：易

标准答案：C

Jb0706471004　信息通信客服（　　）受理业务咨询、故障报修和服务投诉（3分）

A. 5×8h　　B. 7×8h　　C. 5×12h　　D. 7×24h

考核知识点：规章制度

难易度：易

标准答案：D

Jb0706471005　信息系统（　　）缺陷可能造成信息系统事故并致使系统停运。（3分）

A. 紧急　　B. 严重　　C. 一般　　D. 特殊

考核知识点：规章制度

难易度：易

标准答案：A

Jb0706471006　安全域的具体实现可采用的方式为（　　）。（3分）

A. 物理防火墙隔离　B. 虚拟防火墙隔离　C. Vlan 隔离等形式　D. 以上都是

考核知识点：网络基础

难易度：易

标准答案：D

Jb0706471007　不得无故取消或延期已批复的信息通信检修计划，取消或延期已批复的检修计划，需报（　　）批准。（3分）

A. 本次检修流转的最高级调度机构　B. 运行维护部门领导

C. 信调值长　D. 实施人员

考核知识点：规章制度

难易度：易

标准答案：A

Jb0706471008　SG－I6000 v2.0 总体架构中管理端不包括（　　）。（3分）

A. 配置管理　B. 数据传输　C. 采集任务模块　D. 在线用户数

考核知识点：SG－I6000 操作基础

难易度：易

标准答案：D

Jb0706471009　下列（　　）状态不包含在性能监测的信息系统状态展示中。（3分）

A. 性能告警　B. 节点告警　C. 功能告警　D. 检修中

考核知识点：业务知识

难易度：易

标准答案：B

Jb0706471010　报废终端设备、员工离岗离职时留下的终端设备应交由（　　）处理。（3分）

A. 信息运维单位　B. 信息管理部门　C. 业务部门　D. 相关部门

考核知识点：规章制度

难易度：易

标准答案：D

Jb0706471011　在规划和建设信息系统时，信息系统安全防护措施的“三同步”原则不包括（　　）。（3分）

A. 同步规划　B. 同步建设　C. 同步安装　D. 同步投入运行

考核知识点：规章制度

难易度：易

标准答案：C

Jb0706471012　以下关于内网计算机与相关外接设备管理描述错误的是（　　）。（3分）

A. 严禁在信息内网计算机存储、处理国家秘密信息

B. 严禁信息内网办公计算机配置使用无线上网卡等无线设备

C. 扫描仪、打印机等计算机外接设备在信息内网和信息外网上交叉使用
D. 严禁信息内网和信息外网计算机交叉使用
考核知识点：规章制度
难易度：易
标准答案：C

Jb0706471013 故障报告内容不包括（ ）。（3分）
A. 对责任人的处理意见 B. 抢修处理的过程
C. 故障的具体原因 D. 恢复时间和防范措施
考核知识点：规章制度
难易度：易
标准答案：A

Jb0706471014 信息通信客服人员包含客服座席和（ ）。（3分）
A. 信息系统运维人员 B. 技术支持人员 C. 终端运维人员 D. 网络工程师
考核知识点：规章制度
难易度：易
标准答案：C

Jb0706471015 即时报告中的口头报告基本内容应包括事件发生时间、（ ）、事件初步影响范围、事件预计处理和恢复时间。（3分）
A. 事件分析说明 B. 事件汇报说明 C. 事件具体分析说明 D. 事件基本情况说明
考核知识点：规章制度
难易度：易
标准答案：D

Jb0706471016 调度联系单（一级）流程中，省级信息调度对调度联系单描述的事件进行处理，记录处理情况，发送后进入“（ ）”环节。（3分）
A. 处理 B. 审核 C. 回退 D. 归档
考核知识点：技能知识
难易度：易
标准答案：D

Jb0706471017 SG－I6000 v2.0 系统中 Agent 的安装分两种形式，一种是手动登录到服务器上部署安装；另一种是通过（ ）进行安装。（3分）
A. 自动登录 B. 服务器登录 C. 页面远程 D. 运行方式
考核知识点：SG－I6000 操作基础
难易度：易
标准答案：C

Jb0706471018 以下（ ）不是 SG－I6000 2.0 的一级导航菜单。（3分）
A. 全景展示 B. 工作台 C. 场景管理 D. 工具应用

考核知识点：SG－I6000 操作基础
难易度：易
标准答案：C

Jb0706471019　SG－I6000 v2.0 材料上报列表记录区域按钮不包括（　　）。（3 分）
A. 新增　B. 删除　C. 刷新　D. 保存
考核知识点：SG－I6000 操作基础
难易度：易
标准答案：D

Jb0706471020　SG－I6000 v2.0（　　）信息通信运行管控和业务要求。（3 分）
A. 顺从　B. 适应　C. 结合　D. 融合
考核知识点：SG－I6000 操作基础
难易度：易
标准答案：D

Jb0706471021　（　　）应按相关规定负责新设备的施工配合及运行交接工作。（3 分）
A. 工程建设管理单位　B. 工程实施单位　C. 运行维护单位　D. 通信机构
考核知识点：规章制度
难易度：易
标准答案：C

Jb0706472022　UPS 是英文 Uninterruptible Power Supply 的缩写，中文译为（　　）。（3 分）
A. 不间断电源系统　B. 稳压电源系统　C. 双电源互投　D. 发电机组
考核知识点：主机基础
难易度：中
标准答案：A

Jb0706472023　定期巡检是指按既定周期，以及时发现信息系统安全运行（　　）为目的的巡检。（3 分）
A. 隐患　B. 隐患和缺陷　C. 缺陷　D. 异常
考核知识点：规章制度
难易度：中
标准答案：B

Jb0706472024　下面不是机房基础设施常规巡视内容的是（　　）。（3 分）
A. 检查设备运行情况　B. 电池测试
C. 仪表读数是否正常　D. 环境温度、设备外壳温度是否异常
考核知识点：规章制度
难易度：中
标准答案：B

Jb0706472025　IP 标准访问控制列表是基于下列（　　）来允许和拒绝数据包的。（3 分）

A. TCP 端口号　　B. UDP 端口号　　C. ICMP 报文　　D. 源 IP 地址

考核知识点：网络基础

难易度：中

标准答案：D

Jb0706472026　信息调度负责将批准后可能影响用户应用的检修计划告知（　　），由（　　）统一组织发布面向用户的相关信息通信系统停机检修公告。（3 分）

A. 管理部门　　B. 业务部门　　C. 信息通信客服　　D. 数字化工作部

考核知识点：规章制度

难易度：中

标准答案：C

Jb0706472027　公司各级单位应急情况下可直接联系三线技术支持服务厂商进行紧急抢修，并在（　　）内向三线技术支持机构报备。（3 分）

A. 一日　　B. 三日　　C. 一周　　D. 三周

考核知识点：规章制度

难易度：中

标准答案：C

Jb0706472028　（　　）应急组织体系机构负责公司信息系统年度、月度检修计划和临时检修计划的编制。（3 分）

A. 调度指挥监控机构　　B. 基础设施及应用系统运行机构

C. 信息通信检修机构　　D. 信息通信管理机构

考核知识点：规章制度

难易度：中

标准答案：A

Jb0706472029　运检部门（单位）通过设备（　　），及时掌握设备状况变化趋势，分析设备故障及异常原因。（3 分）

A. 运行数据统计分析　　B. 状态检测　　C. 缺欠跟踪　　D. 风险评估

考核知识点：业务知识

难易度：中

标准答案：A

Jb0706472030　SG－I6000 v2.0 系统信息通信调度监测到异常时，以下（　　）业务的发单权限仅在总部。（3 分）

A. 网络异常　　B. 企业门户贯通异常　　C. 业务应用级联贯通异常　　D. 灾备异常

考核知识点：SG－I6000 操作基础

难易度：中

标准答案：D

Jb0706472031　信息化架构（SG－EA）中，展现业务职能相关组织单元，明确组织单元/岗位间的关系的是（　　）。（3分）

A. 组织单元及岗位视图　　B. 角色功能视图
C. 业务管理视图　　D. 微服务分视图

考核知识点：架构基础

难易度：中

标准答案：A

Jb0706472032　SG－I6000 v2.0“调度联系单查询”功能下支持模糊查询的字段为（　　）。（3分）

A. 工单编号　　B. 联系单位　　C. 工单状态　　D. 发单时间

考核知识点：SG－I6000 操作基础

难易度：中

标准答案：A

Jb0706472033　在 SG－I6000 v2.0 以下（　　）不是“缺陷管理”功能下的“缺陷消缺统计”所展示的指标。（3分）

A. 新增　　B. 上报省级电网公司　　C. 消缺成功　　D. 消缺失败

考核知识点：SG－I6000 操作基础

难易度：中

标准答案：B

Jb0706472034　缺陷管理是调度运行维护部门十分重要的日常工作。在 SG－I6000 v2.0 中，以下（　　）不是缺陷级别所包括的内容。（3分）

A. 一般缺陷　　B. 重要缺陷　　C. 特别重要　　D. 紧急缺陷

考核知识点：SG－I6000 操作基础

难易度：中

标准答案：C

Jb0706472035　一级检修计划如确需取消或变更，应及时向（　　）一级信息系统调度机构及时报告或申请延期。（3分）

A. 地市信息系统调度机构　　B. 本单位信息系统调度机构
C. 灾备信息系统调度机构　　D. 公司信息系统总调度

考核知识点：规章制度

难易度：中

标准答案：D

Jb0706472036　SG－I6000 v2.0 插件版本管理是针对已经注册过的插件的版本进行新版本导入操作。对已安装或升级使用的插件版本无法进行（　　）操作。（3分）

A. 更新　　B. 删除　　C. 下载　　D. 添加

考核知识点：SG－I6000 操作基础

难易度：中

标准答案：B

Jb0706473037 某省级电网公司运维人员需要对系统进行计划检修，并向省级电网公司信息通信调度提交申请，以下（ ）操作必须填写工作票和操作票。（3分）

A. 可能对系统使用造成影响的操作　　B. 可能对指标运行造成影响的操作
C. 可能对系统运行造成影响的操作　　D. 以上都对

考核知识点：规章制度
难易度：难
标准答案：D

Jb0706473038 下列信息检修计划需在报送时附本单位盖章传真件的是（ ）。（3分）

A. 月检修计划　B. 周检修计划　C. 临时检修　D. 紧急抢修

考核知识点：规章制度
难易度：难
标准答案：D

Jb0706473039 密钥交换就是通信的双方协商用于加密的密钥，并且不会遭到中间人攻击。可以解决密钥交换问题方法是（ ）。（3分）

A. 消息摘要　B. 护照　C. 数字证书　D. 数字信封

考核知识点：密码技术基础
难易度：难
标准答案：C

Jb0706473040 风险管控措施包括但不限于（ ）、预案编制、人员培训、特巡特护、现场值守、应急准备等措施。（3分）

A. 方式编制　B. 方式调整　C. 预警编制　D. 预警发布

考核知识点：网络安全基础
难易度：难
标准答案：B

Jb0706473041 在UPS中，由（ ）把直流电压变成交流电压。（3分）

A. 整流器　B. 逆变器　C. 充电器　D. 交流调压器

考核知识点：辅助设施基础
难易度：难
标准答案：B

Jb0706473042 SG－I6000 v2.04.2.1采集插件配置中插件负载具体的采集工作，要使用一个新的插件，需要在插件配置中进行（ ）配置插件所需的相关参数。（3分）

A. 新增　B. 下载　C. 修改　D. 导入

考核知识点：SG－I6000操作基础
难易度：难
标准答案：D

Jb0706473043　SG－I6000 v2.0 中数据处理中心负责接收（　　）的结果，并进行处理，反馈给各个业务需求端。（3 分）

A. 任务调度　　B. 安全管控　　C. Agent 管理　　D. Agent 采集数据

考核知识点：SG－I6000 操作基础

难易度：难

标准答案：D

Jb0706473044　性能监测功能告警主要监测对象为（　　）。（3 分）

A. 系统首页访问情况　　B. 系统用户登录情况

C. 系统功能模块性能情况　　D. 系统健康运行时长

考核知识点：规章制度

难易度：难

标准答案：B

Jb0706473045　计算机监控系统内部网通信方式中"主模块可以主动向任何一个分模块发送信息，分模块则必须得到主模块的允许，才能向主模块发送信息"，则该监控系统通信方式属于（　　）。（3 分）

A. 主从结构的总线通信方式线　　B. 多主结构的网络通信方式

C. 以太网方式　　D. STD 总线

考核知识点：主机基础

难易度：难

标准答案：A

Jb0706473046　业务应用账号权限的建立、分配、调整和注销由信息系统（　　）部门负责审批，信息系统（　　）具体执行。（3 分）

A. 业务主管部门、运行机构　　B. 业务主管部门，信息化智能管理部门

C. 运维主管部门、检修机构　　D. 运维主管部门，调度机构

考核知识点：规章制度

难易度：难

标准答案：A

Jb0706473047　安装系统，系统建设开发单位负责（　　）和整体调试。（3 分）

A. 操作系统的安装　　B. 支撑软件系统的安装

C. 操作系统和支撑软件系统的安装　　D. 上线应用系统软件的安装

考核知识点：主机基础

难易度：难

标准答案：D

多 选 题

Jb0706481048　值班调度员是信息通信调度工作指挥员，值班调度员实施调度行为，对调度指令的（　　）负责。（5 分）

A. 调度指令　　B. 调度任务

C. 对执行的正确性负责　　D. 对执行的规范性负责

考核知识点：规章制度

难易度：易

标准答案：ABCD

Jb0706482049　各级信息通信调度负责组织开展调度管辖范围内信息通信系统（　　）等工作。（5分）

A. 检修工作　　B. 应急预案的编制　　C. 应急演练　　D. 安全预警

考核知识点：规章制度

难易度：中

标准答案：BCD

Jb0706482050　信息系统检修工作内容包括（　　）。（5分）

A. 检修计划管理　　B. 检修执行管理

C. 临时检修管理和紧急检修管理　　D. 检修分析管理

考核知识点：规章制度

难易度：中

标准答案：ABCD

Jb0706483051　检修实施过程中，发现异常应立即下达指令，（　　）检修。（5分）

A. 继续　　B. 暂停　　C. 终止　　D. 以上选项均错误

考核知识点：规章制度

难易度：难

标准答案：BC

Jb0706483052　面对信息系统事件发生后对应下列事件描述正确的是（　　）。（5分）

A. 查明事件发生前系统的运行情况。

B. 查明事件发生经过、扩大及处理情况。

C. 调查系统和设备资料（包括订货合同、维护记录等）情况以及规划、设计、建设、实施、运行等方面存在的问题。

D. 查明事件造成的损失，包括影响时间、影响范围、影响严重程度等。

考核知识点：规章制度

难易度：难

标准答案：ABCD

判　断　题

Jb0706491053　调度指令票发出后，调度值班员应对调度指令正确性和执行正确性负责。（3分）

A. 对　　B. 错

考核知识点：规章制度

难易度：易

标准答案：B

Jb0706491054　当值调度值班员应掌握调度指令的填写、记录、执行等联络机制和操作流程的执行规范。（3分）

A. 对　　　　B. 错

考核知识点：规章制度

难易度：易

标准答案：A

Jb0706491055　信息系统临时检修计划是指提前24h但不足5天申请的符合公司规范要求的检修计划。（3分）

A. 对　　　　B. 错

考核知识点：规章制度

难易度：易

标准答案：B

Jb0706491056　事故发生后，事故发生单位安监部门或其指定的部门应立即对事故现场和损坏的设备进行照相、录像、绘制草图、收集资料。（3分）

A. 对　　　　B. 错

考核知识点：规章制度

难易度：易

标准答案：A

Jb0706491057　在SG－I6000 v2.0运行管理模块缺陷管理功能模块包含缺陷任务下发、缺陷撤销、缺陷监督和缺陷库等内容。（3分）

A. 对　　　　B. 错

考核知识点：SG－I6000操作基础

难易度：易

标准答案：B

Jb0706491058　外网作业终端禁止存储国家电网有限公司商业秘密。（3分）

A. 对　　　　B. 错

考核知识点：SG－I6000操作基础

难易度：易

标准答案：A

Jb0706491059　SG－I6000 v2.0中，总部调控中心发现某省级电网公司在云信息系统全部告警，但是省级电网公司检查SG－I6000 v2.0系统未发现告警且页面访问正常，此情况本省与总部之间网络通断情况对其不会造成任何影响。（3分）

A. 对　　　　B. 错

考核知识点：SG－I6000操作基础

难易度：易

标准答案：B

Jb0706491060 一个 IP 地址可同时对应多个域名地址。（3 分）

A. 对　　B. 错

考核知识点：网络基础

难易度：易

标准答案：B

Jb0706491061 DNS 是一个分布式数据库系统，它提供将域名转换成对应的 IP 地址信息。（3 分）

A. 对　　B. 错

考核知识点：网络基础

难易度：易

标准答案：B

Jb0706492062 SG－I6000 v2.0 告警集中监视中调度值班员只需要关注紧急告警，而不需要关注一般告警。（3 分）

A. 对　　B. 错

考核知识点：SG－I6000 操作基础

难易度：中

标准答案：A

Jb0706492063 部分报废的设备，完成设备报废流程后，不可以再次进行设备报废流程。（3 分）

A. 对　　B. 错

考核知识点：规章制度

难易度：中

标准答案：B

Jb0706492064 在 SG－I6000 v2.0 系统中，值班视图默认以月视图显示公司当月值班信息。（3 分）

A. 对　　B. 错

考核知识点：SG－I6000 操作基础

难易度：中

标准答案：A

Jb0706492065 SG－I6000 v2.0 系统中某业务系统在线人数为日指标。（3 分）

A. 对　　B. 错

考核知识点：SG－I6000 操作基础

难易度：中

标准答案：B

Jb0706492066 SG－I6000 v2.0 覆盖“调度、运行、检修、客服、三线”的运维全过程管理。（3 分）

A. 对　　B. 错

考核知识点：SG－I6000 操作基础

难易度：中

标准答案：A

Jb0706492067　在 SG－I6000 v2.0 中值班视图用于直观展示工作值班情况，值班视图分为周视图和月视图两类。（3 分）

A. 对　　B. 错

考核知识点：SG－I6000 操作基础

难易度：中

标准答案：B

Jb0706492068　相关业务部门要组织信息安全专项验收评审，重点针对安全防护方案设计、业务系统开发安全控制点、安全培训和安全防护措施落实情况进行评审。（3 分）

A. 对　　B. 错

考核知识点：规章制度

难易度：中

标准答案：B

Jb0706493069　设备投运实现设备从未投运、库存备用、现场留用到设备在运的流程操作。（3 分）

A. 对　　B. 错

考核知识点：规章制度

难易度：难

标准答案：A

Jb0706493070　SG－I6000 v2.0 图形平台可以绘制应用系统接口视图。（3 分）

A. 对　　B. 错

考核知识点：SG－I6000 操作基础

难易度：难

标准答案：A

Jb0706493071　为了更贴近实际工作，SG－I6000 v2.0 系统中除了年度运行方式外，还支持季度运行方式。（3 分）

A. 对　　B. 错

考核知识点：SG－I6000 操作基础

难易度：难

标准答案：B

Jb0706493072　SG－I6000 v2.0 自主采集监控的部署，支持无代理和有代理两种方式。（3 分）

A. 对　　B. 错

考核知识点：SG－I6000 操作基础

难易度：难

标准答案：A

Jb0706493073　每年例行开展的年度检修计划和根据缺陷排查情况制定的消缺计划要明确列出

内容、原因、计划时间、影响范围以及检修消缺后的网络与信息系统运行方式的变化。（3分）

A. 对　　B. 错

考核知识点：规章制度

难易度：难

标准答案：A

Jb0706493074　SG－I6000 v2.0 系统中某业务系统运行告警，则表明该系统中断，对用户不可用。（3分）

A. 对　　B. 错

考核知识点：SG－I6000 操作基础

难易度：难

标准答案：B

Jb0706493075　SG－I6000 v2.0 软件导入新建中，通过导入新建导入的软件台账不可以在系统页面中进行台账信息的编辑。（3分）

A. 对　　B. 错

考核知识点：SG－I6000 操作基础

难易度：难

标准答案：A

Jb0706493076　SG－I6000 v2.0 系统对业务系统的主页探测指标包括系统是否可访问、主页状态码以及响应时长。（3分）

A. 对　　B. 错

考核知识点：SG－I6000 操作基础

难易度：难

标准答案：A

Jb0706493077　SG－I6000 v2.0 系统，若一个账号想正常使用设备管理模块，该账号需要关联设备保管、资产保管、运行管理和检修管理等几个业务角色。（3分）

A. 对　　B. 错

考核知识点：SG－I6000 操作基础

难易度：难

标准答案：A

Jb0706493078　在 SG－I6000 v2.0 系统中，缺陷库包括公共缺陷库和独立缺陷库两部分。（3分）

A. 对　　B. 错

考核知识点：SG－I6000 操作基础

难易度：难

标准答案：A

Jb0706493079　处于现场留用状态的设备可以直接走设备领用流程。（3分）

A. 对　　B. 错

考核知识点：规章制度
难易度：难
标准答案：B

Jb0706493080　在 SG－I6000 v2.0 检修管理中，在检修计划执行阶段，必须先在检修可视化中单击检修开始、结束后才能进行下一环节。（3 分）

A. 对　　　　B. 错

考核知识点：SG－I6000 操作基础
难易度：难
标准答案：A

Jb0706493081　计算机病毒具有隐蔽性、传染性、潜伏性、对用户不透明性、可激活性、破坏性和不可预见性。（3 分）

A. 对　　　　B. 错

考核知识点：网络基础
难易度：难
标准答案：A

Jb0706493082　防火墙虽然是网络层重要的安全机制，但是它对于计算机病毒缺乏保护能力。（3 分）

A. 对　　　　B. 错

考核知识点：网络基础
难易度：难
标准答案：A

简　答　题

Jb0706431083　在 SG－I6000 v2.0 中，“调度联系单统计”功能下可以统计哪些数据？至少写出两点。（10 分）

考核知识点：SG－I6000 操作基础
难易度：易
标准答案：
（1）未及时反馈数。
（2）超时未反馈数。
（3）未反馈数。
（4）超时反馈数。

Jb0706431084　在 SG－I6000 v2.0 中，即时报告的填报流程有哪些？至少写出两点。（10 分）

考核知识点：SG－I6000 操作基础
难易度：易
标准答案：
（1）即时报告填报。
（2）即时报告－公司上报。

（3）即时报告－国调确认。
（4）即时报告－国调审核。

Jb0706431085　请简述于 DAS 的特点，至少写出两点。（10 分）
考核知识点：主机基础
难易度：易
标准答案：
（1）可以连接到主机的端口数目有限。
（2）维护内部的 DAS 时，系统需要下电。

Jb0706431086　UPS 电源使用的注意事项有哪些？至少写出两点。（10 分）
考核知识点：辅助设备基础
难易度：易
标准答案：
（1）注意电源的通风与散热。
（2）切勿带感性负载。
（3）UPS 放电后应及时充电。

Jb0706431087　《国家电网公司电力安全工作规程（信息部分）》规定，工作许可人应由什么样的人员担任？（10 分）
考核知识点：规章制度
难易度：易
标准答案：
（1）有一定工作经验。
（2）熟悉本规程。
（3）经信息运维部门批准。
（4）熟悉工作范围内信息系统情况。

Jb0706431088　云计算按照服务部署方式区分有哪些分类？（10 分）
考核知识点：虚拟技术基础
难易度：易
标准答案：
（1）公共云。
（2）混合云。
（3）专有云。

Jb0706431089　虚拟化中，内存复用技术有哪三种？（10 分）
考核知识点：虚拟技术基础
难易度：易
标准答案：
虚拟化中，内存复用技术有内存共享、内存置换、内存气泡。

Jb0706431090　在应用层中什么协议提供文件传输服务？（10分）

考核知识点： 网络基础

难易度： 易

标准答案：

在应用层中FTP、TFTP协议提供文件传输服务。

Jb0706431091　《国家电网公司电力安全工作规程（信息部分）》规定，工作终结报告应按什么方式进行？（10分）

考核知识点： 规章制度

难易度： 易

标准答案：

工作终结报告应按当面报告、电话报告方式进行。

Jb0706431092　《国家电网公司电力安全工作规程（信息部分）》规定，工作许可人在向工作负责人发出许可工作的命令前，应记录哪些内容？（10分）

考核知识点： 规章制度

难易度： 易

标准答案：

应记录工作班名称、工作负责人姓名、工作地点、工作任务。

Jb0706431093　《国家电网有限公司信息通信系统调度管理办法》中规定，公司信息系统调度运行管理的主要对象包括哪些内容？至少写出两点。（10分）

考核知识点： 规章制度

难易度： 易

标准答案：

（1）信息系统软硬件设备。
（2）业务应用系统。
（3）人员队伍。
（4）各类信息资源。

Jb0706431094　下面选项属于Amazon提供的云计算服务有哪些？至少写出两点。（10分）

考核知识点： 云平台基础

难易度： 易

标准答案：

（1）弹性云计算EC2。
（2）简单存储服务S3。
（3）简单队列服务SQS。

Jb0706431095　动环监控系统主要采集哪些设备参数？至少写出两点。（10分）

考核知识点： 辅助设备基础

难易度： 易

标准答案：

动环监控系统主要采集UPS、配电柜电压电流、空调、机房温湿度。

Jb0706431096　SG－I6000 v2.0 代理端包括哪些？至少写出两点。(10分)

考核知识点： SG－I6000 操作基础

难易度： 易

标准答案：

数据传输、Agent 管理、采集任务、安全管控。

Jb0706431097　“SG－I6000 v2.0 调度联系－概览－地市”下的“调度任务统计”模块中展示哪些信息？至少写出两点。(10分)

考核知识点： SG－I6000 操作基础

难易度： 易

标准答案：

（1）下发。

（2）已反馈。

（3）及时反馈。

（4）超时反馈。

Jb0706431098　国家电网有限公司总部和省级信息通信调度通过各种监控手段，发现应用系统或链路等异常，为 SG－I6000 v2.0 中规定的异常类型的有哪些？至少写出两点。(10分)

考核知识点： SG－I6000 操作基础

难易度： 易

标准答案：

（1）系统非计划停运。

（2）I6000 接口非计划不可用。

（3）企业门户贯通不可用。

（4）业务应用级联贯通不可用。

Jb0706432099　在 SG－I6000 v2.0 中，缺陷任务下发流程包含哪些环节？至少写出两点。(10分)

考核知识点： SG－I6000 操作基础

难易度： 中

标准答案：

（1）缺陷任务填报。

（2）缺陷任务审核。

（3）任务接收。

（4）缺陷任务下发。

Jb0706432100　在 SG－I6000 v2.0 中，缺陷库分为哪几级？（10分）

考核知识点： SG－I6000 操作基础

难易度： 中

标准答案：

在 SG－I6000 v2.0 中，缺陷库分为二级、一级。

Jb0706432101　按照《国家电网有限公司信息系统检修管理办法》的要求，信息系统检修分为哪三种？至少写出两点。（10分）

考核知识点： 规章制度

难易度： 中

标准答案：

信息系统检修分为计划检修、临时检修、紧急检修。

Jb0706432102　在SG－I6000 v2.0中，哪些是“检修管理”功能下的“检修竣工统计”所展示的指标？至少写出两点。（10分）

考核知识点： SG－I6000操作基础

难易度： 中

标准答案：

在SG－I6000 v2.0中，“检修管理”功能下的“检修竣工统计”所展示的指标有：应竣工；已竣工；未竣工；超时。

Jb0706432103　在SG－I6000 v2.0中，缺陷级别包括哪些？至少写出两点。（10分）

考核知识点： SG－I6000操作基础

难易度： 中

标准答案：

在SG－I6000 v2.0中，缺陷级别包括一般缺陷、重要缺陷、紧急缺陷。

Jb0706432104　工作票签发人的安全责任包括哪些？至少写出两点。（10分）

考核知识点： 规章制度

难易度： 中

标准答案：

（1）确认工作必要性和安全性。

（2）确认工作票上所填安全措施是否正确完备。

（3）确认所派工作负责人和工作班人员是否适当、充足。

Jb0706432105　事故整改检查评估工作完成后应形成检查评估报告，主要包括哪些内容？（10分）

考核知识点： 规章制度

难易度： 中

标准答案：

（1）评估工作组织情况。

（2）责任追究落实情况。

（3）整改措施落实情况。

（4）存在的问题及建议。

Jb0706432106　在SG－I6000 v2.0中，采集任务分为哪三个视角？（10分）

考核知识点： SG－I6000操作基础

难易度： 中

标准答案：

在 SG－I6000 v2.0 中，采集任务分为应用视角、组织视角、采集视角。

Jb0706432107　风险评估的三个要素是什么？（10 分）
考核知识点： 网络安全基础
难易度： 中
标准答案：
风险评估的三个要素是资产、威胁、脆弱性。

Jb0706432108　安全隔离装置可以提供哪些功能？至少写出两点。（10 分）
考核知识点： 网络安全基础
难易度： 中
标准答案：
（1）内网向外网传送文件。
（2）外网向内网传送文件。
（3）外网向内网传送 SQL 数据。

Jb0706432109　TCP/IP 协议的应用层对应于 OSI 模型的哪几层？（10 分）
考核知识点： 网络基础
难易度： 中
标准答案：
TCP/IP 协议的应用层对应于 OSI 模型的应用层、表示层、会话层。

Jb0706432110　网络按照覆盖范围可分为哪几种？（10 分）
考核知识点： 网络基础
难易度： 中
标准答案：
网络按照覆盖范围可分为局域网（LAN）、城域网（MAN）、广域网（WAN）。

Jb0706432111　在 SG－I6000 v2.0 中，事件报告查询里固化的事件等级为哪些？至少写出两点。（10 分）
考核知识点： SG－I6000 操作基础
难易度： 中
标准答案：
在 SG－I6000 v2.0 中，事件报告查询里固化的事件等级为 A 类故障、B 类故障、C 类故障。

Jb0706432112　在 SG－I6000 v2.0 中，哪些是“缺陷消缺统计”所展示的指标？至少写出两点。（10 分）
考核知识点： SG－I6000 操作基础
难易度： 中
标准答案：
在 SG－I6000 v2.0 中，“缺陷消缺统计”所展示的指标有新增、上报总部、消缺成功、消缺失败。

Jb0706432113　信息化架构（SG－EA）中，系统集成模式分为哪些？至少写出两点。（10分）

考核知识点：架构基础

难易度：中

标准答案：

信息化架构（SG－EA）中，系统集成模式分为界面集成、服务集成、数据集成、接口开发。

Jb0706432114　省级电网公司本部通信业务全部中断包括哪些情况？（10分）

考核知识点：规章制度

难易度：中

标准答案：

（1）所属通信三级网节点对外链路全部中断。

（2）所属调度数据网节点对外通信中断。

Jb0706432115　在SG－I6000 v2.0中，调度值班实现了调度排班、值班、交接班以及值班日志等功能，其中"月度排班"里不允许双击编辑和删除的值班记录状态有哪些？至少写出两点。（10分）

考核知识点：SG－I6000操作基础

难易度：中

标准答案：

"月度排班"里不允许双击编辑和删除的值班记录状态有已发布，调班，调班发布。

Jb0706432116　各级信息通信调度工作严格执行调度值班、交接班和调度汇报制度，交接班工作内容包含哪些？（10分）

考核知识点：规章制度

难易度：中

标准答案：

（1）当值期间信息通信系统运行情况.

（2）未能处理完的缺陷。

（3）未完结的检修工作票。

（4）其他注意事项。

Jb0706433117　网络安全与信息通信应急预案体系至少应包含哪些预案和方案？至少写出两点（10分）

考核知识点：规章制度

难易度：难

标准答案：

（1）专项应急预案。

1）网络与信息系统突发事件处置应急预案。

2）通信系统突发事件处置应急预案。

（2）现场处置方案

1）主机、网络、存储、业务应用、灾备、安全设备、基础设施、大面积停电事件信息通信处置、信息通信备用调度启动及信息通信一体化调度运行支撑平台（I6000）监控的全部在运信息系统的现场处置方案。

2）交换及电视电话会议系统、电源系统、数据通信网、通信光传输系统、通信光缆、通信 PCM 等现场处置方案。

3）大规模病毒爆发感染、外网网页被篡改、敏感数据泄露、拒绝服务攻击等各类网络安全突发事件的现场处置方案。

Jb0706433118　调度员遇到哪些情况，应开展特殊监视？至少写出两点。(10 分)

考核知识点： 规章制度

难易度： 难

标准答案：

(1) 设备有严重或紧急缺陷。

(2) 系统运行有特殊要求或各类重要保障期间。

(3) 遇特殊恶劣天气时，如地震、雨雪冰冻灾害等。

(4) 其他有特殊监视要求时。

Jb0706433119　常见的网络攻击方式有哪些？至少写出两点。(10 分)

考核知识点： 网络安全基础

难易度： 难

标准答案：

(1) 窃听报文。

(2) IP 地址欺骗。

(3) 端口扫描。

(4) 拒绝服务攻击。

Jb0706433120　若检修工作由外部单位承担，应签订哪些文件？(10 分)

考核知识点： 规章制度

难易度： 难

标准答案：

应签订安全承诺书、保密协议。

Jb0706433121　计算机病毒启动运行的触发条件有哪些？至少写出两点。(10 分)

考核知识点： 网络安全基础

难易度： 难

标准答案：

(1) 时间、日期作为触发条件。

(2) 键盘字符输入作为触发条件。

(3) 计数器作为触发条件。

(4) 特定文件出现作为触发条件。

Jb0706433122　防火墙不能防止哪些攻击？至少写出两点。(10 分)

考核知识点： 网络安全基础

难易度： 难

标准答案：

（1）窃听报文。

（2）IP 地址欺骗。

（3）端口扫描。

（4）拒绝服务攻击。

Jb0706433123　三级及以上信息系统的应用安全资源控制应满足哪些要求？（10 分）

考核知识点：规章制度

难易度：难

标准答案：

（1）应能够对一个时间段内可能的并发会话连接数进行限制。

（2）应能够对一个访问账户或一个请求进程占用的资源分配最大限额和最小限额。

（3）应能够对系统服务水平降低到预先规定的最小值进行检测和报警。

（4）应提供服务优先级设定功能，并在安装后根据安全策略设定访问账户或请求进程的优先级，根据优先级分配系统资源。

Jb0706433124　HTML 是一个纯文本文档，与普通文档相比，HTML 文档具有哪些特点？至少写出两点。（10 分）

考核知识点：网络安全基础

难易度：难

标准答案：

HTML 文档具有结构化，超文本，与平台无关，简单、易维护。

第四章 信息调度监控员中级工技能操作

Jc0706411001 写出 RSA 算法步骤。(100 分)

考核知识点：主机基础

难易度：易

技能等级评价专业技能考核操作工作任务书

一、任务名称

写出 RSA 算法步骤。

二、适用工种

信息调度监控员中级工。

三、具体任务

在 RSA 加密算法中，取 $p=3$，$q=11$，$e=3$，则 d 等于多少。

四、工作规范及要求

要求写出计算步骤。

五、考核及时间要求

(1) 本考核操作时间为 10 分钟，时间到停止考评，包括报告整理时间。

(2) 问题查找和排除过程中，如确实不能查找出问题，可向考评员申请排除问题，该项问题项目不得分，但不影响其他项目。

技能等级评价专业技能考核操作评分标准

工种	信息调度监控员					评价等级	中级工
项目模块	主机基础—RSA 算法				编号	Jc0706411001	
单位			准考证号			姓名	
考试时限	10 分钟		题型	单项操作		题分	100 分
成绩		考评员		考评组长		日期	
试题正文	写出 RSA 算法步骤						
需要说明的问题和要求	要求单人操作完成						

序号	项目名称	质量要求	满分	扣分标准	扣分原因	得分
1	检查计算步骤是否完整	明确计算步骤，得出正确计算结果	100	与质量要求中计算结果不符，扣 100 分		
合计			100			

Jc0706412002 写出设备监控率算法及步骤。(100 分)

考核知识点：主机基础

难易度：中

技能等级评价专业技能考核操作工作任务书

一、任务名称

写出设备监控率算法及步骤。

二、适用工种

信息调度监控员中级工。

三、具体任务

在 SG－I6000 v2.0 系统中，资源监测模块可对信息运行情况进行监测实时监管，某单位共有服务器 1000 台（其中库存备用 250 台、在运 500 台、未投运 140 台、退役 50 台、其他状态的 60 台），已纳入实时监控的服务器为 450 台。若只考虑服务器部分，则该单位设备监控率为多少。

四、工作规范及要求

要求写出具体计算步骤。

五、考核及时间要求

（1）本考核操作时间为 10 分钟，时间到停止考评，包括报告整理时间。

（2）问题查找和排除过程中，如确实不能查找出问题，可向考评员申请排除问题，该项问题项目不得分，但不影响其他项目。

技能等级评价专业技能考核操作评分标准

工种	信息调度监控员				评价等级	中级工
项目模块	主机基础—资源监测			编号	Jc0706412002	
单位		准考证号			姓名	
考试时限	10 分钟	题型	单项操作		题分	100 分
成绩		考评员		考评组长	日期	
试题正文	写出设备监控率算法及步骤					
需要说明的问题和要求	要求单人操作完成					

序号	项目名称	质量要求	满分	扣分标准	扣分原因	得分
1	检查计算步骤是否完整	明确计算步骤，得出正确计算结果	100	与质量要求中计算结果不符，扣 100 分		
合计			100			

Jc0706413003　写出软盘磁道算法及步骤。（100 分）

考核知识点：主机基础

难易度：难

技能等级评价专业技能考核操作工作任务书

一、任务名称

写出软盘磁道算法及步骤。

二、适用工种

信息调度监控员中级工。

三、具体任务

某软盘有 40 个磁道，磁头从一个磁道移至另一个磁道需要 5ms，文件在磁盘上非连续存放，逻辑上相邻数据块的平均距离为 10 个磁道，每块的旋转延迟时间及传输时间分别为 100ms 和 25ms，则读取一个 100 块的文件需要多长时间。

四、工作规范及要求

要求写出具体计算步骤。

五、考核及时间要求

（1）本考核操作时间为 10 分钟，时间到停止考评，包括报告整理时间。

（2）问题查找和排除过程中，如确实不能查找出问题，可向考评员申请排除问题，该项问题项目不得分，但不影响其他项目。

技能等级评价专业技能考核操作评分标准

<table>
<tr><td colspan="2">工种</td><td colspan="11">信息调度监控员</td><td>评价等级</td><td colspan="3">中级工</td></tr>
<tr><td colspan="2">项目模块</td><td colspan="10">主机基础—软盘磁道算法</td><td>编号</td><td colspan="4">Jc0706413003</td></tr>
<tr><td colspan="2">单位</td><td colspan="4"></td><td colspan="2">准考证号</td><td colspan="5"></td><td>姓名</td><td colspan="3"></td></tr>
<tr><td colspan="2">考试时限</td><td colspan="3">10 分钟</td><td colspan="2">题型</td><td colspan="6">单项操作</td><td>题分</td><td colspan="3">100 分</td></tr>
<tr><td colspan="2">成绩</td><td></td><td colspan="2">考评员</td><td colspan="2"></td><td colspan="3">考评组长</td><td colspan="3"></td><td>日期</td><td colspan="3"></td></tr>
<tr><td colspan="2">试题正文</td><td colspan="15">写出软盘磁道算法及步骤</td></tr>
<tr><td colspan="2">需要说明的问题和要求</td><td colspan="15">要求单人操作完成</td></tr>
<tr><td>序号</td><td colspan="3">项目名称</td><td colspan="5">质量要求</td><td colspan="2">满分</td><td colspan="4">扣分标准</td><td>扣分原因</td><td>得分</td></tr>
<tr><td>1</td><td colspan="3">检查计算步骤是否完整</td><td colspan="5">明确计算步骤，得到正确计算结果</td><td colspan="2">100</td><td colspan="4">与质量要求中计算结果不符，扣 100 分</td><td></td><td></td></tr>
<tr><td colspan="4">合计</td><td colspan="5"></td><td colspan="2">100</td><td colspan="4"></td><td></td><td></td></tr>
</table>

第三部分
信息调度监控员高级工

第五章　信息调度监控员高级工技能笔答

单 选 题

Jb0706373001　WHERE 子句的条件表达式中，可以匹配单个字符的通配符是（　　）。（3 分）

A. *　　B. %　　C. –　　D. ？

考核知识点：数据库基础

难易度：难

标准答案：C

Jb0706371002　一级检修是指（　　）公司总部与数据中心、公司各级单位之间信息系统纵向贯通及应用的检修工作。（3 分）

A. 一般影响　　B. 影响　　C. 未影响　　D. 特别影响

考核知识点：规章制度

难易度：易

标准答案：B

Jb0706371003　信息调度机构是信息系统运行的组织、指挥、协调和下列（　　）的机构。（3 分）

A. 运行　　B. 检修　　C. 建设　　D. 监控

考核知识点：规章制度

难易度：易

标准答案：D

Jb0706371004　《国家电网有限公司安全事故调查规程（2021 年版）》是根据国务院令第 493 号文制定，请问 493 号文是（　　）。（3 分）

A. 《电力安全事故应急处置和调查处理条例》

B. 《国家信息安全法》

C. 《生产安全事故报告和调查处理条例》

D. 《国家安全生产法》

考核知识点：规章制度

难易度：易

标准答案：C

Jb0706371005　若交接班时正在进行缺陷处理，应停止交接班，由（　　）负责处理，（　　）协助，待缺陷恢复或处理告一段落后，再进行交接班。（3 分）

A. 交班人员；接班人员　　B. 接班人员；交班人员

C. 交班主值；交班副值　　D. 交班主值；接班主值

考核知识点：规章制度

难易度： 易
标准答案： A

Jb0706371006　不是省（市）公司信息通信调度机构职能为（　　）。（3分）
A. 接受国家电网有限公司总调的指挥和专业管理
B. 执行国家电网有限公司总调统一制定的标准体系
C. 编制本级调管范围明细表
D. 组织编制、优化调整公司信息通信系统运行方式
考核知识点： 规章制度
难易度： 易
标准答案： D

Jb0706371007　下列会引起硬盘物理坏道的是（　　）。（3分）
A. 硬盘固件损坏，需重写　　B. 硬盘磁头损坏
C. 可以修复的逻辑扇区　　D. 不可修复的磁盘表面磨损
考核知识点： 主机基础
难易度： 易
标准答案： D

Jb0706371008　一般情况下，外存储器中存储的信息在断电后（　　）。（3分）
A. 局部丢失　　B. 大部分丢失　　C. 不会丢失　　D. 全部丢失
考核知识点： 主机基础
难易度： 易
标准答案： C

Jb0706371009　（　　）和应用软件的漏洞是电脑比较脆弱的地方，容易受到黑客的攻击和病毒木马入侵。（3分）
A. 操作系统　　B. 硬盘　　C. 显卡　　D. 虚拟内存
考核知识点： 网络安全基础
难易度： 易
标准答案： A

Jb0706371010　公司大面积停电事件处置领导小组办公室设在（　　）。（3分）
A. 设备部　　B. 安质部　　C. 办公室　　D. 电力调控中心
考核知识点： 规章制度
难易度： 易
标准答案： B

Jb0706371011　检修工作如需关闭网络设备、安全设备，应确认所承载的（　　）可停用或已转移。（3分）
A. 数据库　　B. 中间件　　C. 主机设备　　D. 业务
考核知识点： 规章制度

难易度：易
标准答案：D

Jb0706371012　在 SG－I6000 v2.0 中，不需要调度验证的检修是（　　）。（3 分）
A. 一级检修　　B. 二级一类检修　　C. 二级二类检修　　D. 二级三类检修
考核知识点：SG－I6000 操作基础
难易度：易
标准答案：D

Jb0706371013　信息外网使用无线网络，应在（　　）备案。（3 分）
A. 业务部门　　B. 安质部
C. 公司总部　　D. 数字化专业职能管理部门
考核知识点：规章制度
难易度：易
标准答案：D

Jb0706371014　需要定期开展切换演练及轮换运行工作的信息设备或网络链路一般是以（　　）或集群模式运行的。（3 分）
A. 主从　　B. 主备　　C. 分布　　D. 集中
考核知识点：规章制度
难易度：易
标准答案：B

Jb0706371015　信息系统的各类用户、账号赋权应遵循（　　）原则，仅满足该业务或功能需求。（3 分）
A. 最大化　　B. 最小化　　C. 最优化　　D. 均衡化
考核知识点：规章制度
难易度：易
标准答案：B

Jb0706372016　信息系统的现状及运行情况分析中，计划检修需对全年计划检修进行分类统计和检修原因、检修效果分析，着重分析（　　）情况。（3 分）
A. 计划性重复停运　　B. 非计划重复停运
C. 计划性不重复停运　　D. 非计划性不重复停运
考核知识点：规章制度
难易度：中
标准答案：A

Jb0706371017　信息系统建设单位应组织（　　）对系统进行预定级，编制定级报告。（3 分）
A. 系统运维单位　　B. 数字化专业职能管理部门
C. 业务部门　　D. 系统承建单位
考核知识点：规章制度

难易度：易
标准答案：D

Jb0706372018　信息系统新版本发布时，应保证原有版本无效、（　　）已进行清理。（3分）
A. 数据　B. 文件　C. 数据及文件　D. 日志
考核知识点：规章制度
难易度：中
标准答案：C

Jb0706372019　入侵检测系统提供的基本服务功能包括（　　）。（3分）
A. 异常检测和入侵检测　B. 入侵检测和攻击告警
C. 异常检测和攻击告警　D. 异常检测、入侵检测和攻击告警
考核知识点：网络安全基础
难易度：中
标准答案：D

Jb0706372020　假设某一网络中包含*N*个节点，并且使用公钥密码算法，则每个节点的密钥和整个网络的密钥个数分别是（　　）。（3分）
A. 1，*N*　B. 1，2*N*　C. 2，*N*　D. 2，2*N*
考核知识点：网络安全基础
难易度：中
标准答案：D

Jb0706372021　信息系统检修工作开始前，应备份可能受到影响的（　　）等。（3分）
A. 配置文件、系统数据、运行记录和跟踪文件
B. 配置手册、系统数据、运行参数和日志文件
C. 配置文件、业务数据、运行参数和日志文件
D. 配置手册、业务数据、运行记录和跟踪文件
考核知识点：规章制度
难易度：中
标准答案：C

Jb0706372022　以下（　　）是SG－I6000 v2.0新增的功能模块。（3分）
A. 上下线管理　B. 工具管理　C. 两票管理　D. 检修管理
考核知识点：SG－I6000操作基础
难易度：中
标准答案：B

Jb0706372023　根据国家电网有限公司规定，原则上新上线信息系统每月不超过（　　）次一级检修，建转运后每月不超过（　　）次一级检修。（3分）
A. 2；2　B. 2；1　C. 3；2　D. 3；1
考核知识点：规章制度

难易度：中
标准答案：B

Jb0706372024　在 SG－I6000 v2.0 中，检修计划申请流程里“联调审批会签”环节不涉及(　　)。(3分)

A. 国家电网有限公司信息通信分公司
B. 国家电网有限公司数字化工作部
C. 国家电网有限公司总部客服
D. 联调省公司

考核知识点：SG－I6000 操作基础
难易度：中
标准答案：B

Jb0706372025　在 SG－I6000 v2.0 中，若有缺陷任务需要下发，则缺陷任务填报由(　　)发起。(3分)

A. 三线技术支持人员
B. 二线驻场人员
C. 省信息通信分公司专责
D. 中国电科院有限公司

考核知识点：SG－I6000 操作基础
难易度：中
标准答案：A

Jb0706372026　公司信息系统实用化评价标准中的系统主要包括新建系统及(　　)。(3分)

A. 复测系统　B. 复评系统　C. 过期系统　D. 升级系统

考核知识点：规章制度
难易度：中
标准答案：B

Jb0706372027　在 SG－I6000 v2.0 中，缺陷级别包括一般缺陷、重要缺陷、紧急缺陷三类，以下为重要缺陷的是(　　)。(3分)

A. 电源、接地、空调等机房环境等系统异常，但未影响网络信息系统设备运行
B. 定期使用的设备在未使用的时段宕机，不能在使用前自行投入
C. 网络流量发生异常，使网络传输效率显著下降，但连通性未影响
D. 双机容错的 UPS 中的一台宕机，未影响对外服务

考核知识点：SG－I6000 操作基础
难易度：中
标准答案：B

Jb0706372028　SG－I6000 v2.0 系统中通过调度监控总视图到指标详情层层下钻，(　　)层视图，实现一体化调度运行监控。(3分)

A. 4　B. 5　C. 6　D. 7

考核知识点：SG－I6000 操作基础
难易度：中
标准答案：B

Jb0706372029　由于国家电网有限公司调控中心有参观接待任务，国家电网有限公司信息调度通知这段时间内的某一检修计划取消执行，则在 SG－I6000 v2.0 中，此检修计划的“执行状态”是（　　）。（3分）

A. 完成　　B. 国家电网有限公司取消

C. 网省公司取消　　D. 执行中

考核知识点：SG－I6000 操作基础

难易度：中

标准答案：B

Jb0706373030　（　　）是电力二次系统安全防护体系的结构基础。（3分）

A. 安全分区　　B. 生产控制大区控制区　　C. 横向隔离　　D. 灾备系统

考核知识点：规章制度

难易度：难

标准答案：A

Jb0706373031　进程和线程之间的区别是（　　）。（3分）

A. 一个进程和一个线程是一样的，没有什么大的区别

B. 一个线程是一个系统相关进程的子的另一个名称

C. 一个线程必须有两个进程可以运行在多个处理器内核

D. 一个多线程的进程可以在多个处理器内核上运行

考核知识点：主机基础

难易度：难

标准答案：D

Jb0706373032　根据《国家电网有限公司十八项电网重大反事故措施》规定，采用单台 UPS 供电时，UPS 设备的负荷不得超过额定输出功率的（　　）。（3分）

A. 0.4　　B. 0.5　　C. 0.6　　D. 0.7

考核知识点：规章制度

难易度：难

标准答案：D

Jb0706373033　SG－I6000 v2.0 中，拓扑采集可以实现网络拓扑发现功能，需要对要进行拓扑发现的网段、频率、SNMP 等信息进行配置，需要相关的交换机或路由器开通（　　）协议。（3分）

A. SNMP　　B. IPMI　　C. RIP　　D. BGP

考核知识点：SG－I6000 操作基础

难易度：难

标准答案：A

Jb0706373034　SG－I6000 v2.0 中添加拓扑发现任务，需要对采集频率、IP 地址范围、采集端口、采集账号进行逐一配置，所配置的采集端口为（　　）。（3分）

A. 163　　B. 161　　C. 165　　D. 159

考核知识点：SG－I6000 操作基础

难易度：难
标准答案：B

Jb0706373035 华为云提供的典型业务场景大屏包括云驾驶舱、数据中心总览、资源池概览、多级云资源总览、VDC 资源详情，其中云驾驶舱展示云数据中心的数据中心总览、(　　)、逻辑拓扑、告警概览、容量概览、资产概览、资源概览及 VDC 总览。(3 分)
A. 逻辑状态　B. 物理拓扑　C. 物理设备数量　D. 服务器状态
考核知识点：云平台基础
难易度：难
标准答案：B

Jb0706373036 SG－I6000 v2.0 融合 SG－I6000 v1.0、IDS、ISS、ICS、TMS、云资源管理系统、三线管控系统、云终端运维管理系统、业务系统性能监测、安全统一监控分析平台等现有信息通信运维(　　)功能。(3 分)
A. 支持系统　B. 调度系统　C. 运维系统　D. 支撑系统
考核知识点：SG－I6000 操作基础
难易度：难
标准答案：D

Jb0706373037 DNS 服务器是 (domain name system) 域名系统或者域名服务，域名系统为网络上的主机分配域名地址和 IP 地址，在配置 DNS 时，区域文件传输中 DNS 使用的传输协议和端口分别是(　　)。(3 分)
A. TCP 53　B. UDP 53　C. TCP 23　D. UDP 23
考核知识点：网络基础
难易度：难
标准答案：A

Jb0706373038 等级保护测评的执行主体最好选择(　　)。(3 分)
A. 独立的第三方测评服务机构
B. 具有相关资质的、独立的第三方测评服务机构
C. 从事系统集成和信息安全产品开发等安全服务机构
D. 具有相关资质的、从事系统集成和信息安全产品开发等安全服务机构
考核知识点：规章制度
难易度：难
标准答案：B

Jb0706373039 Internet 的网络层含有四个重要的协议，分别为(　　)。(3 分)
A. IP、ICMP、ARP、UDP　B. ARP 、TCP、ICMP、UDP
C. IP、ICMP、ARP、RARP　D. UDP、IP、ICMP、RARP
考核知识点：网络基础
难易度：难
标准答案：C

Jb0706373040　Oracle 数据库当数据实例失败的时候，(　　)包含着提交的和没有提交的数据。(3分)

A. 控制文件　　B. 在线日志文件　　C. 归档文件　　D. 数据文件

考核知识点：数据库基础

难易度：难

标准答案：B

Jb0706373041　下列关于云计算资源池化特性描述正确的是(　　)。(3分)

A. 云计算资源池化特性是实现广泛网络接入的前提

B. 云计算资源池化特性可以将 CPU 和硬盘放入到同一个资源池中

C. 云计算资源池化特性可以屏蔽同类资源间的差异

D. 云计算资源池化特性必须依赖虚拟化技术才能实现

考核知识点：云计算基础

难易度：难

标准答案：C

Jb0706373042　云计算在极大地方便用户和企业廉价使用存储资源、软件资源、计算资源的同时，同样也面临着安全方面的挑战。上云并不会增加安全风险，同时云计算厂商也不会帮助客户解决一切安全问题，需要用户积极参与。目前普遍遵循“三不变”原则，不包括以下(　　)。(3分)

A. 数据归属关系不变　　B. 安全管理责任不变

C. 运维管理方式不变　　D. 安全管理标准不变

考核知识点：云计算基础

难易度：难

标准答案：C

Jb0706373043　RIP 避免环路机制中的水平分割是指(　　)。(3分)

A. 划分子接口　　B. 不把收到的路由信息传给下一跳

C. 不把收到此路由信息回传给原端口　　D. 将路由表划分为几个部分

考核知识点：网络基础

难易度：难

标准答案：C

Jb0706373044　在 Windows 系统中，对所有事件进行审核是不现实的，下面不建议审核的事件是(　　)。(3分)

A. 用户登录及注销　　B. 用户及用户组管理

C. 用户打开/关闭应用程序　　D. 系统重新启动和关机

考核知识点：主机基础

难易度：难

标准答案：C

Jb0706373045　操作系统中采用缓冲技术的目的是增强系统(　　)的能力。(3分)

A. 串行操作　　B. 控制操作　　C. 重执操作　　D. 并行操作

考核知识点：主机基础
难易度：难
标准答案：D

Jb0706373046 从资源管理的角度看，操作系统中进程调度是为了进行（ ）。（3 分）
A. I/O 管理 B. 作业管理 C. 处理机管理 D. 存储器管理
考核知识点：主机基础
难易度：难
标准答案：C

Jb0706373047 当我们与某远程网络连接不上时，就需要跟踪路由查看，以便了解在网络的什么位置出现了问题，满足该目的的命令是（ ）。（3 分）
A. ping B. ifconfig C. Tracert D. Netstat
考核知识点：网络基础
难易度：难
标准答案：C

多 选 题

Jb0706381048 按照信息通信调度命名规范要求，以下命名正确的是（ ）。（5 分）
A. 国家电网有限公司总部信息通信调度监控中心，规范简称：国网总调
B. 国家电网有限公司信息通信分公司信息通信调度监控中心，规范简称：国网直调
C. 北京灾备中心，规范简称：北京灾备
D. 国家电网有限公司总部国家电力调度通信中心，规范简称：国调中心
考核知识点：规章制度
难易度：易
标准答案：ACD

Jb0706381049 信息工作任务单中应写明班组名称、工作班成员、工作负责人、工作场所、计划时间、开始时间、工作任务内容、工作任务延期情况、相关备注以及（ ）等。（5 分）
A. 安全措施 B. 现场交底 C. 工作终结 D. 工作许可
考核知识点：规章制度
难易度：易
标准答案：ABC

Jb0706381050 有市电时，UPS 工作正常，一停电就没有输出，可能是（ ）原因造成。（3 分）
A. 没有开机，UPS 工作于旁路状态 B. 市电不正常
C. 电池开关没有合 D. 电池的放电能力不行，需更换电池
考核知识点：辅助设备基础
难易度：易
标准答案：ACD

Jb0706382051 发起设备投运流程后，选中需要投运的设备，在投运编辑页面，需要输入的字段有（ ）。（5分）

A. 投运日期　　B. 设备名称　　C. IP　　D. 运行部门

考核知识点：规章制度

难易度：中

标准答案：ACD

Jb0706383052 已接受的调度指令因故无法执行，应与发令人员确认无法执行指令的项目有（ ）。（5分）

A. 票号、操作任务　　B. 序号、受令单位、项号

C. 相关原因　　D. 应急处置情况

考核知识点：规章制度

难易度：难

标准答案：ABC

Jb0706383053 各级调度机构应严格核实信息系统检修计划的（ ）。（5分）

A. 时间和影响范围　　B. 内容　　C. 联调单位　　D. 应急回退方案

考核知识点：规章制度

难易度：难

标准答案：ABCD

判 断 题

Jb0706391054 各级信息通信调度机构应根据信息通信系统运行方式、检修计划安排、信息通信资源运行状况及优化应用方案统筹调度信息通信资源。（3分）

A. 对　　B. 错

考核知识点：规章制度

难易度：易

标准答案：A

Jb0706391055 年度运行方式的编制，原则上应服从上级单位的通信网年度运行方式。（3分）

A. 对　　B. 错

考核知识点：规章制度

难易度：易

标准答案：A

Jb0706391056 公司各级单位应按照“横向到边、纵向到底、上下对应、内外衔接”的要求建立信息通信应急预案体系。（3分）

A. 对　　B. 错

考核知识点：规章制度

难易度：易

标准答案：B

Jb0706391057 逐项调度指令是调度值班员下达的涉及两个及以上单位共同完成的操作。(3分)
A. 对 B. 错
考核知识点：规章制度
难易度：易
标准答案：A

Jb0706391058 各级调度机构应对本单位信息通信系统运行缺陷进行统一监控。(3分)
A. 对 B. 错
考核知识点：规章制度
难易度：易
标准答案：A

Jb0706391059 SG－I6000 v2.0 中硬件设备支持批量导入，软件设备不支持批量导入，只能逐个手工录入。(3分)
A. 对 B. 错
考核知识点：SG－I6000 操作基础
难易度：易
标准答案：B

Jb0706391060 在 SG－I6000 v2.0 系统中，支持业务系统以 JMS 接口、WebService 接口的方式纳入系统监控。(3分)
A. 对 B. 错
考核知识点：SG－I6000 操作基础
难易度：易
标准答案：B

Jb0706391061 在 SG－I6000 v2.0 系统中设备管理模块提供设备入库流程、设备变更流程、设备申请流程、设备投运流程、设备退役流程、设备回收流程、设备报废流程及设备转资的实现。(3分)
A. 对 B. 错
考核知识点：SG－I6000 操作基础
难易度：易
标准答案：A

Jb0706392062 安全事故报告应及时、准确、完整，不得迟报、漏报、谎报或者瞒报，事故发生 2h 内需向国家电网有限公司信息调度做出事故快报，五级以上的即时报告事故应在 24h 以内以书面形式上报，若安全事故涉及信息系统灾备业务，应同时上报相应的灾备调度。(3分)
A. 对 B. 错
考核知识点：规章制度
难易度：中
标准答案：B

Jb0706392063 各级信息通信调度负责组织相关单位开展信息系统年度运行方式的编制工作，

并组织对年度运行方式进行落实。各分部、省级电网公司级单位信息系统年度运行方式应报国家电网有限公司数字化工作部备案。（3 分）

A. 对　　B. 错

考核知识点：规章制度

难易度：中

标准答案：B

Jb0706392064　对于检修操作，检修人员要充分考虑信息通信系统运行方式、网络拓扑、电源接入方式、存储接入方式等因素，而值班调度员仅需要了解操作任务、范围、对象、目的和要求。（3 分）

A. 对　　B. 错

考核知识点：规章制度

难易度：中

标准答案：B

Jb0706392065　当一级检修计划临近结束时间而系统 SG－I6000 v2.0 监控状态仍未恢复正常时，当值调度员应立即向国家电网有限公司信息调度申请检修延期，并于 24h 内以邮件形式上报延期情况说明。经国家电网有限公司信息调度审核后，该检修延期不会纳入对省级电网公司的指标考核。（3 分）

A. 对　　B. 错

考核知识点：SG－I6000 操作基础

难易度：中

标准答案：A

Jb0706392066　SG－I6000 v2.0 是遵循信息系统调度运行体系，基于 SG－UAP 开发平台，融合集成 SG－I6000 v2.0、IDS、ISS、ICS、TMS、云资源管理、云终端等现有信息通信运维支撑工具，开发集“调度、运行、检修、客服、三线”于一体的智能一体化运维支撑平台（SG－I6000 v2.0）。（3 分）

A. 对　　B. 错

考核知识点：SG－I6000 操作基础

难易度：中

标准答案：A

Jb0706392067　综合调度指令是调度值班员下达的只涉及一个单位的操作指令该指令具体的操作步骤和内容以及安全措施，均由运行人员按现场规程自行拟定。（3 分）

A. 对　　B. 错

考核知识点：SG－I6000 操作基础

难易度：中

标准答案：A

Jb0706392068　在 SG－I6000 v2.0 系统运行管理模块，必须先在系统中设置设备分组、业务类型、巡视项目以后才能编制巡视计划，然后对巡视计划进行巡视执行操作。（3 分）

A. 对　　B. 错

考核知识点：SG－I6000 操作基础

难易度：中
标准答案：A

Jb0706392069　SG－I6000 v2.0 系统硬件资源统计结果中，单击统计结果中的数字，不能看到对应单位的资源列表信息。（3 分）

A. 对　　B. 错

考核知识点：SG－I6000 操作基础
难易度：中
标准答案：B

Jb0706393070　国家电网有限公司信息通信分公司、分部及各属地运行维护单位应建立通信设备消缺台账资料，详细记录通信设备的缺陷情况、处理过程、缺陷产生原因分析、缺陷处理经验等，定期对同类设备进行缺陷分析，以降低缺陷的发生率和减少缺陷处理时间。（3 分）

A. 对　　B. 错

考核知识点：规章制度
难易度：难
标准答案：A

Jb0706393071　对于要退役的设备需要创建设备退役申请，设备退役流程不需要进行设备回退处理流程。（3 分）

A. 对　　B. 错

考核知识点：规章制度
难易度：难
标准答案：B

Jb0706393072　省级调度值班员通过 SG－I6000 v2.0、ISS、TMS 以及信通专业网管进行实时监控。（3 分）

A. 对　　B. 错

考核知识点：SG－I6000 操作基础
难易度：难
标准答案：A

Jb0706393073　正常情况下 SG－I6000 v2.0 系统从 MONGDB 主节点写入数据，从 MONGDB 备用节点读取数据。（3 分）

A. 对　　B. 错

考核知识点：SG－I6000 操作基础
难易度：难
标准答案：A

Jb0706393074　SG－I6000 v2.0 系统中，视图编辑中图元交互操作支持进行提示信息、单击动作和双击动作。（3 分）

A. 对　　B. 错

考核知识点：SG－I6000 操作基础
难易度：难
标准答案：A

Jb0706393075　应用系统监测进入应用系统列表，系统默认显示本单位所有业务应用系统的基本信息。（3 分）
A. 对　　B. 错
考核知识点：规章制度
难易度：难
标准答案：A

Jb0706393076　设备变更内容包含设备基本信息、附属配件信息、附属监控资源信息、主机安装软件信息。（3 分）
A. 对　　B. 错
考核知识点：规章制度
难易度：难
标准答案：A

Jb0706393077　调整更正机柜的起始和终止高度，使起始高度小于导入终止高度，不影响主机台账批量导入。（3 分）
A. 对　　B. 错
考核知识点：规章制度
难易度：难
标准答案：B

Jb0706393078　与入侵检测系统不同，入侵防御系统采用在线（inline）方式运行。（3 分）
A. 对　　B. 错
考核知识点：网络安全基础
难易度：难
标准答案：A

Jb0706393079　只有在用户认证成功的情况下，802.1x 认证受控端口才能处于授权状态。（3 分）
A. 对　　B. 错
考核知识点：网络基础
难易度：难
标准答案：B

Jb0706393080　协议是“水平的”，即协议是控制对等实体之间的通信的规则。（3 分）
A. 对　　B. 错
考核知识点：网络基础
难易度：难
标准答案：A

Jb0706393081　办公自动化的支撑技术是计算机技术、通信技术和自动化技术。(3 分)

A. 对　　　　B. 错

考核知识点：规章制度

难易度：难

标准答案：A

Jb0706393082　完整恢复模式通过使用日志备份在最大范围内防止出现故障时丢失数据，这种模式需要备份和还原日志（日志备份）。(3 分)

A. 对　　　　B. 错

考核知识点：数据库基础

难易度：难

标准答案：A

Jb0706393083　Oracle 的 Agent 服务无法启动，把 Oracle_HOME/network/agent/目录下的*.q 文件删除，然后启动服务即可。(3 分)

A. 对　　　　B. 错

考核知识点：数据库基础

难易度：难

标准答案：A

简　答　题

Jb0706331084　安全规划设计基本过程包括哪些？至少写出两点。(10 分)

考核知识点：规章制度

难易度：易

标准答案：

(1) 安全总体设计。

(2) 安全建设规划。

(3) 需求分析。

Jb0706331085　在运行管理和维护检修作业前，应明确哪些内容？至少写出两点。(10 分)

考核知识点：规章制度

难易度：易

标准答案：

(1) 明确工作任务。

(2) 明确操作方法。

(3) 明确质量要求。

(4) 明确安全要求。

Jb0706331086　SG－I6000 v2.0 系统中资源配置组件，使用对象是整个平台的数据管理员，主要包括哪几个功能？至少写出两点。(10 分)

考核知识点：SG－I6000 操作基础

难易度：易

标准答案：

主要包括的功能有资源管理、数据建模、数据调和。

Jb0706331087　SG－I6000 v2.0 实例间关联关系维护中自动布局有哪些？至少写出两点。（10 分）

考核知识点： SG－I6000 基础

难易度： 易

标准答案：

SG－I6000 v2.0 实例间关联关系维护中自动布局有层次布局、圆形布局、布局弹力。

Jb0706331088　出现哪些紧急情况时，调度值班员可以主动调整运行方式，向受令人发布调度指令？至少写出两点。（10 分）

考核知识点： 调度基础

难易度： 易

标准答案：

（1）信息通信设备发生重大事故，或者主干网络发生事故。

（2）信息通信系统受到重大安全攻击，或者发生大面积瘫痪。

（3）主干网络流量值超过规定的限额。

（4）存储容量使用率超过规定的限额。

Jb0706331089　虚拟机的优势有哪些？（10 分）

考核知识点： 虚拟技术基础

难易度： 易

标准答案：

虚拟机的优势有封装性、隔离性、兼容性。

Jb0706331090　风险评估的三个要素是什么？至少写出两点。（10 分）

考核知识点： 网络安全基础

难易度： 易

标准答案：

风险评估的三个要素是资产、威胁、脆弱性。

Jb0706331091　路由环问题会引起什么问题？至少写出两点。（10 分）

考核知识点： 网络基础

难易度： 易

标准答案：

路由环问题会引起慢收敛、广播风暴。

Jb0706331092　数字化项目上线阶段包括哪几部分工作内容？（10 分）

考核知识点： 规章制度

难易度： 易

标准答案：

数字化项目上线阶段包括上线准备、试运行、试运行验收。

Jb0706331093 距离矢量路由协议的特点有哪些？（10 分）
考核知识点：网络基础
难易度：易
标准答案：
（1）周期性发送路由更新。
（2）逐跳传递路由更新。

Jb0706331094 信息安全相关知识的基本属性包括哪些？至少写出两点。（10 分）
考核知识点：网络安全基础
难易度：易
标准答案：
信息安全相关知识的基本属性包括机密性、可用性、完整性。

Jb0706331095 加密的强度主要取决于什么？至少写出两点。（10 分）
考核知识点：网络安全基础
难易度：易
标准答案：
加密的强度主要取决于算法的强度、密钥的保密性、密钥的强度。

Jb0706331096 常见的网站服务器容器有哪些？至少写出两点。（10 分）
考核知识点：中间件基础
难易度：易
标准答案：
常见的网站服务器容器有 IIS、Apache、Nginx、Lighttpd、Tomcat。

Jb0706331097 数据库相关知识访问控制的粒度可能有哪些？（10 分）
考核知识点：数据库基础
难易度：易
标准答案：
数据库相关知识访问控制的粒度可能有数据库相关知识级、表级、属性级。

Jb0706331098 信息调度开展安全事件报告的总体要求是哪些？至少写出两点。（10 分）
考核知识点：规章制度
难易度：易
标准答案：
信息调度开展安全事件报告的总体要求是分级分类、按期限时、迅速准确、应报必报。

Jb0706332099 SG－I6000 v2.0 采集控制是对采集模块进行管理及相关配置，主要包括哪些？（10 分）
考核知识点：SG－I6000 基础
难易度：中
标准答案：

主要包括 Agent 管理、采集插件管理、采集任务管理、采集服务集群管理以及采集自监测。

Jb0706332100　SG－I6000 v2.0 中，消息服务配置主要采集所需的消息队列信息，支持集群部署，那么支持的 MQ 类型有哪些？至少写出两点。（10 分）

考核知识点：SG－I6000 操作基础

难易度：中

标准答案：

支持的 MQ 类型有 ActiveMQ、Kafka、RabbitMQ、RocketMQ。

Jb0706332101　Apache 服务器中的访问日志文件的文件名称是什么？（10 分）

考核知识点：中间件基础

难易度：中

标准答案：

Apache 服务器中的访问日志文件的文件名称是 Access_log。

Jb0706332102　Linux 系统中查询操作日志的命令是什么？（10 分）

考核知识点：主机基础

难易度：中

标准答案：

Linux 系统中查询操作日志的命令是 History。

Jb0706332103　Linux 系统中查询登录日志的命令是什么？（10 分）

考核知识点：主机基础

难易度：中

标准答案：

Linux 系统中查询登录日志的命令是 Last。

Jb0706332104　在 Linux 中查看系统内核信息的命令是什么？（10 分）

考核知识点：主机基础

难易度：中

标准答案：

在 Linux 中查看系统内核信息的命令是 uname –a。

Jb0706332105　简述 SELinux 的三种工作模式。（10 分）

考核知识点：主机基础

难易度：中

标准答案：

（1）enforcing：强制模式。违反 SELinux 规则的行为将被阻止并记录到日志中。

（2）permissive：宽容模式。违反 SELinux 规则的行为只会记录到日志中，一般为调试用。

（3）disabled：关闭 SELinux。

Jb0706332106　Oracle 中的三种系统文件分别是什么？（10 分）

考核知识点：数据库基础

难易度：中

标准答案：

Oracle 中的三种系统文件分别是数据文件 DBF、控制文件 CTL、日志文件 LOG。

Jb0706332107　在状态检测防火墙的配置中，哪些是必须配置？至少写出两点。（10 分）

考核知识点：网络安全基础

难易度：中

标准答案：

（1）全局启动防火墙功能。

（2）定义 ASPF 策略。

（3）在接口下应用 ASPF 策略。

Jb0706332108　某省电力公司网页数据遭篡改、数据泄露及被窃取，对公司安全生产、经营活动、对社会形象产生影响；经分析是因为经安全督查确认的安全漏洞未按要求整改；国网智能电网研究院有限公司发布的重要安全预警未按要求整改。此类故障按省级调度报送要求，当发生系统告警时应如何处置？（10 分）

考核知识点：规章制度

难易度：中

标准答案：

故障发生后立即（30min）通过调度电话向国家电网有限公司信息调度进行口头汇报，以调度电话通知本单位有关人员并上报省级单位信息职能管理部门负责人，故障处置过程中省级信通调度每隔 1h 向国家电网有限公司信息调度汇报故障处置阶段性进展情况。

Jb0706332109　按照《国家电网有限公司网络安全与信息通信应急管理办法》，信息应急演练模式包括哪些？（10 分）

考核知识点：规章制度

难易度：中

标准答案：

信息应急演练模式包括桌面演练、模拟演练、实战演练。

Jb0706332110　《国家电网有限公司安全事故调查规程（2021 年版）》中，信息系统出现哪些情况，定义为五级设备事件？至少写出两点。（10 分）

考核知识点：规章制度

难易度：中

标准答案：

（1）营销、财务、电力市场交易、安全生产管理等重要业务应用 3 天以上数据完全丢失，且不可恢复。

（2）因信息系统原因导致涉及国家秘密信息外泄或信息系统数据遭恶意篡改，对公司生产经营产生重大影响。

Jb0706332111　WebLogic 配置 domains 有哪些模式？（10 分）

考核知识点：中间件基础

难易度：中

标准答案：

WebLogic 配置 domains 有开发模式、生产模式。

Jb0706332112　信息安全技术的组成包括哪些？至少写出两点。(10 分)

考核知识点：网络安全基础

难易度：中

标准答案：

信息安全技术的组成包括物理安全、网络安全、主机安全、应用安全。

Jb0706332113　信息系统检修工作，是指公司信息系统调度运行体系中的检修部分，主要通过哪些工作提高信息系统检修质量和健康水平，确保信息系统安全稳定运行？至少写出两点。(10 分)

考核知识点：规章制度

难易度：中

标准答案：

主要通过检修计划管理、检修执行管理、信息系统检测、检修分析管理。

Jb0706332114　禁用系统不需要的控制面板的方法有哪些？（10 分）

考核知识点：主机基础

难易度：中

标准答案：

禁用系统不需要的控制面板的方法有命令行、PHP 脚本。

Jb0706333115　国家电网有限公司信息安全防护总体策略中多层防御思想是在分域防护的基础上，将各安全域的信息系统划分为哪四个层次进行安全防护设计？（10 分）

考核知识点：网络安全基础

难易度：难

标准答案：

划分为边界、网络、主机、应用。

Jb0706333116　信息化架构（SG－EA）中，架构支撑性资产管理，包括哪些管理？（10 分）

考核知识点：规章制度

难易度：难

标准答案：

信息化架构（SG－EA）中，架构支撑性资产管理，包括支撑性资产、架构工具、架构师能力模型。

Jb0706333117　描述 SuperVLAN 和 SuBVLAN 的关系，至少写出两点。(10 分)

考核知识点：网络基础

难易度：难

标准答案：

(1) SuperVLAN 相当于把 SuBVLAN 做了聚合，实现所有 SuBVLAN 共享同一个三层接口。

（2）SuperVLAN 只建立三层接口，负责 SuBVLAN 的三层转发。
（3）SuBVLAN 只包含物理端口，内部主机以 SuperVLAN 接口地址作为网关。

Jb0706333118　非智能设备需要增加哪些设备完成数据采集和上报？至少写出两点。（10 分）
考核知识点：辅助设备基础
难易度：难
标准答案：
非智能设备需要增加传感器、变送器、采集器完成数据采集和上报。

Jb0706333119　机房巡检时，巡检人员应重点关注 UPS 电源哪几个运行参数？（10 分）
考核知识点：规章制度
难易度：难
标准答案：
机房巡检时，巡检人员应重点关注 UPS 电源的市电输出电压、分相负载、分相负载率（%）。

Jb0706333120　请关于 E－R 模型向关系模型转换进行叙述。（10 分）
考核知识点：数据库基础
难易度：难
标准答案：
（1）一个实体类型转换成一个关系模式，关系的码就是实体的码。
（2）一个 1:1 联系可以转换为一个独立的关系模式，也可以与联系的任意一端实体所对应的关系模式合并。
（3）一个 $m:n$ 联系转换为一个关系模式，关系的码为各实体码的组合。
（4）三个或三个以上实体间的多元联系转换为一个关系模式，关系的码为各实体码的组合。

Jb0706333121　系统运行的安全检查是安全管理中的一项重要工作，旨在预防事故、发现隐患、指导整改。在进行系统运行安全检查时，恰当的做法是什么？（10 分）
考核知识点：规章制度
难易度：难
标准答案：
（1）定期对系统进行恶意代码检查，包括病毒、木马、隐蔽通道等。
（2）检查应用系统的配置是否合理和适当。
（3）检查应用系统的可用性，包括系统的中断时间、正常服务时间、恢复时间等。

Jb0706333122　SG－I6000 v2.0 总体架构中管理端包括哪些？至少写出两点。（10 分）
考核知识点：SG－I6000 操作基础
难易度：难
标准答案：
SG－I6000 v2.0 总体架构中管理端包括配置管理、数据传输、采集任务模块。

Jb0706333123　VRRP 虚拟路由器的三种状态是什么？（10 分）
考核知识点：网络基础

难易度：难

标准答案：

VRRP 虚拟路由器的三种状态是 Initialize、Master、Backup。

Jb0706333124　在路由器中，如果去往同一目的地有多条路由，则决定最佳路由的因素有哪些？至少写出两点。（10 分）

考核知识点：网络基础

难易度：难

标准答案：

决定最佳路由的因素有路由的优先级、路由的 metric 值。

Jb0706333125　SG－I6000 v2.0 实体管理中具备哪些功能？至少写出两点。（10 分）

考核知识点：SG－I6000 操作基础

难易度：难

标准答案：

SG－I6000 v2.0 实体管理中具备查询、修改、删除。

Jb0706333126　数据库运行中可能产生的故障有哪些？（10 分）

考核知识点：数据库基础

难易度：难

标准答案：

数据库运行中可能产生的故障有事务内部的故障、系统故障、介质故障、计算机病毒。

Jb0706333127　服务器的紧急缺陷有哪些？至少写出两点。（10 分）

考核知识点：网络安全基础

难易度：难

标准答案：

（1）系统性能急剧下降或服务器宕机。

（2）剩余 CPU 处理能力不能满足系统运行需求。

（3）集群软件故障，导致群集中节点停运。

（4）磁盘输入输出繁忙，系统性能严重下降。

第六章　信息调度监控员高级工技能操作

Jc0706312001　写出信息系统监控率算法及步骤。(100 分)

考核知识点：规章制度

难易度：中

技能等级评价专业技能考核操作工作任务书

一、任务名称

写出信息系统监控率算法及步骤。

二、适用工种

信息调度监控员高级工。

三、具体任务

某单位共有正式在运信息系统 50 套，其中国网公司统一推广系统 45 套，自建信息系统 5 套，另有新上线试运行信息系统 25 套。该单位已将 45 套正式运行的信息系统全部纳入 SG－I6000 v2.0 监控，此时该单位的信息系统监控率为多少。

四、工作规范及要求

要求写出具体计算步骤。

五、考核及时间要求

(1) 本考核操作时间为 10 分钟，时间到停止考评，包括报告整理时间。

(2) 问题查找和排除过程中，如确实不能查找出问题，可向考评员申请排除问题，该项问题项目不得分，但不影响其他项目。

技能等级评价专业技能考核操作评分标准

工种	信息调度监控员					评价等级	高级工
项目模块	规章制度—信息系统监控率				编号	Jc0706312001	
单位			准考证号			姓名	
考试时限	10 分钟		题型	单项操作		题分	100 分
成绩		考评员		考评组长		日期	
试题正文	写出信息系统监控率算法及步骤						
需要说明的问题和要求	要求单人操作完成						

序号	项目名称	质量要求	满分	扣分标准	扣分原因	得分
1	检查计算步骤是否完整	明确计算步骤，得到正确计算结果	100	与质量要求中计算结果不符，扣 100 分		
合计			100			

Jc0706313002　写出存储器芯片容量算法及步骤。（100 分）

考核知识点：主机基础

难易度：难

技能等级评价专业技能考核操作工作任务书

一、任务名称

写出存储器芯片容量算法及步骤。

二、适用工种

信息调度监控员高级工。

三、具体任务

若内存地址区间为 4000H～43FFH，每个存储单元可存储 16 位二进制数，该内存区域用 4 片存储器芯片构成，则构成该内存所用的存储器芯片的容量是多少 bit。

四、工作规范及要求

要求写出具体计算步骤。

五、考核及时间要求

（1）本考核操作时间为 10 分钟，时间到停止考评，包括报告整理时间。

（2）问题查找和排除过程中，如确实不能查找出问题，可向考评员申请排除问题，该项问题项目不得分，但不影响其他项目。

技能等级评价专业技能考核操作评分标准

工种	信息调度监控员					评价等级	高级工
项目模块	主机基础—存储器芯片容量				编号	Jc0706313002	
单位			准考证号			姓名	
考试时限	10 分钟		题型	单项操作		题分	100 分
成绩		考评员		考评组长		日期	
试题正文	写出存储器芯片容量算法及步骤						
需要说明的问题和要求	要求单人操作完成						

序号	项目名称	质量要求	满分	扣分标准	扣分原因	得分
1	检查计算步骤是否完整	明确计算步骤，得到正确计算结果	100	与质量要求中计算结果不符，扣 100 分		
合计			100			

第四部分
信息调度监控员
技师

第七章　信息调度监控员技师技能笔答

单　选　题

Jb0706271001　SG－I6000 v2.0 新建操作中单击（　　）按钮，调用接口并启动 PI6000 平台。（3 分）

A. 新建调度联系单　B. 新建事件报告　C. 调度联系单　D. 事件报告

考核知识点：SG－I6000 基础

难易度：易

标准答案：A

Jb0706271002　在大多数 Linux 发行版本中，以下（　　）属于块设备。（3 分）

A. 串行口　B. 硬盘　C. 虚拟终端　D. 打印机

考核知识点：主机基础

难易度：易

标准答案：B

Jb0706271003　SG－I6000 v2.0 事件报告单中即时报告－国调确认：确认上报的即时报告，确认通过后发送给（　　）审核。（3 分）

A. 省级电网公司　B. 直属单位

C. 省级电网公司/直属单位　D. 国网信通

考核知识点：SG－I6000 基础

难易度：易

标准答案：D

Jb0706271004　在 SG－I6000 v2.0 事件报告查询中图形化查询条件：（　　）根据图形化指标统计算法进行查询，并更新显示于工单查询结果记录列表中。（3 分）

A. 双击统计数字　B. 双击统计数据　C. 单击统计数字　D. 单击统计数据

考核知识点：SG－I6000 基础

难易度：易

标准答案：A

Jb0706271005　在 SG－I6000 v2.0 拟办任务中单击（　　）按钮，调用接口并启动 PI6000 平台“缺陷消缺申请”流程工单，打开“缺陷消缺申请”进行缺陷消缺申请填报环节的信息填写，缺陷消缺申请单保存后，在 PI6000 平台拟办任务列表中新增一条“缺陷消缺申请”拟办记录。（3 分）

A. 新建缺陷任务下发　B. 缺陷任务下发　C. 新建缺陷消缺申请　D. 缺陷消缺申请

考核知识点：SG－I6000 基础

难易度：易

标准答案：C

Jb0706271006 信息系统的开发应在（ ）环境中进行，开发环境应与实际运行环境及办公环境安全隔离。（3分）
A. 实际运行 B. 测试 C. 专用 D. 试运行
考核知识点：规章制度
难易度：易
标准答案：C

Jb0706271007 硬件资源统计分析可以提供对硬件资源的综合查询，可供管理人员实现对设备的多个维度的统计汇总工作，有多种查看方式但不包括（ ）。（3分）
A. 列表方式 B. 图表方式
C. 可导出 Excel 查看 D. 对比查看
考核知识点：业务知识
难易度：易
标准答案：D

Jb0706271008 在（ ）情况下，精密空调电功耗最大。（3分）
A. 制冷降温状态 B. 加热加湿状态 C. 制冷加湿状态 D. 加热加湿状态
考核知识点：动环基础
难易度：易
标准答案：C

Jb0706271009 （ ）是指公司一体化企业级信息集成平台、业务应用系统以及安全防护、信息管控等信息化保障系统。（3分）
A. 信息系统 B. 信息设备 C. 运行监测系统 D. 两票系统
考核知识点：业务知识
难易度：易
标准答案：A

Jb0706271010 （ ）是 UNIX 操作系统的核心，指挥调度 UNIX 机器的运行。（3分）
A. UNIXKernel B. UNIXShell C. UNIXWAre D. UNIXSolAris
考核知识点：主机知识
难易度：易
标准答案：A

Jb0706271011 WebLogic 属于（ ）中间件。（3分）
A. 消息中间件 B. 事务中间件 C. 应用服务器中间件 D. 通信中间件
考核知识点：中间件基础
难易度：易
标准答案：C

Jb0706271012　TCP 实现了哪种流量控制方法（　　）。（3 分）

A. ACKB　B. 套接字　C. 缓冲技术　D. 窗口技术

考核知识点：网络基础

难易度：易

标准答案：D

Jb0706271013　关于云计算描述正确的是（　　）。（3 分）

A. 云计算是一种技术，能够实现随时随地、便捷地、随需应变地获取到 IT 资源

B. 云计算中的各种 IT 资源需要付费才能使用

C. 在云计算中获取的 IT 资源需要通过网络才能使用

D. 在获取 IT 资源的过程中，用户需要与云计算服务提供商反复交涉

考核知识点：云平台基础

难易度：易

标准答案：A

Jb0706271014　删除一个用户的命令为（　　）。（3 分）

A. userdel　B. deluser　C. deluse　D. delusers

考核知识点：主机基础

难易度：易

标准答案：A

Jb0706271015　处于运行状态的操作系统程序应放在（　　）。（3 分）

A. 寄存器中　B. 高速缓冲存储器中　C. 主存储器中　D. 辅助存储器中

考核知识点：主机基础

难易度：易

标准答案：C

Jb0706271016　（　　）是字符设备。（3 分）

A. hdc　B. fd0　C. hda1　D. 打印机

考核知识点：主机基础

难易度：易

标准答案：D

Jb0706272017　信息系统上线前，应对访问策略和操作权限进行全面清理，（　　）账号权限，核实开放端口和策略。（3 分）

A. 开通　B. 复查　C. 禁止　D. 删除

考核知识点：规章制度

难易度：中

标准答案：B

Jb0706272018　信息系统部署环境应满足系统（　　）要求。（3 分）

A. 安全运行　B. 稳定运行　C. 持续运行　D. 健康运行

考核知识点：规章制度
难易度：中
标准答案：A

Jb0706272019　在 SG－I6000 v2.0 中，以下（　　）功能不属于拓扑管理的功能。（3 分）
A. 应用拓扑　　B. 网络拓扑　　C. 数据拓扑　　D. 机房拓扑
考核知识点：SG－I6000 基础
难易度：中
标准答案：C

Jb0706272020　按照 TCSEC 标准，未启用 SELinux 保护的 Linux 系统和启用 SELinux 保护的 Linux 系统的安全级别分别是（　　）。（3 分）
A. C2 级和 B1 级　　B. B2 级和 B1 级　　C. B2 级和 A 级　　D. B1 级和 A 级
考核知识点：主机基础
难易度：中
标准答案：C

Jb0706272021　SG－I6000 v2.0 资源管理导航树不包括（　　）。（3 分）
A. 类型数　　B. 地域数　　C. 标准树　　D. 模型树
考核知识点：SG－I6000 基础
难易度：中
标准答案：A

Jb0706272022　蓄电池的作用：在市电正常时与开关电源（　　）运行，改善供电质量，起到（　　）的作用。在开关电源停止供电的情况下，蓄电池担负起对（　　）的供电任务。（3 分）
A. 串联，平滑滤波，全部负荷　　B. 并联，滤波，全部负荷
C. 并联，平滑滤波，全部负荷　　D. 并联，滤波，部分负荷
考核知识点：动环基础
难易度：中
标准答案：C

Jb0706272023　空调器制热运行时，室外机冷凝器结霜严重的主要原因是（　　）。（3 分）
A. 外环境温度太高　　B. 系统制冷剂过多　　C. 室外环境温度太低　　D. 调控系统失效
考核知识点：动环基础
难易度：中
标准答案：C

Jb0706272024　有关办公计算机信息安全管理，以下说法正确的是（　　）。（3 分）
A. 办公计算机“一机两用”
B. 办公计算机安装、运行、使用与工作无关的软件
C. 将办公计算机带到与工作无关的场所
D. 不将办公计算机带到与工作无关的场所

考核知识点：规章制度
难易度：中
标准答案：D

Jb0706272025　UPS电源中，静态开关（　　）的功能。（3分）
A. 实现把交流变成直流　　B. 实现毫秒级别内的电源选择
C. 实现输出滤波　　D. 实现把直流变成交流的功能
考核知识点：动环基础
难易度：中
标准答案：B

Jb0706272026　对于 n 位的二进制数，假设每一个符号出现完全随机且概率相等。则任一符号的自信息量是（　　）。（3分）
A. 0 bit　　B. 1 bit　　C. n bit　　D. 2n bit
考核知识点：主机基础
难易度：中
标准答案：C

Jb0706272027　网络拓扑设计的优劣将直接影响网络的性能、可靠性与（　　）。（3分）
A. 网络协议　　B. 通信费用　　C. 设备种类　　D. 主机类型
考核知识点：网络基础
难易度：中
标准答案：B

Jb0706272028　计算机内部，一切信息的存取、处理和传送都是以（　　）进行的。（3分）
A. 二进制　　B. ASCII码　　C. 十六进制　　D. eBCDIC码
考核知识点：主机基础
难易度：中
标准答案：A

Jb0706272029　与10.110.12.29 mask 255.255.255.224属于同一网段的主机IP地址是(　　)。（3分）
A. 10.110.12.0　　B. 10.110.12.30　　C. 10.110.12.31　　D. 10.110.12.32
考核知识点：网络基础
难易度：中
标准答案：B

Jb0706272030　（　　）是目前利用大数据分析技术无法进行有效支持的。（3分）
A. 新型病毒的分析判断　　B. 个人消费习惯分析及预测
C. 精确预测股票价格　　D. 天气情况预测
考核知识点：大数据基础
难易度：中

标准答案：C

Jb0706272031　运行维护单位根据风险评估结果，进行权限回收、数据清除、应用程序和数据备份及（　　）等工作。（3分）

A. 分析　　B. 恢复　　C. 迁移　　D. 挖掘

考核知识点：规章制度

难易度：中

标准答案：C

Jb0706272032　不能防范ARP欺骗攻击的是（　　）。（3分）

A. 使用静态路由表　　B. 使用ARP防火墙软件

C. 使用防ARP欺骗的交换机　　D. 主动查询IP和MAC地址

考核知识点：网络安全基础

难易度：中

标准答案：A

Jb0706272033　加密技术包括对称密钥加密和非对称密钥加密，它们的不同之处在于（　　）。（3分）

A. 对称密钥加密速度更慢　　B. 两者速度相同

C. 对称密钥加密速度通常较慢　　D. 对称密钥加密速度更快

考核知识点：密码技术基础

难易度：中

标准答案：D

Jb0706272034　NFS服务端的配置中，（　　）参数可以压缩root用户权限，使之登录后为匿名用户。（3分）

A. root_squash　　B. nobody　　C. no_root_squash　　D. noaccess

考核知识点：主机基础

难易度：中

标准答案：A

Jb0706272035　SG－I6000 v2.0在缺陷库维护及发布中一级缺陷库由省级电网公司及直属单位进行新增、删除等操作维护，（　　）进行发布、停用等操作。（3分）

A. 省级电网公司　　B. 地市县级单位

C. 国家电网有限公司总部　　D. 省级电网公司及直属单位

考核知识点：SG－I6000基础

难易度：中

标准答案：C

Jb0706272036　SG－I6000 v2.0缺陷审核：由（　　）进行缺陷审核，如确认是缺陷需要检修，则将工单流转到缺陷消缺环节进行消缺工作；非紧急缺陷时审核结果具有“方案不通过”选项，如方案不通过，则将工单重新退回至缺陷分析环节；如确定不是缺陷则将流程发送至归档环节，终止此次

缺陷流程。（3 分）

A. 总部专家　　B. 调度人员　　C. 检修人员　　D. 信息运行人员

考核知识点：SG－I6000 基础

难易度：中

标准答案：B

Jb0706272037　在 SG－I6000 v2.0 缺陷任务下发中，（　　）执行对各个网省公司的任务下发。（3 分）

A. 国家电网有限公司信息调度　　B. 国家电网有限公司总部领导

C. 三线技术支持人员　　D. 各单位

考核知识点：SG－I6000 基础

难易度：中

标准答案：A

Jb0706272038　SG－I6000 v2.0 工作票审核中，（　　）审批工作票相关内容及时间，填写许可开始工作时间，判定许可结果。（3 分）

A. 工作负责人　　B. 工作许可人　　C. 班组长　　D. 工作签发人

考核知识点：SG－I6000 基础

难易度：中

标准答案：B

Jb0706272039　SG－I6000 v2.0 本级调度审批：本级调度进行检修计划审核，确认计划正确、合理性。如果是一级检修则上报（　　）进行审批，如果是二级检修则下一步流转至“执行”环节，二级三类检修不需要进行本级调度审批。（3 分）

A. 国家电网有限公司总部　　B. 省级电网公司

C. 国家电网有限公司信息通信分公司　　D. 省级电网公司/直属单位

考核知识点：SG－I6000 基础

难易度：中

标准答案：A

Jb0706272040　SG－I6000 v2.0 信息系统运行、检修及工程建设机构应提前（　　）个工作日向信息系统调度机构提出方式申请。（3 分）

A. 5　　B. 7　　C. 3　　D. 10

考核知识点：SG－I6000 基础

难易度：中

标准答案：A

Jb0706272041　Linux 系统中，禁用 GUI 的方法是将“initlevel”从 5 设置为（　　）。（3 分）

A. 1　　B. 2　　C. 3　　D. 4

考核知识点：主机基础

难易度：中

标准答案：C

Jb0706272042　在 Linux 或 Unix 下，用于显示主机上活动的 TCP 连接状况的命令是（　　）。（3 分）

A. ifconfig　　B. arp －a　　C. netstat －a　　D. netview

考核知识点：主机基础

难易度：中

标准答案：C

Jb0706272043　UPS 主要由（　　）组成。（3 分）

A. 整流放电器、蓄电池和逆变器　　B. 整流充电器、蓄电池和滤波器

C. 整流充电器、滤波器和逆变器　　D. 整流充电器、蓄电池和逆变器

考核知识点：动环基础

难易度：中

标准答案：D

Jb0706272044　用户安全审计与报告的数据分析包括检查、异常探测、违规分析与（　　）。（3 分）

A. 抓取用户账号使用情况　　B. 入侵分析

C. 时间戳的使用　　D. 登录失败审核

考核知识点：网络安全基础

难易度：中

标准答案：B

Jb0706272045　有一个中心节点，其他节点与其构成点到点的连接的拓扑结构属于（　　）拓扑。（3 分）

A. 总线　　B. 环形　　C. 星型　　D. 树型

考核知识点：网络基础

难易度：中

标准答案：C

Jb0706272046　并列运行的发电机间在小干扰下发生的频率为（　　）范围内的持续振荡现象叫低频振荡。（3 分）

A. 0.02～0.2Hz　　B. 0.2～2.5Hz　　C. 2.5～5Hz　　D. 5～10Hz

考核知识点：动环基础

难易度：中

标准答案：B

Jb0706272047　802－1.1X 认证系统使用（　　）认证方法来实现客户端、设备端和认证服务器之间认证信息的交换。（3 分）

A. PAP　　B. CHAP　　C. EAP　　D. RADIUS

考核知识点：网络安全基础

难易度：中

标准答案：C

Jb0706272048　不属于云计算缺点的是（　　）。（3分）

A. 隐私与安全保障有限　　B. 云计算的功能可能有限

C. 不能提供可靠、安全的数据存储　　D. 可能存在脱机问题

考核知识点：云平台基础

难易度：中

标准答案：C

Jb0706272049　在IIS中同默认的匿名访问用户账号是（　　）。（3分）

A. IUSR_ad分钟　　B. IUSR_computername

C. IUSR_ad分钟istrator　　D. IUSR

考核知识点：主机基础

难易度：中

标准答案：B

Jb0706272050　在Oracle的逻辑结构可以分解为：表空间、数据库块、物理块、段、区，它们之间的大小关系正确的是（　　）。（3分）

A. 表空间≥区≥段≥数据库块≥物理块　　B. 表空间≥区≥段≥物理块≥数据库块

C. 表空间≥数据库块≥物理块≥段≥区　　D. 表空间≥段≥区≥数据库块≥物理块

考核知识点：数据库基础

难易度：中

标准答案：D

Jb0706272051　数据库安全是一个庞大的话题，那么数据库的基本安全机制不包括（　　）。（3分）

A. 用户认证　　B. 用户授权　　C. 审计功能　　D. 电磁屏蔽

考核知识点：数据库基础

难易度：中

标准答案：D

Jb0706272052　已知某一数据库中有两个数据表，它们的主关键字与主关键字之间是一个对应多个的关系，这两个表若想建立关联，应该建立的永久联系是（　　）。（3分）

A. 一对一　　B. 一对多　　C. 多对多　　D. 多对一

考核知识点：数据库基础

难易度：中

标准答案：B

Jb0706273053　《国家电网有限公司安全事故调查规程（2021年版）》中对人身、电网、设备和信息系统四类事故等级分为（　　）。（3分）

A. 五个等级　　B. 六个等级　　C. 七个等级　　D. 八个等级

考核知识点：规章制度

难易度：难

标准答案：D

Jb0706273054　缺陷报告不可能由（　　）编制。（3分）

A. 缺陷发起单位　　B. 缺陷处理单位　　C. 缺陷上报单位　　D. 缺陷报告单位

考核知识点：规章制度

难易度：难

标准答案：C

Jb0706273055　为消除 DNS 查询对性能的影响，运维人员可关闭 DNS 查询功能，其方法是将参数 enableLookups 设置为（　　）。（3分）

A. YES　　B. NO　　C. TRUE　　D. FALSE

考核知识点：主机基础

难易度：难

标准答案：D

Jb0706273056　SG－I6000 v2.0 检修任务中由（　　）制定下属单位一级检修任务，根据各单位情况填写检修任务、并统一下达，各执行单位签收执行检修工作。（3分）

A. 国家电网有限公司总部　　B. 国家电网有限公司信息调度

C. 省级电网公司　　D. 各单位

考核知识点：SG－I6000 基础

难易度：难

标准答案：B

Jb0706273057　采用双 UPS 供电时，单台 UPS 设备的负荷不应超过额定输出功率的（　　）%。（3分）

A. 25　　B. 35　　C. 45　　D. 55

考核知识点：动环基础

难易度：难

标准答案：B

Jb0706273058　操作系统对磁盘进行读/写操作的物理单位是（　　）。（3分）

A. 磁道　　B. 字节　　C. 扇区　　D. 文件

考核知识点：主机基础

难易度：难

标准答案：C

Jb0706273059　SG－I6000 v2 以下（　　）不属于中间件监测指标。（3分）

A. 磁盘使用率　　B. 会话信息　　C. JVM 情况　　D. 进程信息

考核知识点：SG－I6000 基础

难易度：难

标准答案：A

Jb0706273060　在 Word 2007 中打印及打印预览文档，下列说法不正确的是（　　）。（3分）

A. 在同一页上，可以同时设置纵向和横向打印

B. 在同一文档中，可以同时设置纵向和横向两种页面方式
C. 在打印预览时可以同时显示多页
D. 在打印时可以指定需要打印的页面
考核知识点：主机基础
难易度：难
标准答案：A

Jb0706273061　删除（　　）是提高 Windows Server 系统共享文件拷贝速度的优化手段之一。（3 分）
A. 近程差分压缩　　B. 近程和分压缩　　C. 远程差分压缩　　D. 远程和分压缩
考核知识点：主机基础
难易度：难
标准答案：C

Jb0706273062　将二进制数（101.10101）B 转换成十进制数是（　　）。（3 分）
A. 6.3125　　B. 5.3125　　C. 5.6125　　D. 6.6125
考核知识点：主机基础
难易度：难
标准答案：B

Jb0706273063　SG－I6000 v2 下列流程中，（　　）不是在工具仓库中部署的。（3 分）
A. 一级检修计划申请　　B. 新增运维资质申请
C. 电子商务平台账号权限申请　　D. 缺陷消除申请
考核知识点：SG－I6000 基础
难易度：难
标准答案：C

Jb0706273064　对于网络的接入层设备，其应具备的功能是（　　）。（3 分）
A. 拥有大量的接口，用于与最终用户计算机相连
B. 高性能吞吐能力
C. 高速的包交换
D. 复杂的路由策略
考核知识点：网络基础
难易度：难
标准答案：A

Jb0706273065　当主机发送 ARP 请求时，启动了 VRRP 协议的（　　）设备用什么 MAC 来进行回应。（3 分）
A. Master 网关用自己的物理 MAC　　B. Master 网关用虚拟 MAC 回应
C. Slave 网关用自己的物理 MAC 回应　　D. Slave 网关用虚拟 MAC 回应
考核知识点：网络基础
难易度：难

标准答案：B

Jb0706273066　ping 命令是网络中最常用的数据包检测工具之一，其中 ping －n 参数的作用是（　　）。（3 分）

A. 指定要发送的回显请求数　　B. 发送缓冲区的大小
C. 指定生存时间　　D. 解析主机名

考核知识点：主机基础
难易度：难
标准答案：A

Jb0706273067　数据安全及备份恢复涉及 3 个控制点，分别是（　　）。（3 分）

A. 数据完整性数据保密性备份和恢复　　B. 数据完整性数据保密性不可否认性
C. 数据完整性不可否认性备份和恢复　　D. 不可否认性数据保密性备份和恢复

考核知识点：网络安全基础
难易度：难
标准答案：A

Jb0706273068　国内某事业单位外部合作单位技术人员将个人计算机接入某单位信息内网，由于该单位未对网络接入进行严格控管控，致使外部人员成功接入网络，并通过网络抓包获取内部数据库账号口令，窃取数据库敏感数据文件数十份，并继而转卖给竞争对手，导致该单位蒙受重大损失。对于案例中的合作单位技术人员，在进入某单位信息系统时，应使用（　　）的账号和权限。（3 分）

A. 超级管理员
B. 普通管理员
C. 开发账户和权限
D. 经过合理的权限账户流程申请的只有必须权限的账户

考核知识点：规章制度
难易度：难
标准答案：D

Jb0706273069　RAID5 的磁盘容量是（　　）。（3 分）

A. 磁盘总容量　　B. 磁盘总容量的 50%
C. 磁盘总容量的 $N-1$（N 为磁盘数）　　D. 磁盘总容量的 $N-2$（N 为磁盘数）

考核知识点：主机基础
难易度：难
标准答案：C

Jb0706273070　SG－I6000 v2.0 标准时长维护及发布：由（　　）统一进行各检修对象标准操作时长的维护与发布，根据不同检修对象、不同检修类型设定标准的检修时长，作为检修计划申请的依据。（3 分）

A. 省级电网公司　　B. 总部
C. 国家电网有限公司信息通信分公司　　D. 地市县级单位

考核知识点：SG－I6000 基础

难易度：难
标准答案：B

Jb0706273071　SG－I6000 v2.0 检修计划申请审批通过后，检修人员应严格按照申请表的计划检修时间开展计划检修工作，并做到计划检修工作开始执行前及执行完毕后，必须电话报告当班运行方式人员。如果检修工作不能按计划时间完成，必须提前（　　）h 报告运行方式人员，并按照检修方案及时回退，在（　　）h 内以书面形式报送信息管理部门（或授权部门）进行情况说明。（3 分）
A. 0.5、2　　B. 1、24　　C. 0.5、24　　D. 1、2
考核知识点：SG－I6000 基础
难易度：难
标准答案：C

Jb0706273072　SG－I6000 v2.0 检修任务填报：由（　　）依据各单位情况填报各单位检修任务。（3 分）
A. 国家电网有限公司信息调度人员　　B. 国家电网有限公司信息通信分公司
C. 省级电网公司　　D. 本单位
考核知识点：SG－I6000 基础
难易度：难
标准答案：A

Jb0706273073　在 SG－I6000 v2.0 采集任务配置主要是配置被采对象、采集指标、采集频率、使用的采集插件等。采集任务分三个视角：（　　）、组织视角及采集视角。（3 分）
A. 应用视角　　B. 管理视角　　C. 配置视角　　D. 资源视角
考核知识点：SG－I6000 基础
难易度：难
标准答案：A

Jb0706273074　SG－I6000 v2.0 当有一个新的版本 Agent 发布时，需要在 Agent 版本中进行（　　）导入。只有导入了 Agent 后，在服务器上安装 Agent 才可能成功。（3 分）
A. 注册　　B. 安装　　C. 升级　　D. 更新
考核知识点：SG－I6000 基础
难易度：难
标准答案：A

Jb0706273075　SG－I6000 v2.0 插件升级是对已经安装过的采集插件的版本升级。新采集插件版本需要在插件版本管理中（　　）后才能进行升级操作。（3 分）
A. 导入　　B. 输入　　C. 下载　　D. 安装
考核知识点：SG－I6000 基础
难易度：难
标准答案：A

Jb0706273076　SG－I6000 v2.0 采集配置主要是对采集控制所需的（　　）、采集任务等进行配

置。(3 分)

A. 视图　B. 界面　C. 窗口　D. 环境

考核知识点：SG－I6000 基础

难易度：难

标准答案：D

Jb0706273077　互联网访问行为数据是根据(　　)而来。(3 分)

A. 防火墙数据　B. 核心交换机数据　C. 个人终端数据　D. 其他来源

考核知识点：网络安全基础

难易度：难

标准答案：B

Jb0706273078　以下关于虚拟化描述正确的是(　　)。(3 分)

A. 虚拟化和非虚拟化不能同时在一个数据中心中存在

B. 在物理机上能运行的应用一定也可以在虚拟机上运行

C. 虚拟化可以提高硬件资源的统一性

D. 虚拟化可以提高硬件资源的统一性

考核知识点：虚拟技术基础

难易度：难

标准答案：C

Jb0706273079　中间件系统调优不包括(　　)。(3 分)

A. 性能调优　B. 参数调整　C. 补丁升级　D. 网络抓包

考核知识点：中间件基础

难易度：难

标准答案：D

Jb0706273080　下面符合华为云平台关系型数据库命名规则的是(　　)。(3 分)

A. dljy－test－RDS01　B. 电力交易生产 RDS01

C. dljy－01rds　D. 电力交易 1 号生产数据库

考核知识点：云平台基础

难易度：难

标准答案：A

Jb0706273081　多道程序设计是指(　　)。(3 分)

A. 在实时系统中并发运行多个程序　B. 在分布系统中同一时刻运行多个程序

C. 在一台处理机上同一时刻运行多个程序　D. 在一台处理机上并发运行多个程序

考核知识点：主机基础

难易度：难

标准答案：D

Jb0706273082　Linux 系统中不存在(　　)基本文件类型。(3 分)

A. 普通文件　　B. 系统文件　　C. 目录文件　　D. 链接文件

考核知识点：主机基础

难易度：难

标准答案：A

Jb0706273083　健全信息安全保障体系，要提升公司应对安全的（　　）、保护能力、检测能力、反应能力、恢复能力、反击能力。（3 分）

A. 管理能力　　B. 预警能力　　C. 控制能力　　D. 对抗能力

考核知识点：规章制度

难易度：难

标准答案：B

Jb0706273084　在（　　）状态下应增大膨胀阀的流量。（3 分）

A. 吸气压力高　　B. 吸气压力低　　C. 蒸发温度高　　D. 冷凝温度高

考核知识点：动环基础

难易度：难

标准答案：B

Jb0706273085　总公司有多台 DNS 服务器，现计划在一个分公司的成员服务器上安装 DNS，应确保在分公司的 DNS 服务器能够查询总公司的任何 DNS 服务器，同时限制转移到分公司 DNS 服务器的 DNS 记录数量，部署办法为（　　）。（3 分）

A. 在分公司 DNS 服务器上配置辅助区域　　B. 在分公司 DNS 服务器上配置存根区域

C. 在总公司 DNS 服务器配置存根区域　　D. 在分公司 DNS 服务器配置主要区域

考核知识点：网络基础

难易度：难

标准答案：B

Jb0706273086　防火墙采用透明模式，其配置的 IP 主要用于（　　）。（3 分）

A. 保证连通性　　B. NAT 转换　　C. 管理　　D. 双机热备

考核知识点：网络基础

难易度：难

标准答案：C

Jb0706273087　在使用 RSA 系统中，你可以截获发送给用户的密文 $C=10$，并且已知他的公钥是 $e=4$，$n=15$，则明文 M 为（　　）。（3 分）

A. 10　　B. 11　　C. 12　　D. 9

考核知识点：密码技术基础

难易度：难

标准答案：A

Jb0706273088　在 OSI 参考模型中，物理层有四个特性。其中有关标准连接器插针的数量的内容属于（　　）。（3 分）

A. 规程特性 B. 电气特性 C. 功能特性 D. 机械特性

考核知识点： 网络基础

难易度： 难

标准答案： D

Jb0706273089 当部署一个 OVF 型板，产生的虚拟磁盘片是（ ）文件格式。（3 分）

A. OVF B. VMDK C. VMX D. VSWP

考核知识点： 虚拟技术基础

难易度： 难

标准答案： B

Jb0706273090 防止两台虚拟机在同一主机上随时运行，管理员应该应用（ ）DRS 规则。（3 分）

A. vm-to-vm affinity B. vm-to-host affinity

C. vm-to-vm anti-affinity D. vm-to-host anti-affinity

考核知识点： 虚拟技术基础

难易度： 难

标准答案： C

Jb0706273091 Oracle 中标准的数据块大小应该由参数（ ）决定。（3 分）

A. DB_SIZE B. DB_BLOCK_SIZE C. EXTENT_SIZE D. SEGMENT_SI

考核知识点： 数据库基础

难易度： 难

标准答案： B

多 选 题

Jb0706281092 假如你的公司有四个运行 Windows Server 2008 R2 的 DNS 服务器，每个服务器有一个静态的 IP 地址，为防止将 DNS 服务器的地址分配给 DHCP 客户端，下列做法不正确的是（ ）。（5 分）

A. 为 DNS 服务器创建一个新的作用域 B. 创建一个 DHCP 服务器保留选项

C. 配置 005 名服务器配置作用域选项 D. 配置包含这四台 DNS 服务器 IP 地址的例外

考核知识点： 主机基础

难易度： 易

标准答案： ABC

Jb0706281093 某公司网络地址使用紧张，计划采用 VLSM 进行地址规划，对于 VLSM 特征的描述，不正确的有（ ）。（5 分）

A. 它能够支持 IPv4 和 IPv6

B. 它提供了重叠的地址范围

C. 在路由表中它考虑到了更好的路由聚合信息

D. 它允许子网能够进一步被划分为更小的子网

考核知识点： 网络基础

难易度：易

标准答案：AB

Jb0706282094　SG－I6000 v2.0 提供对日志索引数据的可视化管理，包括所有可视化图形的（　　）、（　　）以及（　　）。（5 分）

A. 查询　　B. 修改　　C. 编辑　　D. 删除

考核知识点：SG－I6000 基础

难易度：中

标准答案：ACD

Jb0706282095　下列关于 SQL 语言的特点的叙述中，（　　）是正确的。（5 分）

A. 集数据定义语言（DDL）、数据操纵语言（DML）、数据控制语言（DCL）的功能于一体，语言风格统一

B. 高度过程化，用户可以清晰地指出如何对数据进行操作，选择什么样的存取路径，从而执行效率高

C. 采用面向集合的操作方式，不仅查找结果可以是元组的集合，而且一次插入、删除、更新操作的对象也可以是元组的集合

D. 以统一的语法结构提供自含式和嵌入式两种不同的使用方式

考核知识点：数据库基础

难易度：中

标准答案：ACD

Jb0706283096　SG－I6000 v2.0 系统点击新建 maven 仓库，输入 maven 名称、描述、（　　）、（　　）、（　　）和对应的用户、密码，点击确定按钮新建 maven 仓库。（5 分）

A. 标题　　B. 地址　　C. 发布地址　　D. 快照地址

考核知识点：SG－I6000 基础

难易度：难

标准答案：BCD

Jb0706283097　虚拟局域网中继协议（VTP）有三种工作模式，即服务器模式、客户机模式和透明模式，以下关于这 3 种工作模式的叙述中，正确的是（　　）。（5 分）

A. 在服务器模式下可以设置 VLAN 信息　　B. 在服务器模式下可以广播 VLAN 信息

C. 在客户机模式下不可以设置 VLAN 信息　　D. 在透明模式下不可以设置 VLAN 信息

考核知识点：网络基础

难易度：难

标准答案：ABC

判　断　题

Jb0706291098　信息系统缺陷管理机制以“两级三线”运维体系为基础，总体架构为“两级调度，三层检修，一体化运行”。（3 分）

A. 对　　B. 错

考核知识点：规章制度

难易度：易
标准答案：A

Jb0706291099　巡视时不得更改、清除信息系统和机房动力环境告警信息。（3分）
A. 对　　B. 错
考核知识点：规章制度
难易度：易
标准答案：A

Jb0706291100　配置交换机端口缺省情况下，接入控制方式为 port based。（3分）
A. 对　　B. 错
考核知识点：网络基础
难易度：易
标准答案：B

Jb0706291101　一般缺陷是指对信息系统安全运行有严重威胁，但系统尚能坚持运行，需尽快处理的缺陷。（3分）
A. 对　　B. 错
考核知识点：规章制度
难易度：易
标准答案：B

Jb0706291102　网络加密常用的方法有链路加密、端点加密和节点加密三种。（3分）
A. 对　　B. 错
考核知识点：网络安全基础
难易度：易
标准答案：A

Jb0706291103　传输控制协议 TCP 属于传输层协议而用户数据报协议 UDP 属于网络层协议。（3分）
A. 对　　B. 错
考核知识点：网络基础
难易度：易
标准答案：B

Jb0706291104　在 SG－I6000 v2.0 系统中对编辑生成的图片按照类型、时间进行分类展示，并可以快速链接进行编辑器进行修改编辑。（3分）
A. 对　　B. 错
考核知识点：SG－I6000 基础
难易度：易
标准答案：A

Jb0706291105　数据库检修前，只需要备份可能受影响的业务数据、配置文件。(3分)

A. 对　　B. 错

考核知识点：规章制度

难易度：易

标准答案：B

Jb0706291106　VPN能够利用Internet或其他公共互联网络的基础设施为用户创建隧道，并提供与专用网络一样的安全和功能保障。(3分)

A. 对　　B. 错

考核知识点：网络安全基础

难易度：易

标准答案：A

Jb0706292107　严格执行运行方式，强化运行监护，对影响信息通信系统运行和业务应用的操作须执行工作票及操作票制度，大型通信检修作业应编制三措一案。(3分)

A. 对　　B. 错

考核知识点：规章制度

难易度：中

标准答案：A

Jb0706292108　发生一级缺陷时，应该满足“先抢修、后抢通”的原则开展设备缺陷处置工作。(3分)

A. 对　　B. 错

考核知识点：规章制度

难易度：中

标准答案：B

Jb0706292109　因设备或信息通信系统异常需要紧急处理的检修，应根据相关的应急预案进行抢修处理，处理结束后在系统中补报紧急抢修单。(3分)

A. 对　　B. 错

考核知识点：规章制度

难易度：中

标准答案：A

Jb0706292110　涉及灾备中心联调的检修计划由灾备中心进行审核，审核未通过退回至申请单位；审核通过后继续流转。总部调控中心对检修计划进行审批，审批未通过退回至灾备中心；审批通过后各单位可按计划进行检修。(3分)

A. 对　　B. 错

考核知识点：规章制度

难易度：中

标准答案：B

Jb0706292111　“两票三制”是指：工作票制度、操作票制度、交接班制度、事故调查制度、设备定期试验轮换制度。（3 分）

A. 对　　　　B. 错

考核知识点：规章制度

难易度：中

标准答案：B

Jb0706292112　实训工作中应认真落实控制措施，工作负责人、监护人、安全员等必须时时监控到位。（3 分）

A. 对　　　　B. 错

考核知识点：规章制度

难易度：中

标准答案：A

Jb0706292113　外单位临时工作人员，未经批准，不得利用任何接入设备接入分部信息外网。（3 分）

A. 对　　　　B. 错

考核知识点：规章制度

难易度：中

标准答案：A

Jb0706292114　网络层负责建立相邻节点之间的数据链路，提供节点与节点之间可靠的数据传输。（3 分）

A. 对　　　　B. 错

考核知识点：网络基础

难易度：中

标准答案：B

Jb0706292115　网络数据传输时，在网络层及以上使用 IP 地址，数据链路层及以下使用物理地址。（3 分）

A. 对　　　　B. 错

考核知识点：网络基础

难易度：中

标准答案：A

Jb0706292116　SG－I6000 v2.0 系统中节点绘制完成后，不可使用其他图片或图标来替换当前的节点图形。（3 分）

A. 对　　　　B. 错

考核知识点：SG－I6000 基础

难易度：中

标准答案：B

Jb0706292117　软件资源的管理模块支持新建信息的编辑，同时可以进行批量导入的功能。（3 分）

A. 对　　B. 错

考核知识点：业务知识

难易度：中

标准答案：A

Jb0706292118　机房环境不佳极易导致各种硬件故障，所以在建设机房时必须先做好防雷接地及供电电源、室内温度、室内湿度、防电磁干扰、防静电等环境的建设，为网络设备的正常工作提供良好的环境。（3 分）

考核知识点：辅助设备基础

难易度：中

标准答案：对

Jb0706292119　与 ERP 同步后台报“维护工厂与 Wbs 元素不一致”，造成此项的原因可能是该 Wbs 不属于该维护工厂。（3 分）

A. 对　　B. 错

考核知识点：业务知识

难易度：中

标准答案：B

Jb0706292120　Oracle 的重做日志文件包含对数据库所做的更改，以便数据库受损时恢复。（3 分）

A. 对　　B. 错

考核知识点：数据库基础

难易度：中

标准答案：A

Jb0706293121　SQL 注入攻击的原理是从客户端提交特殊的代码，Web 应用程序如果没做严格检查就将其形成 SQL 命令发送给数据库，从数据库的返回信息中，攻击者可以获得程序及服务器的信息，从而进一步获得其他资料。（3 分）

A. 对　　B. 错

考核知识点：网络安全基础

难易度：难

标准答案：A

Jb0706293122　802.1X 用户认证方法为 EAP 认证时，user－name－format 命令的设置无效。（3 分）

A. 对　　B. 错

考核知识点：网络安全基础

难易度：难

标准答案：A

Jb0706293123　在 SG－I6000 v2.0 系统中当图纸存在层级显示需要时，需要绘制子网节点，以

便在子图和子图间切换。（3分）

A. 对　　B. 错

考核知识点：SG－I6000基础

难易度：难

标准答案：B

Jb0706293124　SG－I6000 v2.0系统中从使用工具栏上的三种工具进行初始连接外，绘制完成的连接线，还可以通过右侧属性“线类型”，切换为其他连接线类型。（3分）

A. 对　　B. 错

考核知识点：SG－I6000基础

难易度：难

标准答案：A

Jb0706293125　计算虚拟化通过不同的角度会产生不同的分类，可以分为Ⅰ型和Ⅱ型虚拟化，也可以分为全虚拟化和半虚拟化（3分）

A. 对　　B. 错

考核知识点：虚拟技术基础

难易度：难

标准答案：A

Jb0706293126　Oracle服务器端的监听程序是驻留在服务器上的单独进程，专门负责响应客户机的连接请求。（3分）

A. 对　　B. 错

考核知识点：数据库基础

难易度：难

标准答案：B

Jb0706293127　密钥管理系统不属于Mysql数据库系统。（3分）

A. 对　　B. 错

考核知识点：数据库基础

难易度：难

标准答案：A

简　答　题

Jb0706231128　依据《国家电网有限公司十八项电网重大反事故措施》，同一条220kV及以上线路的两套继电保护和同一系统的有主备关系的两套安全自动装置通道应满足哪些要求？（10分）

考核知识点：规章制度

难易度：易

标准答案：

应满足双设备、双电源、双路由。

Jb0706231129　国家电网有限公司信息系统和网络安全事件报告工作要求中书面报告的基本内容有哪些？（10 分）

考核知识点：规章制度

难易度：易

标准答案：

基本内容有事件单位、发生时间、恢复时间、影响范围、问题类型、原因类型、现象描述、处置过程、原因分析及整改措施。

Jb0706231130　SG－I6000 v2.0 系统中在 Agent 安装时，需要填写服务器的哪些信息？（10 分）

考核知识点：SG－I6000 操作基础

难易度：易

标准答案：

在 Agent 安装时，需要填写服务器的 IP 地址、SSH 端口、安装账号、安装密码、连接账号、连接密码信息。

Jb0706231131　创建巡检任务时支持哪几种任务类型？至少写出两点。（10 分）

考核知识点：主机基础

难易度：易

标准答案：

创建巡检任务时支持的任务类型有实时任务、定时任务、周期任务。

Jb0706231132　Linux 系统中安全日志存放在哪个目录下？（10 分）

考核知识点：主机基础

难易度：易

标准答案：

Linux 系统中安全日志存放在/var/log/secure。

Jb0706231133　在默认情况下，Linux 支持下列哪些文件系统？至少写出两点。（10 分）

考核知识点：主机基础

难易度：易

标准答案：

在默认情况下，Linux 支持 FAT、EXT2、EXT3。

Jb0706231134　Linux 系统重启命令有哪些？（10 分）

考核知识点：主机基础

难易度：易

标准答案：

Linux 系统重启命令有 Reboot、init 6。

Jb0706231135　二层交换机 VLAN Trunk 技术的优点有哪些？（10 分）

考核知识点：网络基础

难易度：易

标准答案：

（1）可以提高链路的带宽利用率。

（2）可以节省端口资源。

（3）能够简化管理。

Jb0706231136 计算虚拟化包括哪些？（10 分）

考核知识点：虚拟技术基础

难易度：易

标准答案：

计算虚拟化包括 CPU 虚拟化、内存虚拟化、I/O 虚拟化。

Jb0706231137 云存储具备哪些特点？至少写出两点。（10 分）

考核知识点：云平台基础

难易度：易

标准答案：

（1）云存储具有相当的规模，单个用户存储的数据可以达到 TB 级甚至 PB 级。

（2）云存储的规模可以动态伸缩，满足数据规模增长的需要。

（3）通过副本复制以及节点故障自动容错等技术，提供了很高的可靠性和可用性。

（4）云存储是一个庞大的资源池，用户可以按需申请、使用。

Jb0706231138 机房及相关设施的哪些性能应符合有关标准、规范的要求？（10 分）

考核知识点：规章制度

难易度：易

标准答案：

机房及相关设施的接地电阻、过电压保护应符合有关标准、规范的要求。

Jb0706231139 相比传统自建方式，云计算带来了巨大的便利性，这些便利性包括哪些？至少写出两点。（10 分）

考核知识点：云平台基础

难易度：易

标准答案：

（1）用户按照需要获得计算量而不是按照峰值涉及。

（2）用户无需再去维护和管理硬件。

（3）获得服务器实例在几分钟内而不是数天数周。

Jb0706231140 WebLogic 所遵循的标准架构是哪些？至少写出两点。（10 分）

考核知识点：中间件基础

难易度：易

标准答案：

WebLogic 所遵循的标准架构是 DCOM、DCE、TCPIP。

Jb0706231141 中间件系统调优包括哪些项目？至少写出两点。（10 分）

考核知识点：中间件基础
难易度：易
标准答案：
中间件系统调优包括性能调优、参数调整、补丁升级。

Jb0706231142 中间件应用需求还表现出哪些新的特点？至少写出两点。(10 分)
考核知识点：中间件基础
难易度：易
标准答案：
中间件应用需求还表现出可成长性、适应性、可管理性、高可信性。

Jb0706231143 业务应用系统缺陷是在自身程序设计上的缺陷或在应用时产生的错误，主要包括哪些方面？至少写出两点。(10 分)
考核知识点：规章制度
难易度：易
标准答案：
主要包括功能模块、接口、设备终端、数据。

Jb0706231144 信息系统设计时应充分考虑用户体验，避免哪些情况带来较差的用户体验？至少写出两点。(10 分)
考核知识点：业务知识
难易度：易
标准答案：
(1) 界面不友好。
(2) 响应速度慢。
(3) 使用困难。

Jb0706231145 接入管理包括哪些？至少写出两点。(10 分)
考核知识点：规章制度
难易度：易
标准答案：
(1) 在运系统的扩建。
(2) 改建后重新投入运行。
(3) 新设备的投运。

Jb0706231146 在信息内网中，运维部门定期对办公计算机进行的常规性检查有哪些？至少写出两点。(10 分)
考核知识点：规章制度
难易度：易
标准答案：
(1) 防病毒软件的升级。
(2) 操作系统补丁更新。

（3）系统弱口令设置。
（4）安装文件的正版化。

Jb0706232147 等级保护对象受到破坏后对客体造成侵害的程度归结为哪些程度的损害？（10分）
考核知识点：规章制度
难易度：中
标准答案：
（1）造成一般损害。
（2）造成严重损害。
（3）造成特别严重损害。

Jb0706232148 国家电网有限公司信息系统和网络安全事件报告工作要求中即时汇报中信息安全类包括哪些？（10分）
考核知识点：规章制度
难易度：中
标准答案：
（1）经安全督查确认的安全漏洞。
（2）信息外网网站被植入木马或被篡改。
（3）中国电科院发布的重要安全预警。

Jb0706232149 在不间断电源上工作时，应注意哪些事项？（10分）
考核知识点：辅助设施基础
难易度：中
标准答案：
（1）新增负载前，应核查电源负载能力。
（2）裸露电缆线头应做绝缘处理。
（3）拆接负载电缆前，应断开负载端电源开关。
（4）配置旁路检修开关的不间断电源设备检修时，应严格执行停机及断电顺序。

Jb0706232150 SG－I6000 v2.0系统中默认图标的分级设置都有哪些条件？（10分）
考核知识点：SG－I6000操作基础
难易度：中
标准答案：
（1）根据资源类型的不同，设置其对应的图标（必选条件）。
（2）根据视图类型不同，分别设置默认图标（可选条件）。
（3）展示状态（目前定义：资源管理、资源监测），根据状态类型不同，分别设置默认图标（可选条件）。

Jb0706232151 按照数据库的状态可分为哪几种？（10分）
考核知识点：数据库基础
难易度：中
标准答案：

按照数据库的状态可分为冷备份、热备份、逻辑备份。

Jb0706232152　UPS 蓄电池包括哪些部件？至少写出两点。（10 分）
考核知识点：辅助设施基础
难易度：中
标准答案：
UPS 蓄电池包括极板、隔板、电解液、线柱。

Jb0706232153　操作系统的备份一般不需要频繁地执行，只有在什么时候才需要进行备份？至少写出两点。（10 分）
考核知识点：主机基础
难易度：中
标准答案：
只有在升级、安装新的补丁包、扩文件系统时才需要进行备份。

Jb0706232154　突发事件报告范围中，机房类设施是指由信通专业负责运维的什么系统？至少写出两点。（10 分）
考核知识点：规章制度
难易度：中
标准答案：
（1）机房不间断电源系统。
（2）直流电源系统。
（3）空气调节系统。

Jb0706232155　Windows 操作系统巡检检查项包括哪些？至少写出两点。（10 分）
考核知识点：主机基础
难易度：中
标准答案：
（1）CPU 利用情况。
（2）内存利用情况。
（3）操作系统日志。
（4）网络使用情况。

Jb0706232156　根据系统原始数据的来源 IDS 类型有哪些？（10 分）
考核知识点：网络安全基础
难易度：中
标准答案：
（1）基于主机的入侵检测。
（2）基于网络的入侵检测。

Jb0706232157　接入 Internet 的方式有几种？至少写出两点。（10 分）
考核知识点：网络基础

难易度：中

标准答案：

（1）ISDN 方式接入。

（2）计算机数据网接入。

（3）有线电视接入。

（4）ADSL 方式接入。

Jb0706232158 关于 TCP/IP 筛选可以针对哪些？至少写出两点。（10 分）

考核知识点：网络基础

难易度：中

标准答案：

关于 TCP/IP 筛选可以针对 TCP 端口、UDP 端口、IP 协议。

Jb0706232159 SAN 数据存储方式的特点有哪些？（10 分）

考核知识点：主机基础

难易度：中

标准答案：

SAN 数据存储方式的特点有网络部署容易、高速存储性能、良好的扩展能力。

Jb0706232160 蠕虫病毒可利用的传播途径通常有哪些？至少写出两点。（10 分）

考核知识点：网络安全基础

难易度：中

标准答案：

蠕虫病毒可利用的传播途径通常有文件传播、电子邮件传播、Web 服务传播、网络共享传播。

Jb0706232161 对于信息网络中常见的病毒来源有哪些？至少写出两点。（10 分）

考核知识点：网络安全基础

难易度：中

标准答案：

黑客组织编写、恶作剧、恶意编制。

Jb0706232162 对于 SSH 用户采用 Public Key 认证方式时，在配置密钥方面的描述正确的是哪些？至少写出两点。（10 分）

考核知识点：配置密钥相关知识

难易度：中

标准答案：

（1）需要客户端为该 SSH 用户指定与主机公钥对应的 RSA 私钥。

（2）可以采用拷贝粘贴的方式将客户端的主机公钥配置到服务器端。

Jb0706232163 SG－I6000 v2.0 需要调度验证的检修是哪些？至少写出两点。（10 分）

考核知识点：SG－I6000 操作基础

难易度：中

标准答案：

SG－I6000 v2.0 需要调度验证的检修是一级检修、二级一类检修、二级二类检修。

Jb0706232164　SG－I6000 v2.0 采集任务配置主要是配置的是哪些？至少写出两点。（10 分）

考核知识点：SG－I6000 基础

难易度：中

标准答案：

SG－I6000 v2.0 采集任务配置主要是配置的是被采对象、采集指标、采集频率、使用的采集插件。

Jb0706232165　SG－I6000 v2.0 采集任务配置采集任务分三个视角包括哪些？至少写出两点。（10 分）

考核知识点：SG－I6000 操作基础

难易度：中

标准答案：

SG－I6000 v2.0 采集任务配置采集任务分三个视角包括应用视角、组织视角、采集视角。

Jb0706232166　SG－I6000 v2.0 中对设计完的分析模型进行管理，包含模型的新增、修改、删除和查询等常规管理以及对模型的哪些运行管理？至少写出两点。（10 分）

考核知识点：SG－I6000 操作基础

难易度：中

标准答案：

对模型的运行管理有启动、停止、调度。

Jb0706232167　信息运行呼叫中心系统知识库维护是对知识库目录和知识内容的维护，主要包括什么？至少写出两点。（10 分）

考核知识点：规章制度

难易度：中

标准答案：

（1）知识目录的增加。

（2）知识目录的删除。

（3）知识目录的修改。

（4）知识内容的增加、发布和撤销。

Jb0706232168　CentOS Linux 系统上，哪些命令能够监控磁盘实时读写速率？（10 分）

考核知识点：主机基础

难易度：中

标准答案：

sar、iostat 能够监控磁盘实时读写速率。

Jb0706232169　对于思科交换机的配置模式通常有三种模式，分别是什么？（10 分）

考核知识点：网络基础

难易度：中

标准答案：
三种模式分别是用户模式、特权模式、配置模式。

Jb0706232170 按照访问控制列表的用途，可将访问控制列表分为三类，这三类分别是什么？（10分）
考核知识点：主机基础
难易度：中
标准答案：
（1）基本的访问控制列表。
（2）高级的访问控制列表。
（3）基于接口的访问控制列表。

Jb0706232171 关闭Mysql服务的命令是什么？至少写出两点。（10分）
考核知识点：数据库基础
难易度：中
标准答案：
（1）service mysqld stop。
（2）/etc/init.d/mysqld stop。
（3）mysqladmin -u -p shutdown。

Jb0706232172 在Linux系统中，建议被禁用的Linux守护进程或服务包括哪些？至少写出两点。（10分）
考核知识点：主机基础
难易度：中
标准答案：
在Linux系统中，建议被禁用的Linux守护进程或服务包括apmd、nfslock、autofs、xfs。

Jb0706232173 云服务中心是国网云的统一入口，定位为国网云的哪些中心？（10分）
考核知识点：云平台基础
难易度：中
标准答案：
（1）应用管理中心。
（2）服务注册中心。
（3）组合协调中心。

Jb0706232174 在开始将SAV环境迁移至SEP之前需要提前考虑的因素有哪些？（10分）
考核知识点：主机基础
难易度：中
标准答案：
（1）是否拥有可用于创建测试迁移环境的资源；如何规划将SEP迁移到客户端。
（2）为了确保成功迁移，是否必须禁用或重新配置某些客户端设置。

Jb0706232175　云审计服务主要有哪些应用场景？至少写出两点。（10分）

考核知识点：云平台基础

难易度：中

标准答案：

（1）合规审计。

（2）关键操作通知。

（3）数据价值挖掘。

（4）问题定位分析。

Jb0706232176　在云监控中可以监控哪些服务的资源指标？至少写出两点。（10分）

考核知识点：云平台基础

难易度：中

标准答案：

（1）虚拟私有云。

（2）分布式缓存服务。

（3）弹性负载均衡。

（4）弹性计算服务。

Jb0706232177　设置备份带宽大小应该考虑哪些条件？至少写出两点。（10分）

考核知识点：数据库基础

难易度：中

标准答案：

（1）初始数据的容量大小。

（2）每天的数据增量

（3）备份周期。

Jb0706232178　GRE的特点有哪些？至少写出两点。（10分）

考核知识点：网络基础

难易度：中

标准答案：

（1）支持多种协议和多播。

（2）支持多点隧道。

（3）能够实施QOS。

Jb0706232179　APM支持对哪些告警类型创建通知规则？至少写出两点。（10分）

考核知识点：云平台基础

难易度：中

标准答案：

（1）探针休眠。

（2）采集器安装告警。

（3）阈值告警。

Jb0706232180　云架构可以分为哪些层？至少写出两点。（10分）
考核知识点：云平台基础
难易度：中
标准答案：
（1）基础设施层。
（2）应用层。
（3）平台层。

Jb0706232181　云操作系统中业务网作用包括哪些？至少写出两点。（10分）
考核知识点：云平台基础
难易度：中
标准答案：
（1）数据中心各个业务系统之间网通信的网络。
（2）提供 floating ip 网络。
（3）虚拟机的南北向流量网络。
（4）虚拟机与数据中心业务网通信的网络。

Jb0706232182　按照备份数据库的手段，数据库备份包括哪些？（10分）
考核知识点：数据库基础
难易度：中
标准答案：
完全备份、事务日志备份、差异备份、文件备份。

Jb0706232183　哪些操作不用填写调度指令票，可由值班调度员下达口头调度指令？至少写出两点。（10分）
考核知识点：规章制度
难易度：中
标准答案：
（1）事故处理。
（2）设备开停机、重启的单一操作。
（3）应用服务启、停单一操作。
（4）插拔网络接线的单一操作及其他的单一操作。

Jb0706232184　机房弱电系统包含哪些？至少写出两点。（10分）
考核知识点：动环基础
难易度：中
标准答案：
（1）光配系统。
（2）铜缆配线系统。

Jb0706233185　SG－I6000 v2.0 系统中资源配置包含哪些功能？（10分）
考核知识点：SG－I6000 操作基础

难易度：难

标准答案：

（1）资源管理。

（2）拓扑管理功能。

Jb0706233186　操作系统的结构设计应追求的设计目标是什么？（10 分）

考核知识点：虚拟化技术基础

难易度：难

标准答案：

（1）正确性。

（2）高效性。

（3）维护性。

Jb0706233187　需要读写校验盘的 RAID 技术有哪些？（10 分）

考核知识点：主机基础

难易度：难

标准答案：

需要读写校验盘的 RAID 技术有 RAID 5、RAID 10。

Jb0706233188　信息系统上下线管理中，系统运行管理权限移交后，系统由运行维护单位负责什么？至少写出两点。（10 分）

考核知识点：规章制度

难易度：难

标准答案：

（1）日常运行管理、监控和系统应用统计。

（2）系统和软件产品维护权限的分配和登记。

Jb0706232189　安装 Linux 系统时，可通过哪些方式加载安装介质？（10 分）

考核知识点：主机基础

难易度：中

标准答案：

可通过 nfs、http、local cdrom 加载安装介质。

Jb0706233190　某信息系统 1 被定为 3 级，测评的指标选择有哪些？（10 分）

考核知识点：规章制度

难易度：难

标准答案：

测评的指标选择有 S313G3、S311G3、S312G3、S113G3。

Jb0706233191　路由表中的路由可能有哪几种来源？至少写出两点。（10 分）

考核知识点：网络基础

难易度：难

标准答案：

（1）接口上报的直接路由。

（2）手工配置的静态路由。

（3）动态路由协议发现的路由。

Jb0706233192 安装 Oracle 数据库之前，需要检查的项目有哪些？至少写出两点。（10 分）

考核知识点：数据库基础

难易度：难

标准答案：

（1）磁盘空间大小。

（2）内存和 SWAP 配置。

（3）操作系统版本。

（4）操作系统主机名和 IP 地址配置。

Jb0706233193 数据库的实施应进行哪些步骤？（10 分）

考核知识点：数据库基础

难易度：难

标准答案：

（1）建立数据库及对象。

（2）组织数据入库。

（3）编制与调试应用程序。

（4）数据库试运行。

Jb0706233194 请写出你对 Oracle 数据库系统表空间的理解。（10 分）

考核知识点：数据库相基础

难易度：难

标准答案：

（1）表空间是逻辑存储单元。

（2）每一个 Oracle 数据库只有一个表空间。

（3）一个表空间的总存储容量是该表空间包含的所有数据文件的存储容量之和。

Jb0706233195 在 SNMPv3 的消息中，由 Agent 发往 NMS 的消息有哪些？（10 分）

考核知识点：网络基础

难易度：难

标准答案：

在 SNMPv3 的消息中，由 Agent 发往 NMS 的消息有 GetResponse、Trap。

Jb0706233196 HAVING 子句中不应后跟什么？至少写出两点。（10 分）

考核知识点：数据库基础

难易度：难

标准答案：

HAVING 子句中不应后跟行条件表达式、组条件表达式、视图序列。

Jb0706233197　属于工具仓库的有什么？至少写出两点。（10 分）
考核知识点：SG－I6000 操作基础
难易度：难
标准答案：
属于工具仓库的有本地仓库、本地仓库管理、在云工具。

Jb0706233198　Linux 操作系统的VI命令状态可以执行（　　）、存盘等操作，至少写出两点。（10 分）
考核知识点：主机基础
难易度：难
标准答案：
Linux 操作系统的VI命令状态可以执行插入、删除、查找定位、拷贝复制、存盘等操作。

Jb0706233199　SQL Server 复制有哪几种类型？（10 分）
考核知识点：数据库基础
难易度：难
标准答案：
SQL Server 复制的类型有快照复制、事务复制、合并复制。

Jb0706233200　Linux 操作系统巡检检查内容正确的有哪些？（10 分）
考核知识点：主机基础
难易度：难
标准答案：
（1）使用 free 命令检查 CPU 利用情况。
（2）使用 TOP 命令检查内存利用情况。

Jb0706233201　ManageOne 报表分析功能支持哪些报表？（10 分）
考核知识点：云平台基础
难易度：难
标准答案：
（1）告警统计报表。
（2）容量统计分析报告。
（3）租户资源统计分析报表。
（4）设备数量统计报表。

Jb0706233202　vi 编辑器可通过什么方法保存并退出？（10 分）
考核知识点：主机基础
难易度：难
标准答案：
vi 编辑器可通过:wq 或:x 方法保存并退出。

Jb0706233203　怎么配置禁止 root 远程登录。（10 分）

考核知识点： 主机基础

难易度： 难

标准答案：

(1) vi /etc/ssh/sshd_config。

(2) 调整 PermitRootLogin 参数值为 no。

Jb0706233204　数据库相关系统故障可能有哪些？至少写出两点。(10 分)

考核知识点： 数据库基础

难易度： 难

标准答案：

(1) 磁盘故障。

(2) 事务内部的故障。

(3) 系统故障。

(4) 计算机病毒或恶意攻击。

Jb0706233205　常用容灾架构模式有哪些？至少写出两点。(10 分)

考核知识点： 灾备基础

难易度： 难

标准答案：

常用容灾架构模式有备份恢复、冷待机、多活模式。

Jb0706233206　在 FusionSphere 私有云解决方案中，当租户(非租户管理员)申请了云服务器，备份服务器后，可以实现哪些功能？(10 分)

考核知识点： 云平台基础

难易度： 难

标准答案：

(1) 根据实际需求配置 备份策略或恢复策略。

(2) 自动或手动执行备份任务。

Jb0706233207　下发调度指令票有哪些要求？至少写出两点。(10 分)

考核知识点： 调度指令相关知识

难易度： 难

标准答案：

(1) 受令单位必须严格按照调度指令票内容进行操作。

(2) 调度指令票应文字简洁、内容完整、要求明确。

(3) 当值人员依照调度指令票的执行时间准时下达调度指令，并跟踪执行情况。

Jb0706233208　信息系统事件调查报告书的要求有哪些？至少写出两点。(10 分)

考核知识点： 信息系统事件调查报告相关知识

难易度： 难

标准答案：

(1) 事件名称需出现在报告书中。

（2）事件等级以及事件编号需出现在报告书中。
（3）事件起止时间年月日几时几分需出现在报告书中。
（4）事件所发展以及扩大的程度需出现在报告书中。

Jb0706233209　运行方式管理遵循的原则是什么？（10分）
考核知识点：运行方式管理
难易度：难
标准答案：
统一领导、分级负责、合理规划、动态调整。

Jb0706233210　在主机设备接入公司网络时，需采取哪些安全加固措施？至少写出两点。（10分）
考核知识点：规章制度
难易度：难
标准答案：
（1）补丁更新。
（2）防病毒软件安装。
（3）修改弱口令。
（4）关闭不必要的服务。

Jb0706233211　可能导致大数据平台地址https://weboneip:18188/bigdata无法访问的原因有哪些？至少写出两点。（10分）
考核知识点：大数据基础
难易度：难
标准答案：
（1）Console-Apache的httpd服务没有启动。
（2）防火墙拦截。
（3）Apache的端口被修改过。

Jb0706233212　NETSTAT命令有哪些特点？至少写出两点。（10分）
考核知识点：主机基础
难易度：难
标准答案：
（1）可以显示IP协议数据。
（2）可以显示TCP协议数据。
（3）可以显示UDP协议数据。
（4）可以检测本机端口连接情况。

Jb0706233213　您的公司使用Active Directory集成的DNS，用户需要访问互联网，您运行网络捕获，您注意到DNS服务器发送DNS名称解析查询到名为f.root-servers.net的服务器，您需要阻止发送查询到f.root-servers.net DNS服务器必须能够解析Internet主机名，可以实现上述内容的方法是什么。（10分）
考核知识点：主机基础

难易度：难

标准答案：

（1）启用转发到你的 ISP 的 DNS 服务器。

（2）禁用 DNS 服务器上的根提示。

Jb0706233214　IEEE 802 为局域网规定的标准对应于 OSI 参考模型的哪两层？（10 分）

考核知识点：网络基础

难易度：难

标准答案：

IEEE 802 为局域网规定的标准对应于 OSI 参考模型的物理层、数据链路层。

Jb0706233215　某公司计划对公司网络进行加固，需要对哪些用户进行认证授权？（10 分）

考核知识点：网络安全基础

难易度：难

标准答案：

（1）登录网络设备的用户。

（2）接入内部网络的用户。

第八章　信息调度监控员技师技能操作

Jc0706211001　写出资源监控率算法及步骤。（100 分）

考核知识点：规章制度

难易度：易

技能等级评价专业技能考核操作工作任务书

一、任务名称

写出资源监控率算法及步骤。

二、适用工种

信息调度监控员技师。

三、具体任务

在 SG－I6000 v2.0 系统中，资源监测模块可对信息运行情况进行监测实时监管，某单位共有服务器 1000 台（其中库存备用 250 台，在运 500 台、未投运 140 台、退役 50 台、其他状态的 60 台），已纳入实时监控的服务器为 450 台。若只考虑服务器部分，则该单位设备监控率为多少。

四、工作规范及要求

要求写出具体计算步骤。

五、考核及时间要求

（1）本考核操作时间为 10 分钟，时间到停止考评，包括报告整理时间。

（2）问题查找和排除过程中，如确实不能查找出问题，可向考评员申请排除问题，该项问题项目不得分，但不影响其他项目。

技能等级评价专业技能考核操作评分标准

<table>
<tr><td>工种</td><td colspan="5">信息调度监控员</td><td>评价等级</td><td>技师</td></tr>
<tr><td>项目模块</td><td colspan="4">规章制度—资源监测模块</td><td>编号</td><td colspan="2">Jc0706211001</td></tr>
<tr><td>单位</td><td colspan="3"></td><td>准考证号</td><td></td><td>姓名</td><td></td></tr>
<tr><td>考试时限</td><td colspan="2">10 分钟</td><td>题型</td><td colspan="2">单项操作</td><td>题分</td><td>100 分</td></tr>
<tr><td>成绩</td><td></td><td>考评员</td><td></td><td>考评组长</td><td></td><td>日期</td><td></td></tr>
<tr><td>试题正文</td><td colspan="7">写出资源监控率算法及步骤</td></tr>
<tr><td>需要说明的问题和要求</td><td colspan="7">要求单人操作完成</td></tr>
</table>

序号	项目名称	质量要求	满分	扣分标准	扣分原因	得分
1	检查计算步骤是否完整	明确计算步骤，得到正确计算结果	100	与质量要求中计算结果不符，扣 100 分		
合计			100			

Jc0706212002　写出二进制转换算法及步骤。（100 分）

考核知识点：主机基础

难易度：中

技能等级评价专业技能考核操作工作任务书

一、任务名称

写出二进制转换算法及步骤。

二、适用工种

信息调度监控员技师。

三、具体任务

十进制数 121 转换成二进制数是多少。

四、工作规范及要求

要求写出具体计算步骤。

五、考核及时间要求

（1）本考核操作时间为 10 分钟，时间到停止考评，包括报告整理时间。

（2）问题查找和排除过程中，如确实不能查找出问题，可向考评员申请排除问题，该项问题项目不得分，但不影响其他项目。

技能等级评价专业技能考核操作评分标准

工种	信息调度监控员							评价等级	技师
项目模块	主机基础—二进制转换						编号	Jc0706212002	
单位				准考证号				姓名	
考试时限	10 分钟		题型		单项操作			题分	100 分
成绩		考评员		考评组长				日期	
试题正文	写出二进制转换算法及步骤								
需要说明的问题和要求	要求单人操作完成								
序号	项目名称	质量要求	满分	扣分标准	扣分原因	得分			
1	检查计算步骤是否完整	明确计算步骤，得到正确计算结果	100	与质量要求中计算结果不符，扣 100 分					
合计			100						

Jc0706213003 写出交换机处理能力算法及步骤。（100 分）

考核知识点：主机基础

难易度：难

技能等级评价专业技能考核操作工作任务书

一、任务名称

写出交换机处理能力算法及步骤。

二、适用工种

信息调度监控员技师。

三、具体任务

某本地网每用户忙时平均话务量为0.06Erl，平均占用时长为60秒，如果新建1000线的交换机，则该交换机的BHCA处理能力为多少。

四、工作规范及要求

要求写出具体计算步骤。

五、考核及时间要求

（1）本考核操作时间为10分钟，时间到停止考评，包括报告整理时间。

（2）问题查找和排除过程中，如确实不能查找出问题，可向考评员申请排除问题，该项问题项目不得分，但不影响其他项目。

技能等级评价专业技能考核操作评分标准

工种	信息调度监控员					评价等级	技师
项目模块	主机基础—交换机处理能力				编号	Jc0706213003	
单位		准考证号				姓名	
考试时限	10分钟	题型		单项操作		题分	100分
成绩		考评员		考评组长		日期	
试题正文	写出交换机处理能力算法及步骤						
需要说明的问题和要求	要求单人操作完成						

序号	项目名称	质量要求	满分	扣分标准	扣分原因	得分
1	检查计算步骤是否完整	明确计算步骤，得到正确计算结果	100	与质量要求中计算结果不符，扣100分		
合计			100			

第五部分
信息调度监控员
高级技师

第九章　信息调度监控员高级技师技能笔答

单　选　题

Jb0706171001　SG－I6000 v2.0 系统中级别数字小的(　　)，当同小组内有级别高的线显示时，级别低的线将隐藏。同级别的线互不影响。“始终显示”的线，不参与互斥计算。（3 分）

A. 级别高　　B. 级别低　　C. 风险低　　D. 以上都不对

考核知识点：SG－I6000 操作基础

难易度：易

标准答案：A

Jb0706171002　SG－I6000 v2.0 系统中通过输入仓库（　　）或者地址来筛选查询出 maven 仓库。（3 分）

A. 编码　　B. 名称　　C. 内容　　D. 以上都对

考核知识点：SG－I6000 操作基础

难易度：易

标准答案：B

Jb0706171003　可先向有关调度机构口头申请，后补相关手续是（　　）。（3 分）

A. 月检修　　B. 周检修　　C. 临时检修　　D. 紧急抢修

考核知识点：规章制度

难易度：易

标准答案：D

Jb0706171004　案例：某站因光缆引入缆封堵不严，造成冬季管内进水结冰，导致光纤受力引起断纤故障的发生，引起线路保护退运，威胁电网安全运行。光缆在（　　）处的引入光缆必须悬挂醒目光缆标识牌，防止一次线路人员工作时踩踏接续盒，造成光缆损伤。（3 分）

A. 出站门型架　　B. 进站门型架　　C. 机房门口　　D. UPS 电池室

考核知识点：规章制度

难易度：易

标准答案：B

Jb0706171005　十进制数 121 转换成二进制数是（　　）。（3 分）

A. 1111001　　B. 111001　　C. 1001111　　D. 100111

考核知识点：网络基础

难易度：易

标准答案：A

Jb0706171006　1KB的存储空间能存储（　　）个汉字国标（GB2312－80）码。（3分）

A. 1024　　B. 512　　C. 256　　D. 128

考核知识点：数据库基础

难易度：易

标准答案：B

Jb0706171007　某公司申请到一个C类IP地址，但要连接6个的子公司，最大的一个子公司有26台计算机，每个子公司在一个网段中，则子网掩码应设为（　　）。（3分）

A. 255.255.255.0　　B. 255.255.255.128

C. 255.255.255.192　　D. 255.255.255.224

考核知识点：网络基础

难易度：易

标准答案：D

Jb0706171008　部署国网云操作系统的正确流程是（　　）—开始部署—验证功能—配置及优化。（3分）

A. 配置磁盘　　B. 配置网络环境

C. 添加物理服务器角色　　D. 配置网络环境

考核知识点：云平台基础

难易度：易

标准答案：D

Jb0706171009　在Mysql内部有4种常见日志，（　　）是不能直接cat或more文本查阅日志内容。（3分）

A. B误日志（error－log）　　B. 二进制日志（bin－log）

C. 查询日志（query－log）　　D. 慢查询日志（slow－log）

考核知识点：数据库基础

难易度：易

标准答案：B

Jb0706171010　有共享的文件系统如果部署应用，可以（　　）。（3分）

A. 用stage方式在cluster里部署

B. 用external－stage部署，用第三方软件copy文件到stage目录下

C. 用nostage方式部署

D. 用external－stage方式在cluster里部署

考核知识点：中间件基础

难易度：易

标准答案：B

Jb0706171011　针对数据库集群问题，数据库软件问题、数据库部署主机问题，通过将数据库改为单点运行方式实现（　　）。（3分）

A. 故障点隔离　　B. 变更系统配置　　C. 变更运行方式　　D. 关键业务的恢复

考核知识点：数据库基础
难易度：易
标准答案：A

Jb0706171012　SG－I6000 v2.0 数据库：业务处理类数据采用 Oracle10g 或 11g，(　　) 监控类数据采用实时数据库。(3 分)

A. 实时　　B. 非实时　　C. 及时　　D. 全天

考核知识点：数据库基础
难易度：易
标准答案：A

Jb0706171013　数据库检修工作结束前，应 (　　)。(3 分)

A. 重新启动设备
B. 验证相关的业务系统运行正常
C. 验证设备工作正常
D. 验证配置策略符合要求

考核知识点：规章制度
难易度：易
标准答案：B

Jb0706171014　系统定级、安全方案设计、产品采购等是 (　　) 部分要求。(3 分)

A. 系统建设管理　　B. 系统运维　　C. 数据安全　　D. 主机安全

考核知识点：规章制度
难易度：易
标准答案：A

Jb0706171015　调查报告能使读者对整个调查有一个总体认识并把握全文主要内容的部分是 (　　)。(3 分)

A. 主题　　B. 结尾　　C. 前言　　D. 标题

考核知识点：规章制度
难易度：易
标准答案：C

Jb0706171016　在 TCP/IP 参考模型中，传输层的主要作用是在互联网络的源主机与目的主机对等实体之间建立用于会话的 (　　)。(3 分)

A. 点到点连接　　B. 操作连接　　C. 端到端连接　　D. 控制连接

考核知识点：网络基础
难易度：易
标准答案：C

Jb0706171017　1MB 换算成 bit 为 (　　)。(3 分)

A. 1000×1024B　　B. 1000×1000B　　C. 1024×1024B　　D. 1000×100B

考核知识点：网络基础
难易度：易
标准答案：C

Jb0706171018 灾难备份是信息系统在遭受不可抗力破坏时提供持续服务的重要手段，确保（ ）、业务功能不中断。有效保障日益增长的信息系统数据的安全性，增强信息系统风险抵御能力，建立远程异地灾备系统，已成为企业信息保护的必然选择。（3分）
A. 系统健康运行 B. 灾备复制正常 C. 数据不丢失 D. 生产工作正常
考核知识点：灾备系统基础
难易度：易
标准答案：C

Jb0706171019 小王他需要经常在外地访问公司的财务信息系统，他应采用（ ）通信方式，既廉价又安全。（3分）
A. ppp 连接到公司的 RAS 服务器上
B. 远程访问 VPN
C. 电子邮件
D. 与财务系统的 ppp 连接
考核知识点：网络安全基础
难易度：易
标准答案：B

Jb0706171020 专用存储介质启动区通常剩余 100KB 磁盘空间，某用户将 50KB 的文档在外网终端上拷入启动区，介质插入内网已注册终端后该文件消失，原因为（ ）。（3分）
A. 用户记错
B. 该文件已经自动隐藏
C. 专用介质插入内网终端后，启动区会初始化，文件已被删除
D. 外网拷贝到介质中的数据在内网终端看不到
考核知识点：主机基础
难易度：易
标准答案：C

Jb0706171021 在 WebLogic 集群中被管理服务器不能采用（ ）方式启动。（3分）
A. 命令 B. 管理控制台 C. 脚本启动 D. FTP 方式
考核知识点：中间件基础
难易度：易
标准答案：D

Jb0706172022 （ ）业务系统的版本升级、漏洞修复、数据操作等检修工作应填用信息工作票。（3分）
A. 一、二类 B. 二、三类 C. 三、四类 D. 四、五类
考核知识点：规章制度

难易度：中
标准答案：A

Jb0706172023　紧急抢修应遵行的原则，以下说法不正确的是（　　）。（3分）
A. 先抢通，后修复
B. 先电网调度通信业务，后其他业务
C. 先上级业务后下级业务
D. 先大颗粒业务，后小颗粒业务
考核知识点：规章制度
难易度：中
标准答案：D

Jb0706172024　检修工作实施期间，各单位（　　）应指派专人全程监护检修操作，保证检修工作安全执行。（3分）
A. 信息系统调度机构　　B. 信息系统运行机构
C. 信息系统监控机构　　D. 信息系统检修机构
考核知识点：规章制度
难易度：中
标准答案：D

Jb0706172025　检修工作完成后应收回（　　）。（3分）
A. 永久授权　　B. 用户授权　　C. 系统授权　　D. 临时授权
考核知识点：规章制度
难易度：中
标准答案：D

Jb0706172026　冬季天气恶劣的情况下，下列针对基站空调的工作不正确的是（　　）。（3分）
A. 将温度设定点设高一些
B. 将温度设定点设低一些
C. 提高空调的除霜触发点
D. 必要情况下，对空调进行人工除霜
考核知识点：规章制度
难易度：中
标准答案：B

Jb0706172027　接地系统中，交流接地电阻要求小于3Ω，直流接地电阻要求小于4Ω，安全保护接地电阻要求小于4Ω，防雷接地电阻要求小于3Ω，若它们共用接地线路，则其最终的电阻应小于（　　）Ω。（3分）
A. 2　　B. 3　　C. 4　　D. 5
考核知识点：规章制度
难易度：中
标准答案：B

Jb0706172028 按知识结构比例性原则，比例应根据（ ）来定，成才方向不同，知识结构的组成就不一样。（3分）

A. 培养目标　B. 培训设施　C. 动态发展　D. 题库内容

考核知识点：规章制度

难易度：中

标准答案：A

Jb0706172029 在网络与安全设备上工作，更换网络设备或安全设备的热插拔部件、内部板卡等配件时，应（ ）。（3分）

A. 明确注意事项　B. 做好技术措施　C. 做好安全措施　D. 做好防静电措施

考核知识点：规章制度

难易度：中

标准答案：D

Jb0706171030 Windows 7 中文全称为（ ）。（3分）

A. 微软操作系统　B. 视窗操作系统体验版

C. 操作系统体验版　D. 视窗体验版

考核知识点：主机基础

难易度：易

标准答案：B

Jb0706172031 （ ）情况下部署的弹性云服务器之间的网络时延一定是最短的。（3分）

A. 同一安全组内　B. 同一 vpc 内　C. 同一区域内　D. 同一可用区内

考核知识点：网络基础

难易度：中

标准答案：D

Jb0706172032 木马程序通常不具备的特性是（ ）。（3分）

A. 能够主动传播自己

B. 高度隐藏运行

C. 让系统完全被控制

D. 盗取机密信息

考核知识点：网络安全基础

难易度：中

标准答案：A

Jb0706172033 信息系统的（ ）等应定期备份，备份的数据宜定期进行验证。（3分）

A. 配置、业务数据　B. 配置、程序代码

C. 日志、程序代码　D. 日志、业务数据

考核知识点：规章制度

难易度：中

标准答案：A

Jb0706172034　以下（　　）是网络数据包检测工具。（3分）

A. FTP　　B. Iptables　　C. Wireshark　　D. Mysql

考核知识点：网络基础

难易度：中

标准答案：C

Jb0706172035　信息系统主机设备、网络设备、安全设备均应启用（　　）服务并与公司数据中心时间源同步。（3分）

A. 文件传输协议（FTP）　　B. VLAN 中继协议（VTP）

C. 用户数据报协议（UDP）　　D. 网络时间协议（NTP）

考核知识点：网络安全基础

难易度：中

标准答案：D

Jb0706172036　数据安全包括：数据完整性、数据保密性、（　　）。（3分）

A. 数据备份　　B. 数据机密性　　C. 数据不可否认性　　D. 数据删除性

考核知识点：网络安全基础

难易度：中

标准答案：A

Jb0706172037　（　　）提供管理和服务，能管理云用户，能对用户授权、认证、登录进行管理，并可以管理可用计算资源和服务，接收用户发送的请求，根据用户请求并转发到相应的相应程序，调度资源智能的部署资源和应用，动态的部署、配置和回收资源。（3分）

A. 云用户端　　B. 服务目录

C. 管理系统和部署工具　　D. 监控端

考核知识点：云平台基础

难易度：中

标准答案：A

Jb0706172038　（　　）是字符设备。（3分）

A. hdc　　B. fd0　　C. hda1　　D. 打印机

考核知识点：主机基础

难易度：中

标准答案：D

Jb0706172039　多道程序设计是指（　　）。（3分）

A. 在实时系统中并发运行多个程序

B. 在分布系统中同一时刻运行多个程序

C. 在一台处理机上同一时刻运行多个程序

D. 在一台处理机上并发运行多个程序

考核知识点：主机基础

难易度：中

标准答案：D

Jb0706172040 SG－I6000 v2.0 系统中脚本代码区编写脚本的具体功能操作，是脚本编写的核心，编写时需要注意：操作前一定要（ ），便于操作失败后进行回滚操作。（3 分）

A. 及时备份 B. 及时备注 C. 及时修改 D. 以上都有

考核知识点：SG－I6000 操作基础

难易度：中

标准答案：A

Jb0706172041 SG－I6000 v2.0 系统脚本分类中不属于安装部署的是（ ）。（3 分）

A. 虚拟化部署 B. 数据库部署 C. 物理机部署 D. 机房设备部署

考核知识点：SG－I6000 操作基础

难易度：中

标准答案：D

Jb0706172042 SG－I6000 v2.0 系统中分支节点支持判断类型为（ ）。（3 分）

A. 指标处理值 B. 节点处理值 C. 脚本处理值 D. 指标返回值

考核知识点：SG－I6000 操作基础

难易度：中

标准答案：A

Jb0706172043 SG－I6000 v2.0 系统中消息列表页面包括（ ）以及消息列表展示等功能。（3 分）

A. 新建推送消息 B. 查询 C. 批量删除 D. 以上都是

考核知识点：SG－I6000 操作基础

难易度：中

标准答案：D

Jb0706172044 数据库的安全性方面要采取用户标识和鉴定、存取控制、（ ）。（3 分）

A. 并发控制 B. 数据分级以及数据加密

C. 数据压缩 D. 数据备份

考核知识点：数据库基础

难易度：中

标准答案：B

Jb0706172045 一般 UPS 的输入电压在（ ）范围之间或者更宽。（3 分）

A. 170～260V B. 150～280V C. 180～300V D. 160～270V

考核知识点：主机基础

难易度：中

标准答案：D

Jb0706172046 一台 PC 机，从硬盘启动装入 DOS 时出现故障中断，屏幕显示“Error loading

oper ating system”信息，故障原因是（　　）。（3分）

A. 硬盘 DOS 引导扇区有物理损伤
B. 硬盘没有安装 DOS
C. 硬盘分区表被破坏
D. 硬盘主引导扇区有物理损伤

考核知识点：主机基础
难易度：中
标准答案：A

Jb0706172047　关于资源池的说法错误的是（　　）。（3分）

A. 资源池无法突破单台物理机所拥有的资源
B. 资源池包含了多个相同类型的资源
C. 资源池是实现计算服务化的基础
D. 不同的资源池有不同的资源池优化方法

考核知识点：资源池相关知识
难易度：中
标准答案：A

Jb0706172048　Tracert 命令经常会配合一些参数，来进行网络故障及路径查询，其中用于指定等待 timeout 为每次回复所指定的毫秒数据参数是（　　）。（3分）

A. W　　B. H　　C. D　　D. J

考核知识点：网络基础
难易度：中
标准答案：A

Jb0706172049　BGP 是在（　　）之间传播路由的协议。（3分）

A. 主机　　B. 子网　　C. 区域（are）　　D. 自治系统（AS）

考核知识点：网络基础
难易度：中
标准答案：D

Jb0706172050　在日常运维中经常会用到 NETSTAT 命令，NETSTAT－A 的参数作用是（　　）。（3分）

A. 显示所有连接和监听端口　　B. 显示以太网统计信息
C. 显示连接进程 ID　　D. 以数据显示地址和端口号

考核知识点：主机基础
难易度：中
标准答案：A

Jb0706171051　Windows 执行远程连接的命令为（　　）。（3分）

A. msconsole　　B. mstsc　　C. remote_connect　　D. connect

考核知识点：主机基础

难易度：易
标准答案：B

Jb0706172052　恺撒密码是最早的替代密码算法。当密钥 k 为 3 时，计算加密明文：m=tomorrow 后所得到的密文是（　　）。（3 分）

A. wrpruura　B. wrpruurz　C. wcpruurz　D. wrprrurz

考核知识点：网络安全基础
难易度：中
标准答案：B

Jb0706172053　在“日期/时间”数据类型中，每个字段需要的存储空间是（　　）。（3 分）

A. 4 个字节　B. 8 个字节　C. 12 个字节　D. 16 个字节

考核知识点：数据库基础
难易度：中
标准答案：B

Jb0706172054　直流电源和交流电源两大系统的不间断供电，都是由（　　）保证的。（3 分）

A. 整流器　B. 逆变器　C. 蓄电池　D. 直流配电屏

考核知识点：辅助设施基础
难易度：中
标准答案：C

Jb0706172055　SG－I6000 v2.0 系统中“认证配置”提供移动端令牌超时时间配置，令牌超时后移动端需重新（　　），现场可按需设置令牌失效时间。（3 分）

A. 设备端口认证　B. 系统接口认证
C. 进行用户认证　D. 以上都不对

考核知识点：SG－I6000 操作基础
难易度：中
标准答案：C

Jb0706172056　SG－I6000 v2.0 系统中提供移动应用权限管理，获取应用菜单配置树，并在此对业务组织树下不同单位、（　　）进行单独授权控制，精益管控 App 端功能入口。（3 分）

A. 不同角色　B. 不同设备　C. 不同部门　D. 不同系统

考核知识点：SG－I6000 操作基础
难易度：中
标准答案：A

Jb0706172057　SG－I6000 v2.0 中启动场景实例后，场景实例会按照设置的（　　），自动调度执行场景（同时在场景概览的场景日历上会展现每日待执行的任务个数）。立即执行是手工立刻执行一次场景实例。（3 分）

A. 编辑时间　B. 启动时间　C. 提交时间　D. 以上都可以

考核知识点：SG－I6000 操作基础

难易度：中
标准答案：B

Jb0706172058　Oracle 数据库中表空间与数据文件关系描述正确的是（　　）。（3 分）
A. 一个表空间只能对应一个数据文件
B. 一个表空间对应多个数据文件
C. 一个数据文件可以对应多个表空间
D. 表空间与数据文件没任何对应关系
考核知识点：数据库基础
难易度：中
标准答案：B

Jb0706172059　rpm 数据库默认位置为（　　）。（3 分）
A. /tmp/.rpmdb　　B. /usr/share/rpm
C. http：//rpmdb.redhat.com　　D. /var/lib/rpm
考核知识点：数据库基础
难易度：中
标准答案：D

Jb0706172060　WebLogic 的日志有（　　）。（3 分）
A. access、administrator、error　　B. domain.log　administrator error
C. domain.log　administrator access　　D. info error domain.log
考核知识点：中间件基础
难易度：中
标准答案：C

Jb0706172061　（　　）有校验数据，提供数据容错能力。（3 分）
A. RAID5　　B. RAID2　　C. RAID1　　D. RAID0
考核知识点：主机基础
难易度：中
标准答案：A

Jb0706172062　以下 VLAN 的作用描述不正确的是（　　）。（3 分）
A. 增强网络的安全性　　B. 提高物理交换机接口带宽
C. 隔离广播域　　D. 提高网络的健壮性
考核知识点：网络基础
难易度：中
标准答案：B

Jb0706172063　以下（　　）属于硬件设备台账。（3 分）
A. 主机、网络、安全、存储
B. 主机、终端、应用、系统台账、辅助设备

C. 主机、终端、应用、系统台账、辅助设备
D. 主机、网络、终端、基础软件台账
考核知识点：主机基础
难易度：中
标准答案：A

Jb0706172064 条件语句“Where 工资额>1000”的意思是（ ）。（3分）
A. 工资额中大于1000元的记录
B. 将“工资额”中大于1000元的记录删除
C. 拷贝字段“工资额”中大于1000元的记录
D. 将字段“工资额”中大于1000元的记录进行替换
考核知识点：数据库基础
难易度：中
标准答案：A

Jb0706172065 （ ）命令专门把gzip压缩的.gz文件解压缩。（3分）
A. fdisk B. gunzip C. df D. man
考核知识点：主机基础
难易度：中
标准答案：B

Jb0706172066 利用特高压输电技术，实现远距离、大规模的电力输送，有利于减少电力损耗、节约土地资源、保护环境、节约投资，促进我国（ ）基地的集约化开发。（3分）
A. 大电网、大机组、大用户 B. 大煤电、大水电、大核电
C. 大电网、大火电、大水电 D. 大能源、大容量、大用户
考核知识点：特高压基础
难易度：中
标准答案：B

Jb0706172067 如果一个虚拟机因为错误而崩溃，同一物理主机上的其他虚拟机不会受到影响，这是描述虚拟化技术的（ ）特性。（3分）
A. 隔离性 B. 兼容性 C. 独立于硬件 D. 统一性
考核知识点：虚拟技术基础
难易度：中
标准答案：A

Jb0706172068 WebLogic中不能够建立的数据源类型为（ ）。（3分）
A. 单数据源 B. 多数据源 C. 数据源工厂 D. 共享数据源
考核知识点：中间件基础
难易度：中
标准答案：D

Jb0706172069　WebLogic 域在运行过程中出现堆内存溢出，导致服务宕机，经过分析，原因为域的堆内存设置过小，不能满足业务需求，需要调整堆内存大小，此时应修改（　　）配置文件进行设置。（3 分）

A. startWebLogic.cmd
B. setDomainEnv.cmd
C. startManagedWebLogic.cmd
D. 以上都不对

考核知识点：中间件基础
难易度：中
标准答案：B

Jb0706173070　需停电更换主机设备或存储设备的（　　）等配件的工作，应断开外部电源连接线，并做好防静电措施。（3 分）

A. 电源模块　　B. 内部板卡
C. 硬盘　　D. 连接线缆

考核知识点：规章制度
难易度：难
标准答案：B

Jb0706173071　随着国家电网有限公司信息化工作的深入，用户群体不断增加，信息系统规模也越来越大，软件平台参数设置的差异性凸显，下列 WebLogic 和 WebSphere 调优过程中不涉及的方面是（　　）。（3 分）

A. JVM 内存　　B. 线程数量
C. 操作系统共享内存大小　　D. 文件系统大小

考核知识点：中间件基础
难易度：难
标准答案：D

Jb0706173072　一个 Hardware 运行 WLS8.1，JVM1.4.1，你观察到系统性能下降，你发现网络是瓶颈，请问你会（　　）。（3 分）

A. 增加 threadcount　　B. 分离用来做 multi－cast 的 channel
C. 增加一个 NICcard　　D. B 和 C

考核知识点：虚拟技术基础
难易度：难
标准答案：D

Jb0706173073　开关电源系统扩容时，需要增加（　　）。（3 分）

A. 整流模块　　B. 监控模块
C. 整流模块和监控模块　　D. 其他

考核知识点：辅助设施基础
难易度：难
标准答案：A

Jb0706173074　关于 Oracle 的表空间描述错误的是（　　）。（3 分）

A. 不能将 SYSTEM 或 SYSAUX 表空间设置为只读状态

B. 不能将 UNDO 和临时表空间设置为只读状态

C. 不能将 SYSTEM 表空间离线

D. 普通表空间不能设置为只读状态

考核知识点： 数据库基础

难易度： 难

标准答案： D

Jb0706173075　修改 WebLogic Server 启动的 heap 配置，不应该在（　　）文件中修改。（3 分）

A. startNodeManager.sh　　B. console 的 server start 参数中

C. setDomainEnv.sh　　D. startWebLogic.sh

考核知识点： 中间件基础

难易度： 难

标准答案： A

Jb0706173076　下列不是启动 WebLogic 受管服务器所必需的参数是（　　）。（3 分）

A. 指定 Java 堆的最大内存与最小内存

B. 设置 Connection Pool 选项

C. 指定服务器的名字

D. 指定管理服务器的主机名与监听端口

考核知识点： 中间件基础

难易度： 难

标准答案： B

Jb0706173077　某大楼使用 2 套 UPS 电源，每套由 2 组 240 只 2V600AH 艾诺斯蓄电池并联，供电方式为 1+1，互备供电，对该 UPS 单组蓄电池做 10h 放电实验，放电电流应该为（　　）。（3 分）

A. 48A　　B. 60A　　C. 80A　　D. 100A

考核知识点： 辅助设施基础

难易度： 难

标准答案： B

Jb0706173078　对表中某一字段建立索引时，若其值有重复，可选择（　　）索引。（3 分）

A. 主　　B. 有（无重复）

C. 无　　D. 有（有重复）

考核知识点： 数据库基础

难易度： 难

标准答案： D

Jb0706173079 （　　）内存复用技术可以回收虚拟机暂时不用的物理内存，分配给需要复用内存的虚拟机。（3分）

A. 内存共享　　B. 内存置换　　C. 内存透明大页　　D. 内存气泡

考核知识点：虚拟技术基础

难易度：难

标准答案：D

多 选 题

Jb0706181080 关于调制解调器（Modem）的作用说法错误的是（　　）。（5分）

A. 将计算机的数字信号转换成模拟信号

B. 将模拟信号转换成计算机的数字信号

C. 将计算机数字信号与模拟信号互相转换

D. 为了上网与接电话两不误

考核知识点：网络基础

难易度：易

标准答案：ABD

Jb0706181081 一单两票管理流程包括的大类流程有（　　）。（5分）

A. 调度管理流程　　B. 应急管理流程　　C. 运行管理流程　　D. 客服管理流程

考核知识点：规章制度

难易度：易

标准答案：ACD

Jb0706181082 以下关于MySQL的说法中正确的是（　　）。（5分）

A. MySQL是一种关系型数据库管理系统

B. MySQL软件是一种开放源码软件

C. MySQL服务器工作在客户端/服务器模式下，或嵌入式系统中

D. MySQL完全支持标准的SQL语句

考核知识点：数据库基础

难易度：易

标准答案：ABC

Jb0706182083 Windows Server 2008系统中，建议关闭的默认服务是（　　）。（5分）

A. TABletPCInputServiCe

B. DistriButeDTrANsACtionCoorDinAtor

C. Netlogon

D. TerminalServices

考核知识点：主机基础

难易度：中

标准答案：AC

Jb0706183084　当配置端口安全时，应当注意以下（　　）问题。（5分）

A. 安全端口不能是 Trunk 端口

B. 安全端口不能是 SwitchPortAanlyzer（SPAN）的目的端口

C. 安全端口不能是属于 EtherChannel 的端口

D. 安全端口不能是 Private－VLAN 端口

考核知识点：网络基础

难易度：难

标准答案：ABCD

Jb0706183085　下面（　　）方法可以将字段添加到数据透视表中。（5分）

A. 勾选“数据透视表字段列表”任务窗格中相应字段

B. 拖拽字段到相应的编辑框中

C. 单击编辑框，在快捷菜单中选择相应命令

D. 用鼠标右键单击相应字段，在快捷菜单中选择相应命令

考核知识点：数据库基础

难易度：难

标准答案：ABD

判　断　题

Jb0706191086　“组织调管范围内信息通信系统应急预案的编写和演练、紧急情况下的应急指挥以及信息通信系统事故分析处理”不属于省（市）公司信息通信调度机构的职能范围。（3分）

A. 对　　　　B. 错

考核知识点：规章制度

难易度：易

标准答案：B

Jb0706191087　调查报告要揭示事物的规律性，写作时要尽量避免观点“先入为主”，即先有结论，再根据这些结论去寻找相关事实而“填空”。（3分）

A. 对　　　　B. 错

考核知识点：规章制度

难易度：易

标准答案：A

Jb0706191088　认证的过程是请求方证明自己身份，认证服务器验证其真实性的过程。（3分）

A. 对　　　　B. 错

考核知识点：网络安全基础

难易度：易

标准答案：A

Jb0706191089　SG－I6000 v2.0 构建预览分构建总览和统计图两部分，分别以数据和图形的形式展示构建数据。（3分）

A. 对　　　　B. 错
考核知识点：SG－I6000 操作基础
难易度：易
标准答案：A

Jb0706191090　在 SG－I6000 v2.0 镜像制作是以代码工程中的 Dockerfile，和代码编译得到文件或 jar 进行镜像构建。（3 分）
A. 对　　　　B. 错
考核知识点：SG－I6000 操作基础
难易度：易
标准答案：A

Jb0706191091　业界常见的灾备建设模式有：同城两中心，异地两中心，两地三中心，且三者的投资成本逐渐增加。（3 分）
A. 对　　　　B. 错
考核知识点：灾备系统基础
难易度：易
标准答案：A

Jb0706191092　交换机的 VTP 协议透明模式能同步 VLAN 信息。（3 分）
A. 对　　　　B. 错
考核知识点：网络基础
难易度：易
标准答案：B

Jb0706191093　云计算模式中用户不需要了解服务器在哪里，不用关心内部如何运作，通过高速互联网就可以透明地使用各种资源。（3 分）
A. 对　　　　B. 错
考核知识点：云平台基础
难易度：易
标准答案：A

Jb0706192094　设备的保护接地线与室内接地汇集线可靠连接，每个机架保护地必须独立与室内接地汇集线相连，可以复接。（3 分）
A. 对　　　　B. 错
考核知识点：主机基础
难易度：中
标准答案：A

Jb0706192095　将若干端口定义成一个端口组进行配置时，端口组内的所有端口可以不是相同类型。（3 分）
A. 对　　　　B. 错

考核知识点：网络基础

难易度：中

标准答案：B

Jb0706192096 系统全局区 SGA 对是针对某一服务器进程而保留的内存区域，它是不可以共享的。(3 分)

A. 对 B. 错

考核知识点：数据库基础

难易度：中

标准答案：B

Jb0706192097 攻击者进行拒绝服务攻击，实际上让服务器实现两种效果：一是迫使服务器的缓冲区溢出，不接收新的请求；二是使用 IP 欺骗，迫使服务器把合法用户的连接复位，影响合法用户的连接。(3 分)

A. 对 B. 错

考核知识点：网络安全基础

难易度：中

标准答案：A

Jb0706192098 隐患排查治理按照排查、评估、治理、验收销号的流程实施闭环管理。(3 分)

A. 对 B. 错

考核知识点：规章制度

难易度：中

标准答案：A

Jb0706192099 杀毒软件的主流核心部分是由恶意代码特征库和扫描器组成的。(3 分)

A. 对 B. 错

考核知识点：网络安全基础

难易度：中

标准答案：A

Jb0706192100 云计算平台最不可能通过 Restful 的 API 协议开放服务。(3 分)

A. 对 B. 错

考核知识点：云平台基础

难易度：中

标准答案：B

Jb0706192101 使用静态注册方式，可以将 Oracle 服务名以静态方式注册到默认监听的 1521 端口。(3 分)

A. 对 B. 错

考核知识点：数据库基础

难易度：中

标准答案：A

Jb0706192102　IP 数据报中的 TTL 字段规定了一个数据报在被丢弃之前所允许经过的路由器数。（3 分）

A. 对　　B. 错

考核知识点：网络基础

难易度：中

标准答案：A

Jb0706192103　双机容错的防火墙设备中一台宕机，未影响对外服务属于重要缺陷。（3 分）

A. 对　　B. 错

考核知识点：规章制度

难易度：中

标准答案：B

Jb0706193104　机房不间断电源系统、直流电源系统故障中，造成 B 类机房中的自动化、信息或通信设备失电，且持续 12h 以上，定义为六级设备事件。（3 分）

A. 对　　B. 错

考核知识点：规章制度

难易度：难

标准答案：A

Jb0706193105　信息通信系统应急故障处理的转变要求是从“抢修 — 恢复”到“隔离 — 保障”。（3 分）

A. 对　　B. 错

考核知识点：规章制度

难易度：难

标准答案：A

Jb0706193106　执行域根目录下的 stopWeblogic.sh 命令是停止域最有效的方法。（3 分）

A. 对　　B. 错

考核知识点：中间件基础

难易度：难

标准答案：B

Jb0706193107　系统安装中，应用实例录入页面，需要单击添加按钮添加的其他软件实例包括使用的程序实例和数据库。（3 分）

A. 对　　B. 错

考核知识点：数据库基础

难易度：难

标准答案：A

Jb0706193108　在 SG－I6000 v2.0 配置管理主要分为三个部分：npm 仓库管理、maven 仓库管理、镜像管理。（3 分）

A. 对　　B. 错

考核知识点：SG－I6000 操作基础

难易度：难

标准答案：B

Jb0706193109　SG－I6000 v2.0 系统单击新建 npm 仓库，输入 npm 名称、描述、地址和对应的用户、密码，单击确定按钮新建 npm 仓库。（3 分）

A. 对　　B. 错

考核知识点：SG－I6000 操作基础

难易度：难

标准答案：A

Jb0706193110　SG－I6000 v2.0 通过自定义事件，将各个模块调用接口时进行操作上报，以便自定义分析获取数据及进行综合分析。（3 分）

A. 对　　B. 错

考核知识点：SG－I6000 操作基础

难易度：难

标准答案：A

Jb0706193111　服务器监测中，能够看到服务器启动时间。（3 分）

A. 对　　B. 错

考核知识点：SG－I6000 操作基础

难易度：难

标准答案：A

Jb0706193112　升级操作系统、数据库或中间件版本前，应首先确认其新特性对业务系统功能的提升影响。（3 分）

A. 对　　B. 错

考核知识点：规章制度

难易度：难

标准答案：B

Jb0706193113　Editplus 属于 Rootkit 检测工具。（3 分）

A. 对　　B. 错

考核知识点：网络安全基础

难易度：难

标准答案：B

Jb0706193114　维护工厂没有同步、功能位置没有同步和 Wbs 没有同步等情况，是与 ERP 同步后台报“维护工厂与 Wbs 元素不一致”的原因。（3 分）

A. 对　　　　　　　　　　　　　　　　B. 错

考核知识点：维护工厂相关知识

难易度：难

标准答案：A

Jb0706193115　在工具仓库中部署微应用，工具包可以从 Harbor 仓库中拉取。（3 分）

A. 对　　　　　　　　　　　　　　　　B. 错

考核知识点：SG－I6000 基础

难易度：难

标准答案：A

简　答　题

Jb0706131116　使用完整备份恢复数据库时，恢复的数据包括哪些内容？（10 分）

考核知识点：数据库基础

难易度：易

标准答案：

恢复的数据包括表、视图、存储过程、触发器。

Jb0706131117　属于路由器的接口技术有哪些？（10 分）

考核知识点：网络基础

难易度：易

标准答案：

属于路由器的接口技术有路由器配置接口、广域网接口、局域网接口。

Jb0706131118　Linux 系统下查看性能命令有哪些？至少写出两点。（10 分）

考核知识点：主机基础

难易度：易

标准答案：

Linux 系统下查看性能命令有 top、iostat、vmstat。

Jb0706131119　三层交换机访问控制列表可以使用哪些属性进行定义？（10 分）

考核知识点：网络基础

难易度：易

标准答案：

三层交换机访问控制列表可以使用 MAC 地址、IP 地址、TCP 端口进行定义。

Jb0706131120　进程的状态有哪些？至少写出两点。（10 分）

考核知识点：主机基础

难易度：易

标准答案：

进程的状态有运行态、就绪态、等待态。

Jb0706131121　不用填写调度指令票中可由调度值班员下达口头调度指令的有哪些？（10分）

考核知识点：规章制度

难易度：易

标准答案：

（1）事故紧急处理。

（2）单一运维操作。

Jb0706131122　能体现虚拟化优势的有哪些？至少写出两点。（10分）

考核知识点：虚拟技术基础

难易度：易

标准答案：

（1）使用虚拟化后，一台物理主机上可以同时运行多个虚拟机。

（2）使用虚拟化后，虚拟机可以在多台主机间进行迁移。

Jb0706131123　调度操作指令形式有什么？至少写出两点。（10分）

考核知识点：规章制度

难易度：易

标准答案：

调度操作指令形式有单项指令、逐项指令、综合指令。

Jb0706131124　管理信息大区业务系统使用无线网络传输业务信息时，应具备接入认证、加密等安全机制；接入信息内网时，应使用公司认可的接入什么安全措施？至少写出两点。（10分）

考核知识点：规章制度

难易度：易

标准答案：

（1）认证。

（2）隔离。

（3）加密。

Jb0706131125　现场使用的什么应符合有关安全要求？至少写出两点。（10分）

考核知识点：规章制度

难易度：易

标准答案：

现场使用的工器具、调试计算机（或其他专用设备）、外接存储设备、软件工具应符合有关安全要求。

Jb0706131126　数据库访问控制的粒度可能有什么？至少写出两点。（10分）

考核知识点：数据库基础

难易度：易

标准答案：

数据库访问控制的粒度可能有数据库级、表级、属性级。

Jb0706131127　完全备份可以备份的元素有哪些？（10分）

考核知识点：数据库基础

难易度：易

标准答案：

完全备份可以备份的元素有用户表、系统表、索引、视图。

Jb0706131128　进程的状态有哪几类？（10分）

考核知识点：操作系统

难易度：易

标准答案：

进程的状态有运行态、就绪态、等待态。

Jb0706132129　Windows 日志文件包括哪些？至少写出两点。（10分）

考核知识点：主机基础

难易度：中

标准答案：

Windows 日志文件包括应用程序日志、全日志、系统日志。

Jb0706132130　Linux 系统下查看本机与主机 A（192.168.0.2）之间的路由的命令是什么？（10分）

考核知识点：主机基础

难易度：中

标准答案：

Linux 系统下查看本机与主机 A（192.168.0.2）之间的路由的命令是 traceroute 192.168.0.2。

Jb0706131131　使用工作票有哪些主要步骤？（10分）

考核知识点：规章制度

难易度：易

标准答案：

工作票流程包括工作票填写、签发、许可、归档、关闭。

Jb0706131132　Linux 系统中如何给用户 test 设置密码为 test？（10分）

考核知识点：主机基础

难易度：易

标准答案：

Linux 系统使用该命令：passwdtest test 给用户 test 设置密码为 test。

Jb0706131133　信息系统上线试运行阶段包括什么环节？至少写出两点。（10分）

考核知识点：规章制度

难易度：易

标准答案：

（1）上线试运行申请。

（2）上线试运行测试。

（3）上线试运行。
（4）上线试运行验收。

Jb0706131134　从云安全共同担责模型来看，哪些是华为云的安全责任？至少写出两点。（10分）

考核知识点：云平台基础
难易度：易
标准答案：
（1）华为云的基础设施的安全。
（2）华为云服务的运营安全。
（3）连从华为云运营所在地的安全法律法规。

Jb0706132135　APM 监控中 JVM 监控的页签有哪些？至少写出两点。（10 分）
考核知识点：虚拟技术基础
难易度：中
标准答案：
APM 监控中 JVM 监控的页签有内存、线程。

Jb0706132136　在 Windows 2008 中安装 DHCP 服务器需要满足哪些要求？（10 分）
考核知识点：主机基础
难易度：中
标准答案：
（1）服务器应具有静态 ip 地址。
（2）确定 DHCP 服务器分发给客户机的 ip 地址范围。

Jb0706132137　文件和目录存取权限的类型有哪些？至少写出两点。（10 分）
考核知识点：主机基础
难易度：中
标准答案：
文件和目录存取权限的类型有 read、execute、write。

Jb0706131138　请简述网络安全基础等级保护测评的工作原则。（10 分）
考核知识点：规章制度
难易度：易
标准答案：
网络安全基础等级保护测评的工作原则为规范性原则、整体性原则、最小影响原则、保密性原则。

Jb0706131139　请简述 rowid 和 rownum 的区别。（10 分）
考核知识点：数据库基础
难易度：易
标准答案：
RowId 表示表的一行，用来快速地访问某行数据 Rownum 是结果集的一个功能。

Jb0706132140　db cache 相关的闩锁有哪些？（10 分）

考核知识点：数据库基础

难易度：中

标准答案：

db cache 相关的闩锁有 cache buffer handles、cache buffers chains、cache buffers lru chain。

Jb0706132141　网络安全主要关注的方面包括哪七个控制点？（10 分）

考核知识点：网络安全基础

难易度：中

标准答案：

网络安全主要关注的方面包括访问控制、安全审计、边界完整、恶意代码、结构安全性检查、入侵防范、网络设备防护。

Jb0706132142　解决路由环路的方法有哪些？至少写出两点。（10 分）

考核知识点：网络基础

难易度：中

标准答案：

解决路由环路的方法有水平分割、抑制时间、毒性逆转、触发更新。

Jb0706132143　云监控参数配置时，告警通知包括以下哪几种通知方式？至少写出两点。（10 分）

考核知识点：云平台基础

难易度：中

标准答案：

告警通知方式包括 HTTPPOST、HITPSPOST、E-mail、短信通知。

Jb0706132144　容器安全服务能监控到哪些容器异常？至少写出两点。（10 分）

考核知识点：云平台基础

难易度：中

标准答案：

容器安全服务能监控到高危系统调用、逃逸漏洞攻击、逃逸文件访问、容器异常进程。

Jb0706132145　ELB 的功能有哪些？至少写出两点。（10 分）

考核知识点：云平台基础

难易度：中

标准答案：

（1）部署支持线性可扩展，无单点问题。

（2）支持 TCP、UDP、HTTPS 和 HTTP 负载均衡。

（3）支持内网、外网以及 VPN 访问。

（4）支持软件负载均衡，即通过软件方式实现负载均衡，包括 CVS 和 Nginx。

Jb0706132146　微服务云应用平台（ServiceStage），可以完成哪些功能？至少写出两点。（10

分）

考核知识点：云平台基础

难易度：中

标准答案：

（1）创建应用依赖计算资源。

（2）使用 AOS 模板自动化应用编排。

（3）查看应用各项指标。

Jb0706132147　裸金属服务器的使用限制是什么？至少写出两点。（10 分）

考核知识点：云平台基础

难易度：中

标准答案：

（1）禁止修改网络相关的配置，否则可能导致无法连接裸金属服务器。

（2）对操作系统进行升级或打补丁，需从云服务商处获取相应的 OS 文件。

（3）裸金属服务只支持从现有的操作系统进行升级或打补丁操作，不支持对已 有的裸金属服务器重装操作系统。

（4）裸金属服务器上安装 Oracle RAC 时请不要启用 Highly Available IP（HAIP） 特性。

Jb0706132148　云监控创建告警规则需要配置以下哪些参数？至少写出两点。（10 分）

考核知识点：云平台基础

难易度：中

标准答案：

云监控创建告警规则需要配置监控指标、告警策略、监控时长。

Jb0706132149　FusionSphere OpenStack OM 功能是什么？至少写出两点。（10 分）

考核知识点：云平台基础

难易度：中

标准答案：

FusionSphere OpenStack OM 功能是资源管理、资源分配。

Jb0706132150　检查 DNS 是否正常的具体步骤是什么？（10 分）

考核知识点：网络基础

难易度：中

标准答案：

（1）打开运行输入 CMD 进入命令行。

（2）输入 nslookup 域名地址。

（3）显示信息中查找是否出现 DNS 地址。

（4）pingDNS 地址，判断连通性。

Jb0706132151　对于畸形报文攻击防御的说法正确的有哪些？至少写出两点。（10 分）

考核知识点：网络安全基础

难易度：中

标准答案：
（1）Ping of Death 攻击是利用超大尺寸的报文进行攻击的。
（2）TearDrop 类的攻击利用 UDP 包重组时重叠偏移的漏洞来进行攻击的。
（3）畸形 TCP 报文攻击是通过将 TCP 的标志位设置为特定数值的报文来进行攻击的。
（4）要防御畸形报文攻击，需要对每一种攻击的特点进行针对性防御。

Jb0706132152　运行监视是指通过 TMS、SG－I6000 v2.0（IMS）、ISS、通信设备专业网管、综合网管等监视工具对信息通信系统的什么进行监视？至少写出两点。（10 分）
考核知识点：规章制度
难易度：中
标准答案：
对信息通信系统的运行状态、运行参数进行监视。

Jb0706132153　云安全主要考虑的关键技术有什么？至少写出两点。（10 分）
考核知识点：云平台基础
难易度：中
标准答案：
云安全主要考虑的关键技术有数据安全、应用安全、虚拟化安全。

Jb0706132154　CPU 中，除了内部总线和必要的寄存器外，主要的两大部件分别是什么？至少写出两点。（10 分）
考核知识点：主机基础
难易度：中
标准答案：
主要的两大部件分别是控制器、运算器。

Jb0706132155　优化 Windows Server 系统磁盘高级读写性能过程中，需检查什么是否被正常选中？至少写出两点。（10 分）
考核知识点：主机基础
难易度：中
标准答案：
（1）启用高级性能。
（2）启用磁盘上的写入缓存。

Jb0706132156　一体化“国网云”平台具备的核心能力包括什么？至少写出两点。（10 分）
考核知识点：云平台基础
难易度：中
标准答案：
一体化“国网云”平台具备的核心能力包括弹性伸缩、跨域协同计算、按需供给、快速发布。

Jb0706132157　SG－I6000 v2.0 系统中报告模板管理页面，可以对报告模板进行什么操作？至少写出两点。（10 分）

考核知识点：SG－I6000 操作基础

难易度：中

标准答案：

SG－I6000 v2.0 系统中报告模板管理页面，可以对报告模板进行查询、启用、停用、编辑。

Jb0706132158　SG－I6000 v2.0 系统中创建新的存储策略，单击创建策略，输入什么？至少写出两点。（10 分）

考核知识点：SG－I6000 操作基础

难易度：中

标准答案：

SG－I6000 v2.0 系统中创建新的存储策略，单击创建策略，输入策略名称、过期时间。

Jb0706132159　在 SG－I6000 v2.0 系统中提供对日志解析规则的管理，包括规则的什么？至少写出两点。（10 分）

考核知识点：SG－I6000 操作基础

难易度：中

标准答案：

包括规则的创建、编辑。

Jb0706132160　SG－I6000 v2.0 范围查询中支持范围搜索，可以指定什么，会自动查找在这之间的文档？如果是单词，则会按照字典顺序搜索。至少写出两点。（10 分）

考核知识点：SG－I6000 操作基础

难易度：中

标准答案：

可指定最小值、最大值。

Jb0706132161　对 SG－I6000 v2.0 平台自身的系统用户登录业务和（　　），符合安全审计要求，至少写出两点。（10 分）

考核知识点：SG－I6000 操作基础

难易度：中

标准答案：

对 SG－I6000 v2.0 平台自身的系统用户登录业务、系统日志、存储容量配置、告警参数配置、告警策略配置、审计策略管理，符合安全审计要求。

Jb0706132162　SG－I6000 v2.0 系统中顶部－左侧绘图工具栏，给出了一系列常用的图形的绘制工具按钮，分别为圆形、（　　）五角星、圆弧、文本，使用此工具可以在视图中绘制简单的 2D 图形。至少写出两点。（10 分）

考核知识点：SG－I6000 操作基础

难易度：中

标准答案：

SG－I6000 v2.0 系统中顶部－左侧绘图工具栏，给出了一系列常用的图形的绘制工具按钮，分别为圆形、圆角矩形、矩形、正多边形、三角形、五角星、圆弧、文本，使用此工具可以在视图中绘制简单的 2D 图形。

Jb0706132163　在 SG－I6000 v2.0 系统中多维显示组件（组件接受一个数组）：曲线图、（　　）、表格。至少写出两点。（10 分）

考核知识点： SG－I6000 操作基础

难易度： 中

标准答案：

在 SG－I6000 v2.0 系统中多维显示组件（组件接受一个数组）：曲线图、柱状图、雷达图、饼图、散点图、表格。

Jb0706132164　RedHat Linux 自带两个引导装载软件是什么？至少写出两点。（10 分）

考核知识点： 主机基础

难易度： 中

标准答案：

RedHat Linux 自带两个引导装载软件是 LILO、GRUB。

Jb0706132165　描述 RAID 种类有什么？至少写出两点。（10 分）

考核知识点： 主机基础

难易度： 中

标准答案：

描述 RAID 种类有 RAID 0～7、50、53；RAID 3、4、5、10；RAID 10、6、50。

Jb0706132166　什么是按照云计算服务的部署方式分类？至少写出两点。（10 分）

考核知识点： 云平台基础

难易度： 中

标准答案：

公共云、混合云、专有云是按照云计算服务的部署方式分类。

Jb0706132167　关于云计算特点的说法有哪些？至少写出两点。（10 分）

考核知识点： 云平台基础

难易度： 中

标准答案：

关于云计算特点的说法有虚拟化、超大规模、高可用性。

Jb0706132168　云计算体系结构中的安全管理包括什么？至少写出两点。（10 分）

考核知识点： 云平台基础

难易度： 中

标准答案：

云计算体系结构中的安全管理包括身份认证、访问授权、安全审计。

Jb0706132169　从 ceph 中将一个 osd 删除的命令包括什么？（10 分）

考核知识点： 云平台基础

难易度： 中

标准答案：

从 ceph 中将一个 osd 删除的命令包括 cephosdxout、cephosdoutx。

Jb0706132170 信息检修包括计划检修和非计划检修，其中非计划检修分成什么？（10 分）

考核知识点： 规章制度

难易度： 中

标准答案：

信息检修包括计划检修和非计划检修，其中非计划检修分成临时检修、紧急检修。

Jb0706132171 在 Internet 电子邮件系统中，收发邮件过程中使用到的协议有什么？（10 分）

考核知识点： 网络安全基础

难易度： 中

标准答案：

在 Internet 电子邮件系统中，收发邮件过程中使用到的协议有 POP3、SMTP。

Jb0706132172 什么属于 Linux 操作系统？至少写出两点。（10 分）

考核知识点： 主机基础

难易度： 中

标准答案：

RHEL、SUSE 属于 Linux 操作系统。

Jb0706132173 Oracle 中都有哪些类型的锁？（10 分）

考核知识点： 数据库基础

难易度： 中

标准答案：

（1）共享锁：这个锁是数据在被 viewed 的时候放置的。

（2）排他锁：这种锁在 Insert，Update，Delete 命令执行的时候放置的，每一条记录同一时间只能有一个排他锁。

Jb0706131174 当配置端口安全时，应当注意哪些问题？（10 分）

考核知识点： 网络基础

难易度： 易

标准答案：

（1）安全端口不能是 Trunk 端口。

（2）安全端口不能是 Switch Port Analyzer（SPAN）的目的端口。

（3）安全端口不能是属于 Ether Channel 的端口。

（4）安全端口不能是 private－VLAN 端口。

Jb0706131175 管理员在网络中部署了一台 DHCP 服务器之后，发现部分主机获取到非该 DHCP 服务器所指定的地址，则可能的原因有哪些？（10 分）

考核知识点： 网络基础

难易度：易

标准答案：

网络中存在另外一台工作效率更高的 DHCP 服务器。部分主机无法与该 DHCP 服务器正常通信，这些主机客户端系统自动生成了169.254.0.0范围内的地址；DHCP服务器的地址池已经全部分配完毕。

b0706132176　某重要国际会议前夕，某省公司营销业务系统 500 万条用户信息数据遭篡改，各大网站对此次事件进行了报道，对国家电网有限公司形象造成了重大损害。请根据《国家电网有限公司安全事故调查规程（2021 年版）》对此案例分析事件等级。（10 分）

考核知识点：规章制度

难易度：中

标准答案：

营销业务系统属于国家电网有限公司一类信息系统，该事件对公司造成了重大社会影响，应定级为六级信息事件。

Jb0706132177　虚拟化经常使用的模式或技术有哪些？（10 分）

考核知识点：云平台基础

难易度：中

标准答案：

（1）单一资源的多个逻辑表示。

（2）多个资源的单一逻辑表示。

（3）在多个资源之间提供单一逻辑表示。

（4）单个资源的单一逻辑表示。

Jb0706132178　信息通信调度命名规范要求中设备命名规范要求有哪些？至少写出两点。（10 分）

考核知识点：规章制度

难易度：中

标准答案：

（1）接入层交换机－ACC。

（2）核心层交换机－COR。

（3）路由器－ROU。

Jb0706132179　关于 QuidwAy 系列交换机上 802.1x 认证在小型网络中的应用有哪些？至少写出两点？（10 分）

考核知识点：网络基础

难易度：中

标准答案：

（1）节约成本，不需要单独购买认证服务器。

（2）下挂认证的用户数目受设备限制。

（3）大多数二层三层交换机均可提供认证服务，使用灵活。

Jb0706132180　若客户端发起 802.1x 认证，而交换机不支持 802.1x 认证，则会怎么样？至少

写出两点。（10 分）

考核知识点：网络基础

难易度：中

标准答案：

（1）客户端得不到任何交换机响应。

（2）客户端反复尝试几次认证无响应，但也能够正常访问网络。

Jb0706133181　ServiceStage 与什么服务有集成关系？至少写出两点。（10 分）

考核知识点：云平台基础

难易度：难

标准答案：

ServiceStage 与虚拟私有云 VPC、弹性云服务器 CSE、云容器引擎 CCE、容器镜像服务 SWR 有集成关系。

Jb0706133182　APM 的 SQL 分析功能中，展示了 SQL 语句的什么指标？至少写出两点。（10 分）

考核知识点：云平台基础

难易度：难

标准答案：

APM 的 SQL 分析功能中，展示了 SQL 语句的调用次数，响应时间，错误次数，异常语句。

Jb0706133183　跨专业共享数据中涉及国家电网有限公司商密及重要数据的，其什么行为须经相关部门审批，并落实相关权限控制和脱敏、脱密措施。（10 分）

考核知识点：规章制度

难易度：难

标准答案：

跨专业共享数据中涉及国家电网有限公司商密及重要数据的，其采集、传输行为须经相关部门审批，并落实相关权限控制和脱敏、脱密措施。

Jb0706133184　作为定级对象的信息系统应具有什么基本特征？至少写出两点。（10 分）

考核知识点：规章制度

难易度：难

标准答案：

（1）具有唯一确定的安全责任单位。

（2）具有信息系统的基本要素。

（3）承载单一或相对独立的业务应用。

Jb0706133185　生成树算法通过措施避免环路怎么样？至少写出两点。（10 分）

考核知识点：网络基础

难易度：难

标准答案：

（1）为每个非根桥选择一个根端口。

（2）为每个物理网段选出离根桥最近的那个网桥作为指定网桥。
（3）既不是指定端口又不是根端口的端口置于阻塞状态。

Jb0706133186 一台装有 linux RedHat5.5 的计算机设置成一个具有域名解析、WWW 浏览、FTP 的服务器参照有关资料进行 DNS 设置后，在服务器中用 Ping 命令进行检验，但总是出现“Unknowhost”的提示则可能是 DNS 的原因有哪些？至少写出两点。（10 分）

考核知识点：主机基础

难易度：难

标准答案：

（1）DNS 设置错误。
（2）没有设置 DNS 转发。
（3）其他故障（如病毒感染）导致 DNS 服务失败。

Jb0706133187 Windows Server 2008 系统中，建议设置为手动的默认服务是什么？至少写出两点。（10 分）

考核知识点：主机基础

难易度：难

标准答案：

Windows Server 2008 系统中，建议设置为手动的默认服务是 Computerbrowser、RemoteRegistry、Secondarylogon、Terminalservices。

Jb0706133188 对于应用层攻击防御的说法有什么？至少写出两点。（10 分）

考核知识点：网络安全基础

难易度：难

标准答案：

（1）应用层攻击防御需要采用专业的安全设备来完成。
（2）应用层攻击防御需要实时更新攻击特征库。

Jb0706131189 传统磁带备份存在哪些问题？（10 分）

考核知识点：存储

难易度：易

标准答案：

（1）机械设备的故障率高。
（2）备份/恢复速度慢。
（3）磁带的保存和清洗难。

Jb0706133190 入侵检测系统提供对什么的实时保护？至少写出两点。（10 分）

考核知识点：网络安全基础

难易度：难

标准答案：

入侵检测系统提供对内部攻击、外部攻击、误操作的实时保护。

Jb0706132191 网络中出现故障后，管理员通过排查发现某台路由器的配置被修改了，那么管理员该采取哪些措施来避免这种状况的再次发生？（10分）

考核知识点： 网络基础

难易度： 中

标准答案：

（1）管理员应该配置除管理员之外的所有账户登录设备的权限级别为0。

（2）管理员应该配置AAA来对登录设备的用户进行认证和授权。

（3）管理员应该通过配置ACL来控制只有管理员能够登录设备。

Jb0706133192 Linux Server 常用的关机命令有哪些？至少写出两点。（10分）

考核知识点： 主机基础

难易度： 难

标准答案：

Linux Server 常用的关机命令有 halt、shutdown –h 5、init 0。

Jb0706133193 Windows Server 的本地策略设定中，本地策略中可以设置哪些选项？至少写出两点。（10分）

考核知识点： 主机基础

难易度： 难

标准答案：

本地策略中可以设置安全选项、密码策略、用户权限。

Jb0706133194 APM 的采集数据类型有哪些？至少写出两点。（10分）

考核知识点： 云平台基础

难易度： 难

标准答案：

（1）调用链数据。

（2）资源信息，包括服务类型、服务名称等。

（3）资源熟悉，包括系统类型、CPU个数、进程等。

（4）内存监测信息，包括内存使用率、使用量等。

Jb0706133195 APM 应用广泛，能够应用于哪些典型应用场景？至少写出两点。（10分）

考核知识点： 云平台基础

难易度： 难

标准答案：

（1）应用异常诊断。

（2）应用体验管理。

（3）故障智能诊断。

Jb0706133196 属于计算虚拟化的有哪些？（10分）

考核知识点： 虚拟技术基础

难易度： 难

标准答案：

属于计算虚拟化的有 CPU 虚拟化、内存虚拟化、I/O 虚拟化。

Jb0706133197　运维人员可以执行哪些命令对 Linux 的文件描述符进行参数调整？至少写出两点。（10 分）

考核知识点：主机基础

难易度：难

标准答案：

（1）ulimit－AS。

（2）ulimit－AH。

Jb0706133198　在 SG－I6000 v2.0 通过运营概览、版本分布、自定义分析等功能，展示哪些信息，帮助掌握移动应用整体运营情况和移动端高频使用的功能？至少写出两点。（10 分）

考核知识点：SG－I6000 操作基础

难易度：难

标准答案：

（1）使用用户。

（2）新增用户。

（3）启动次数。

（4）使用时长。

Jb0706133199　具备独立向信息内网进行消息即时推送的能力，为 SG－I6000 v2.0 系统的什么权限变更等业务场景提供底层推送引擎支持？至少写出两点。（10 分）

考核知识点：SG－I6000 操作基础

难易度：难

标准答案：

为 SG－I6000 v2.0 系统的告警、公告、工单、菜单权限变更等业务场景提供底层推送引擎支持。

第十章　信息调度监控员高级技师技能操作

Jc0706111001　写出资源监控率算法及步骤。（100 分）

考核知识点： 规章制度

难易度： 易

技能等级评价专业技能考核操作工作任务书

一、任务名称

写出资源监控率算法及步骤。

二、适用工种

信息调度监控员高级技师。

三、具体任务

在 SG－I6000 v2.0 系统中，资源监测模块可对中间件、数据库、服务器、网络等设备资源各项指标进行监测实时监管，某单位共有服务器 500 台（其中库存备用 100 台，在运 300 台、未投运 50 台、退役 50 台），已纳入实时监控的服务器为 300 台若只考虑服务器部分，则该单位设备监控率为多少。

四、工作规范及要求

要求写出具体计算步骤。

五、考核及时间要求

（1）本考核操作时间为 10 分钟，时间到停止考评，包括报告整理时间。

（2）问题查找和排除过程中，如确实不能查找出问题，可向考评员申请排除问题，该项问题项目不得分，但不影响其他项目。

技能等级评价专业技能考核操作评分标准

工种	信息调度监控员				评价等级	高级技师
项目模块	规章制度—资源监测模块			编号	Jc0706111001	
单位		准考证号			姓名	
考试时限	10 分钟	题型	单项操作		题分	100 分
成绩		考评员		考评组长		日期
试题正文	写出资源监控率算法及步骤					
需要说明的问题和要求	要求单人操作完成					
序号	项目名称	质量要求	满分	扣分标准	扣分原因	得分
1	检查计算步骤是否完整	经计算得出，设备监控率为 1	100	与质量要求中计算结果不符，扣 100 分		
合计			100			

Jc0706112002　写出十进制转换方法及步骤。（100 分）

考核知识点：主机基础

难易度：中

技能等级评价专业技能考核操作工作任务书

一、任务名称

写出十进制转换方法及步骤。

二、适用工种

信息调度监控员高级技师。

三、具体任务

IP 地址 11011000.00001001.00001101.11101110 用点分十进制表示。

四、工作规范及要求

要求写出具体计算步骤。

五、考核及时间要求

（1）本考核操作时间为 10 分钟，时间到停止考评，包括报告整理时间。

（2）问题查找和排除过程中，如确实不能查找出问题，可向考评员申请排除问题，该项问题项目不得分，但不影响其他项目。

技能等级评价专业技能考核操作评分标准

工种	信息调度监控员					评价等级	高级技师
项目模块	主机基础—十进制转换				编号	Jc0706112002	
单位			准考证号			姓名	
考试时限	10 分钟		题型	单项操作		题分	100 分
成绩		考评员		考评组长		日期	
试题正文	写出十进制转换方法及步骤						
需要说明的问题和要求	要求单人操作完成						

序号	项目名称	质量要求	满分	扣分标准	扣分原因	得分
1	检查计算步骤是否完整	点分十进制表示为 216.9.13.238	100	与质量要求中计算结果不符，扣 100 分		
合计			100			

Jc0706113003　写出客服工单及时率计算方法及步骤。（100 分）

考核知识点：规章制度

难易度：难

技能等级评价专业技能考核操作工作任务书

一、任务名称

写出客服工单及时率计算方法及步骤。

二、适用工种

信息调度监控员高级技师。

三、具体任务

在 SG－I6000 v2.0 系统中，一个月统计周期内，某单位客服事件工单已归档的工单数量总计有10000 条，通过统计发现有 10 条工单客服受理开始时间到客服受理结束时间大于 1h，有 100 条工单客服受理开始时间到解决结束时间均超过 1h，计算本月该单位客服工单处理及时率。

四、工作规范及要求

要求写出具体计算步骤。

五、考核及时间要求

（1）本考核操作时间为 10 分钟，时间到停止考评，包括报告整理时间。

（2）问题查找和排除过程中，如确实不能查找出问题，可向考评员申请排除问题，该项问题项目不得分，但不影响其他项目。

技能等级评价专业技能考核操作评分标准

工种	信息调度监控员			评价等级	高级技师	
项目模块	规章制度—客服工单及时率计算		编号	Jc0706113003		
单位		准考证号		姓名		
考试时限	10 分钟	题型	单项操作	题分	100 分	
成绩		考评员		考评组长		日期
试题正文	写出客服工单及时率计算方法及步骤					
需要说明的问题和要求	要求单人操作完成					
序号	项目名称	质量要求	满分	扣分标准	扣分原因	得分
1	检查计算步骤是否完整	经计算得出，工单处理及时率为 0.979	100	与质量要求中计算结果不符，扣 100 分		
合计			100			

第二篇

信息通信客户服务代表

第一部分 信息通信客户服务代表初级工

第一章　信息通信客户服务代表初级工技能笔答

单 选 题

Jb0707571001　国家电网有限公司信息通信客户服务热线简化后的号码是(　　)。(3分)

A. 186　　B. 7186　　C. 9186　　D. 187

考核知识点：业务知识

难易度：易

标准答案：A

Jb0707571002　国家电网有限公司信息通信分公司负责对总部及（　　）部署信息系统深化应用工作提供技术支持。(3分)

A. 一级　　B. 二级　　C. 一二级　　D. 三级

考核知识点：规章制度

难易度：易

标准答案：A

Jb0707571003　信通客服网站系统登录地址：(　　)。(3分)

A. http：//10.4.32.204：8060/ics　　B. http：//10.1.32.204：8070/ics

C. http：//10.4.32.204：8070/ics　　D. http：//10.4.32.204：8070/ics

考核知识点：业务知识

难易度：易

标准答案：A

Jb0707571004　由于ICS系统故障导致工单无法派发时，客服线下记录工单并建立派单信息表，通过电话、邮件方式通知二线处理，且每（　　）h跟进一次问题处理进度。(3分)

A. 1　　B. 2　　C. 3　　D. 4

考核知识点：业务知识

难易度：易

标准答案：B

Jb0707571005　信息通信客服接收信息通信调度关于系统检修信息，包括（　　）的通知，及时进行信息发布工作。(3分)

A. 月检修　　B. 周检修

C. 临时检修　　D. 月检修及周检修

考核知识点：业务知识

难易度：易

标准答案：D

Jb0707571006　在下列几个给系统管理员账户设置的密码中，属于弱口令的是（　　）。（3分）

A. GY－jg776　　B. 3569@bn1　　C. 20121225　　D. gjkq0001

考核知识点：业务知识

难易度：易

标准答案：C

Jb0707571007　当用户打错电话时，应（　　）。（3分）

A. 礼貌说明　　B. 直接挂断电话　　C. 向用户道歉　　D. 批评用户

考核知识点：服务规范

难易度：易

标准答案：A

Jb0707571008　以下不属于对客服人员语音语调的要求是（　　）。（3分）

A. 语调轻柔　　B. 明朗

C. 语速适中　　D. 匹配用户语速

考核知识点：服务规范

难易度：易

标准答案：B

Jb0707571009　信息通信客服如受到用户批评时，应说（　　）。（3分）

A.“很抱歉，我们不提供此项服务。”

B.“您提的意见我们一定慎重考虑，欢迎多提宝贵意见。”

C.“很抱歉，您咨询的问题不是我公司业务，请您拨打其他服务热线××××××××。”

D.“对不起，我们的××问题给您添麻烦了，很抱歉。”

考核知识点：服务规范

难易度：易

标准答案：B

Jb0707571010　与用户通话过程中切忌（　　）。（3分）

A. 中途打断用户说话

B. 做到“请”字开头，“好”字结尾

C. 耐心、细致地聆听

D. 语速适中

考核知识点：服务规范

难易度：易

标准答案：A

Jb0707571011　信息通信客服人员在接听用户来电时，应（　　）。（3分）

A. 严肃、正式　　B. 亲切、友善

C. 活泼、热情　　D. 严肃、耐心

考核知识点：服务规范

难易度：易

标准答案：B

Jb0707572012　涉密人员脱离涉密岗位必须清退所保管的（　　）。（3分）
A. 工作文件　　B. 资料文件　　C. 涉密文件　　D. 普通文件
考核知识点：规章制度
难易度：中
标准答案：C

Jb0707572013　确需在办公场所以外阅读和使用秘密载体的，应当遵守有关（　　）。（3分）
A. 法律规定　　B. 一般规定　　C. 特别规定　　D. 保密规定
考核知识点：规章制度
难易度：中
标准答案：D

Jb0707572014　加强信息作业管理，规范（　　），保证信息系统及数据安全，依据国家有关法律、法规，结合信息作业实际，制定《国家电网公司电力安全工作规程（信息部分）》。（3分）
A. 安全管理　　B. 各类人员行为　　C. 工作流程　　D. 作业方法
考核知识点：规章制度
难易度：中
标准答案：B

Jb0707572015　严禁采用非公司安全移动存储介质拷贝（　　）。（3分）
A. 信息内网信息　　B. 信息外网信息　　C. 加密文档　　D. 加密文件
考核知识点：规章制度
难易度：中
标准答案：A

Jb0707572016　有效管理沟通的本质是（　　）。（3分）
A. 换位思考　　B. 用心交流　　C. 主动沟通　　D. 注重聆听
考核知识点：服务规范
难易度：中
标准答案：A

Jb0707572017　自下而上的沟通被称为（　　）。（3分）
A. 平行沟通　　B. 下行沟通　　C. 上行沟通　　D. 团队沟通
考核知识点：服务规范
难易度：中
标准答案：C

Jb0707572018　在倾听的时候，我们要给予用户一定的回应，并适时提问，提问的作用不包含（　　）。（3分）
A. 有利于把握并满足用户需求　　B. 有利于保持良好的用户关系

C. 有利于表达自己的意见　　　　　　　　D. 有利于减少与用户之间的误会

考核知识点： 服务规范

难易度： 中

标准答案： C

Jb0707572019　沟通首先是意义上的（　　）。（3 分）

A. 接收　　B. 传递　　C. 发送　　D. 解读

考核知识点： 服务规范

难易度： 中

标准答案： B

Jb0707572020　沟通是为了一个设定的目标，把信息、（　　）和情感在群体间传递，并且达成共同协议的过程。（3 分）

A. 内容　　B. 思想　　C. 意志　　D. 创新

考核知识点： 服务规范

难易度： 中

标准答案： B

Jb0707572021　下列操作行为正确的有（　　）。（3 分）

A. 将下载后的文件立即扫描杀毒

B. 下载打开陌生人发送的 Flash 游戏

C. 从互联网上下载软件后直接双击运行

D. 打开安全优盘时不预先进行病毒扫描

考核知识点： 技能知识

难易度： 中

标准答案： A

Jb0707572022　客服质检是根据（　　），针对已经完成的业务咨询、故障报修、资源申请、投诉建议、表扬等服务过程中涉及的话务录音、工单记录等，依据相关质检要求开展内部质量检查的工作。（3 分）

A. 质检计划　　B. 作业计划　　C. 领导计划　　D. 随意安排

考核知识点： 业务知识

难易度： 中

标准答案： A

Jb0707572023　不属于客服座席需求受理子流程的是（　　）。（3 分）

A. 需求受理提报　　　　B. 需求进度跟踪

C. 需求反馈　　　　　　D. 需求评审

考核知识点： 业务知识

难易度： 中

标准答案： D

Jb0707572024 对于资源申请事件工单，业务运维人员在接单后（ ）h 内完成资源申请的开通。（3 分）

A. 6　　B. 1　　C. 2　　D. 24

考核知识点：业务知识

难易度：中

标准答案：A

Jb0707572025 （ ）是一个以人为主导，利用计算机硬件、软件、网络通信设备以及其他办公设备，进行信息的收集、传输、加工、储存、更新、拓展和维护的系统。（3 分）

A. 操作系统（OS）　　B. 管理信息系统（MIS）

C. 办公系统（OA）　　D. 网络系统（NS）

考核知识点：业务知识

难易度：中

标准答案：B

Jb0707572026 ICS 呼叫系统软电话登录成功后默认为（ ）状态。（3 分）

A. 小休　　B. 会议　　C. 话后处理　　D. 等待

考核知识点：业务知识

难易度：中

标准答案：D

Jb0707572027 对于重点专席的回访率一定要达到（ ）%。（3 分）

A. 95　　B. 97　　C. 98　　D. 100

考核知识点：规章制度

难易度：中

标准答案：D

Jb0707572028 信息通信客服服务目录总体实行“（ ）”方式。（3 分）

A. 不报备　　B. 集中报备　　C. 随时报备　　D. 随意报备

考核知识点：基础知识

难易度：中

标准答案：B

Jb0707573029 （ ）可以挂机结束通话，也可以“拨外线”“拨空闲座席”和“转自动”。（3 分）

A. 通话状态下　　B. 呼出状态下　　C. 空闲状态下　　D. 后处理状态下

考核知识点：基础知识

难易度：难

标准答案：A

Jb0707573030 国家电网有限公司数字化工作部是公司信息通信客服工作（ ）部门。（3 分）

A. 接口管理　　B. 归口管理　　C. 出口管理　　D. 对口管理

考核知识点：基础知识

难易度：难

标准答案：B

Jb0707573031　工单监控由（　　）负责，对信息通信一线客服座席及二线运维人员开展日常质检工作。（3分）

A. 客服主管　　B. 二线运维人员　　C. 一线客服座席　　D. 质检专员

考核知识点：基础知识

难易度：难

标准答案：D

Jb0707573032　省公司级单位信息通信客服服务目录经本单位数字化专业职能管理部门（　　）执行，同时向国家电网有限公司数字化工作部报备。（3分）

A. 了解后　　B. 审批后　　C. 审阅后　　D. 认可后

考核知识点：基础知识

难易度：难

标准答案：B

Jb0707573033　省公司级信息通信系统运行维护单位（部门）是本单位信息通信客服工作的具体执行机构，其主要职责不包括（　　）。（3分）

A. 负责落实公司信息通信系统客户服务相关规定

B. 负责本单位信息通信客服日常管理

C. 负责本单位信息通信客服人员培训、服务分析等工作

D. 负责设立本单位信息通信客服投诉电话，监督信息通信客服投诉事件的处理过程，建立闭环管理机制

考核知识点：基础知识

难易度：难

标准答案：D

Jb0707573034　终端运维人员在处理故障请求时，应详细记录故障的处理过程，并将操作步骤填写在（　　）结果中。（3分）

A. 问题处理清单　　B. 故障处理清单　　C. 咨询工单处理　　D. 事件工单处理

考核知识点：技能知识

难易度：难

标准答案：D

Jb0707573035　信息通信客服人员要及时跟踪事件处理过程，督促处理人员务必在处理时限内解决事件，并（　　）。（3分）

A. 协调处理　　B. 及时反馈用户

C. 及时反馈班组长　　D. 及时反馈客服处负责人

考核知识点：技能知识

难易度：难

标准答案：B

Jb0707573036　信息通信客服人员通话过程应全程录音，电话录音资料至少保留（　　）。（3分）

A. 一个月　　B. 三个月　　C. 六个月　　D. 十二个月

考核知识点：技能知识

难易度：难

标准答案：B

Jb0707573037　以下不属于 ABAP 数据字典的基本对象的是（　　）。（3分）

A. TABLES　　B. FIELDS

C. DATA ELEMENTS　　D. DOMAINS

考核知识点：技能知识

难易度：难

标准答案：B

Jb0707573038　声明的字段类型 T 具有（　　）内部表示。（3分）

A. SSMMHH　　B. HHMMSS　　C. MMHHSS　　D. HHSSMM

考核知识点：技能知识

难易度：难

标准答案：B

Jb0707573039　关于 HASHED 表的说法，不正确的是（　　）。（3分）

A. 它的关键字必须唯一

B. 仅可访问其关键字

C. 用于访问行的相应时间决定于表中的条目数

D. 声明使用 HASHED 表内类型

考核知识点：技能知识

难易度：难

标准答案：C

Jb0707573040　SAP 系统中，“设备主数据”存放在表（　　）中。（3分）

A. EQUI　　B. V_EQUI　　C. EQUZ　　D. EQKT

考核知识点：技能知识

难易度：难

标准答案：A

Jb0707573041　要设定一个 SAP 锁定，必须创建一个锁定对象（LOCK OBJECT），锁对象在（　　）创建。（3分）

A. SE80　　B. SE11　　C. SE43　　D. SM30

考核知识点：技能知识

难易度：难

标准答案：B

Jb0707573042 要删除内表中相邻重复行，下面（ ）条件是必须的。（3分）

A. 定义内表结构时，对比字段必须按照特定的顺序定义

B. 必须为该内表设置关键字

C. 必须检查对比字段是否为初始值

D. 必须对对比字段进行排序

考核知识点：技能知识

难易度：难

标准答案：D

Jb0707573043 在SQL语句中，下面（ ）关键字不能在簇表中使用。（3分）

A. UPDATE　　B. MODIFY　　C. DELETE　　D. INSERT

考核知识点：技能知识

难易度：难

标准答案：B

Jb0707573044 （ ）关键字可以增加内表行项目并能累计数值。（3分）

A. INSERT　　B. APPEND　　C. COLLECT　　D. GROUP

考核知识点：技能知识

难易度：难

标准答案：C

Jb0707573045 SELECT FLD1 SUM（ FLD1 ） FROM TAB1 INTO…以上代码中是否有语法错误，若有解决方法是（ ）。（3分）

A. 没有错误

B. 有错误，删除SUM括号中的空格

C. 有错误，SUM（FLD1）移到FLD1之前

D. 有错误，SUM（FLD1）更改为SUM（DISTINCT FLD1）

考核知识点：技能知识

难易度：难

标准答案：D

Jb0707573046 （ ）内表类型只能通过KEY访问。（3分）

A. STANDARD TABLE　　B. SORTED TABLE

C. HASHED TABLE　　D. INDEX TABLE

考核知识点：技能知识

难易度：难

标准答案：C

Jb0707573047 查看SAP表格“技术设置”的事务码是（ ）。（3分）

A. SE16　　B. SE38　　C. SE13　　D. SE03

考核知识点：技能知识
难易度：难
标准答案：C

Jb0707573048　系统字段（　　）可以显示 SELECT 的记录条数。（3 分）
A. SY－SUBRC　　B. SY－TABIX　　C. SY－DBCNT　　D. SY－INDEX
考核知识点：技能知识
难易度：难
标准答案：C

Jb0707573049　事务码 SM04 用来查看（　　）。（3 分）
A. 显示当前用户登录情况　　B. 中央报警监视器
C. 显示磁盘空间使用情况　　D. 程序运行情况分析
考核知识点：技能知识
难易度：难
标准答案：A

判断题

Jb0707591050　国家电网有限公司数字化工作部是公司信息通信客服工作归口管理部门。（3 分）
A. 对　　B. 错
考核知识点：基础知识
难易度：易
标准答案：A

Jb0707591051　各单位客服负责人一定要有两个，这样就可以有问题一起讨论。（3 分）
A. 对　　B. 错
考核知识点：服务规范
难易度：易
标准答案：B

Jb0707591052　信通客服网站系统可以通过门户进行单点登录。（3 分）
A. 对　　B. 错
考核知识点：基础知识
难易度：易
标准答案：A

Jb0707591053　二线运维人员包括终端运维人员、业务运维人员、系统运维人员；负责解决三线客服座席无法处理的业务咨询受理问题。（3 分）
A. 对　　B. 错
考核知识点：基础知识
难易度：易
标准答案：B

Jb0707591054　各省（自治区、直辖市）电力公司及直属单位一线客服座席收到本单位二线运维人员的咨询处理结果后回访反馈用户，确认问题是否得到解决。若问题未得到解决，则一线客服座席再记录并向二线运维人员申告。（3 分）

A. 对　　B. 错

考核知识点：技能知识

难易度：易

标准答案：A

Jb0707591055　一线客服座席事件工单自二线处理完毕至归档，时长应小于 1h。（3 分）

A. 对　　B. 错

考核知识点：技能知识

难易度：易

标准答案：A

Jb0707591056　一线客服人员发布值班计划。（3 分）

A. 对　　B. 错

考核知识点：技能知识

难易度：易

标准答案：B

Jb0707592057　在保证安全的前提下，可以在办公区域制作保密移动存储介质。（3 分）

A. 对　　B. 错

考核知识点：基础知识

难易度：中

标准答案：B

Jb0707592058　信息通信客户服务规章制度监控根据一线客服座席是否发生违纪违规、相关资料归档是否齐全进行监控。（3 分）

A. 对　　B. 错

考核知识点：规章制度

难易度：中

标准答案：A

Jb0707592059　公司数字化建设实行“总体规划、强化整合、典型设计、试点先行”的工作方针。（3 分）

A. 对　　B. 错

考核知识点：规章制度

难易度：中

标准答案：A

Jb0707592060　国家电网有限公司信息通信分公司需负责设立信息通信客服总部投诉电话，监督信息通信客服投诉事件的处理过程，建立闭环管理机制。（3 分）

A. 对　　B. 错
考核知识点：规章制度
难易度：中
标准答案：A

Jb0707592061　作为规章制度的用语："全体同仁请假，原则上事先提交书面报告，否则视为无故旷工"，表述是错误的。（3分）
A. 对　　B. 错
考核知识点：规章制度
难易度：中
标准答案：A

Jb0707592062　作业人员对《国家电网公司电力安全工作规程（信息部分）》应每年考试一次。因故间断信息工作连续六个月以上者，应重新学习本规程后，方可恢复工作。（3分）
A. 对　　B. 错
考核知识点：规章制度
难易度：中
标准答案：B

Jb0707592063　申请单位申请的邮件域名为公司外网邮件系统的三级域名，命名规则必须符合公司统一域名规范。（3分）
A. 对　　B. 错
考核知识点：规章制度
难易度：中
标准答案：B

Jb0707592064　一线客服人员的要求是具有一定的语言表达能力和沟通协调能力、问题分析能力，对客服服务工作流程了解。（3分）
A. 对　　B. 错
考核知识点：技能知识
难易度：中
标准答案：A

Jb0707592065　座席人员在电话铃响三声内要接听电话，并尽可能地缩短客户等候时间。（3分）
A. 对　　B. 错
考核知识点：技能知识
难易度：中
标准答案：A

Jb0707592066　信息通信客服人员要规范填写工单，能记录下事件受理信息即可，主要包括故障现象、联系人、联系方式。（3分）
A. 对　　B. 错

考核知识点：技能知识
难易度：中
标准答案：B

Jb0707592067　桌面终端安全域要采取安全准入管理、访问控制、入侵监测、病毒防护、恶意代码过滤、补丁管理、事件审计、桌面资产管理、保密检测、数据保护与监控等措施进行安全防护。（3分）

A. 对　　B. 错

考核知识点：基础知识
难易度：中
标准答案：A

Jb0707592068　在计算机网络中，协议就是为实现网络中的数据交换而建立的规则标准或约定。协议的三要素为语法、交换方式和交换规则。（3分）

A. 对　　B. 错

考核知识点：基础知识
难易度：中
标准答案：B

Jb0707592069　专门负责受理重点用户及特殊用户故障申报请求的客服座席人员，职责同一线客服座席。（3分）

A. 对　　B. 错

考核知识点：基础知识
难易度：中
标准答案：A

Jb0707592070　VIP 客户来电，在座席未接听之前，可以看到系统左侧有 VIP 专用图标闪烁，且旁边有来电号码的显示，且自动查询来电号码对应的联系人信息、历史工单信息。（3分）

A. 对　　B. 错

考核知识点：基础知识
难易度：中
标准答案：A

Jb0707592071　因 ICS 故障，造成客服电话无法接入或工单无法派发，且持续时间 1h 以上的定义为一般突发事件。（3分）

A. 对　　B. 错

考核知识点：基础知识
难易度：中
标准答案：A

Jb0707592072　电话接听中要做到“态度诚恳、语言亲切、服务细致”。（3分）

A. 对　　B. 错

考核知识点：服务规范

难易度：中

标准答案：A

Jb0707592073　座席人员应使用标准普通话，通话中适时使用“您好、请、谢谢、打扰了、劳驾、麻烦、再见”等礼貌用语。(3分)

A. 对　　B. 错

考核知识点：服务规范

难易度：中

标准答案：A

Jb0707591074　当用户打错电话时，应说“那边和我们不是一回事，我们管不了”。(3分)

A. 对　　B. 错

考核知识点：服务规范

难易度：易

标准答案：B

Jb0707591075　如受到用户批评时，应说：“您提的意见我们一定慎重考虑，欢迎多提宝贵意见。”(3分)

A. 对　　B. 错

考核知识点：服务规范

难易度：易

标准答案：A

Jb0707593076　统计分析工作内容为：定期对用户咨询、投诉、建议等影响信息通信客服工作的相关数据进行统计和分析。(3分)

A. 对　　B. 错

考核知识点：基础知识

难易度：难

标准答案：A

Jb0707591077　可以在信息内网办公计算机上处理、存储国家秘密信息。(3分)

A. 对　　B. 错

考核知识点：基础知识

难易度：易

标准答案：B

Jb0707593078　一线客服座席负责受理对服务质量问题（服务态度、业务能力及处理结果）的投诉或建议的提报。(3分)

A. 对　　B. 错

考核知识点：技能知识

难易度：难

标准答案：A

Jb0707593079　客户有投诉意愿，且客户描述问题属于投诉分类细则所列投诉项的，派发投诉工单。（3分）

A. 对　　　　B. 错

考核知识点：技能知识

难易度：难

标准答案：A

简　答　题

Jb0707531080　客户服务可以通过哪些方式进行沟通？至少写出两点。（10分）

考核知识点：服务规范

难易度：易

标准答案：

可通过交流、表达、询问、倾听方式解决问题。

Jb0707531081　接听电话的要求有哪些？（10分）

考核知识点：服务规范

难易度：易

标准答案：

（1）认真做好记录，确认对方单位与姓名。

（2）通话结束时，应说声“再见”，并等对方挂断后再挂机。

（3）接电话时不使用“喂……”回答。

Jb0707531082　信息通信客服常用的业务系统有哪些？（10分）

考核知识点：基础知识

难易度：易

标准答案：

信息通信客服常用的业务系统有I6000、ICS。

Jb0707531083　客服作为公司的统一对外窗口，担负着公司的哪些重要职责？（10分）

考核知识点：基础知识

难易度：易

标准答案：

客服作为公司的统一对外窗口，担负着公司的客户信息采集，客户需求分析，客户价值分级，客户需求满足，客户服务，信息发布，市场调研，主动服务和社会形象展示。

Jb0707531084　座席处于哪些状态时，如需要向外拨打电话时可使用“拨外线”？（10分）

考核知识点：基础知识

难易度：易

标准答案：

座席处于等待、通话状态时，如需要向外拨打电话时可使用“拨外线”。

Jb0707531085　座席处于哪种状态时，需要座席之间通话或求助时可单击“拨空闲座席”？此功能仅限于已经登录成功的座席之间进行通话。（10分）

考核知识点：基础知识

难易度：易

标准答案：

座席处于等待、通话。此状态时，需要座席之间通话或求助时可单击“拨空闲座席”功能仅限于已经登陆成功的座席之间进行通话。

Jb0707531086　用户在“服务请求”菜单下单击“桌面终端”，用户输入信息框中可选择的分类有哪些？至少写出两点。（10分）

考核知识点：服务规范

难易度：易

标准答案：

用户在“服务请求”菜单下单击“桌面终端”，用户输入信息框中可选择的分类有终端、网络、电话。

Jb0707531087　在“服务请求”菜单下单击“桌面终端”，用户输入信息框中必填项有哪些？至少写出两点。（10分）

考核知识点：服务规范

难易度：易

标准答案：

在“服务请求”菜单下单击“桌面终端”，用户输入信息框中必填项有手机号码、服务请求标题、问题描述。

Jb0707531088　用户在信通客服网站系统“知识库”菜单下单击知识后可看到的信息包括哪些？至少写出两点。（10分）

考核知识点：业务知识

难易度：易

标准答案：

用户在信通客服网站系统“知识库”菜单下单击知识后可看到的信息包括入库时间、评价次数、只是目录、关键词。

Jb0707531089　请简述国家电网有限公司信息安全“三不发生”。（10分）

考核知识点：规章制度

难易度：易

标准答案：

（1）确保不发生大面积信息系统故障停运事故。

（2）确保不发生恶性信息泄密事故。

（3）确保不发生信息外网网站被恶意篡改事故。

Jb0707531090　使用档案管理系统填写归档信息中都有哪些信息？（10分）

考核知识点：业务知识

难易度：易

标准答案：

使用档案管理系统填写归档信息中都有归档部门、保管期限、总页数、类目名称。

Jb0707531091　信通客服网站系统使用人员主要包括哪些人员？（10分）

考核知识点：业务知识

难易度：易

标准答案：

信通客服网站系统使用人员主要包括普通用户、座席人员、内容维护员、信息职能化管理员、业务人员。

Jb0707531092　信通客服网站系统“服务支持”菜单下主要包括哪些内容？（10分）

考核知识点：业务知识

难易度：易

标准答案：

信通客服网站系统“服务支持”菜单下主要包括服务指南、资源下载。

Jb0707531093　请简述群体发展成为团队需要经历的阶段。（10分）

考核知识点：技能知识

难易度：易

标准答案：

群体发展成为团队需要经历的阶段为伪团队、潜在团队、真正团队、优秀团队。

Jb0707531094　团队的规范特征体现在哪些方面？（10分）

考核知识点：服务规范

难易度：易

标准答案：

团队的规范特征体现在规范科学、认同有效、约束有力、习惯养成。

Jb0707531095　请简述信息通信客服工作检查考核的内容。（10分）

考核知识点：业务知识

难易度：易

标准答案：

信息通信客服工作检查考核的内容为信息通信客服工作规范性、工作量、工作质量、工作成效。

Jb0707531096　客户调查内容有哪些？（10分）

考核知识点：服务规范

难易度：易

标准答案：

客户调查内容有服务态度、语言规范、业务能力。

Jb0707531097　咨询受理工作内容有哪些？（10分）

考核知识点：业务知识

难易度：易

标准答案：

（1）受理用户咨询请求。

（2）确定咨询请求类型。

（3）判断是否需要查询知识库解决。

Jb0707531098　请简述外网邮件用户的密码要求。至少写出两点。（10 分）

考核知识点：业务知识

难易度：易

标准答案：

（1）首次登录外网邮件系统后应立即更改初始密码。

（2）密码长度不得小于八位。

（3）密码必须包含字母、数字、符号。

Jb0707531099　请简述沟通的要素。（10 分）

考核知识点：服务规范

难易度：易

标准答案：

（1）明确的目标。

（2）共同的协议。

（3）沟通的内容。

Jb0707531100　请简述书面沟通的原则。（10 分）

考核知识点：服务规范

难易度：易

标准答案：

（1）思维清晰。

（2）写作目的明确。

（3）全面了解主题。

（4）进行换位思考。

Jb0707531101　186 客服呼出电话包括哪些情况？（10 分）

考核知识点：业务知识

难易度：易

标准答案：

186 客服呼出电话包括的情况有电话回访、主动服务。

Jb0707531102　按行文关系划分，公文分为哪三种？（10 分）

考核知识点：业务知识

难易度：易

标准答案：

按行文关系划分，公文分为上行文、平行文、下行文三种。

Jb0707531103　VIP 用户来电，在座席未接听之前，可以看到系统左侧有 VIP 专用图标闪烁，且旁边有来电号码的显示，且自动查询来电号码对应的哪些信息？至少写出两点。（10 分）

考核知识点：基础知识

难易度：易

标准答案：

VIP 用户来电，在座席未接听之前，可以看到系统左侧有 VIP 专用图标闪烁，且旁边有来电号码的显示，且自动查询来电号码对应的联系人信息、历史工单信息。

Jb0707531104　历史工单查询可通过哪些信息进行检索查询？至少写出两点。（10 分）

考核知识点：基础知识

难易度：易

标准答案：

历史工单查询可通过申请编号、申请单位、联系人、工单处理时间、流程名称进行检索查询。

Jb0707531105　双方通电话，应由谁挂断电话？（10 分）

考核知识点：服务规范

难易度：易

标准答案：

双方通电话，应由主叫先挂电话、尊者先挂电话。

Jb0707531106　作为一名优秀的客服人员，需要培养良好的通话习惯，通话习惯正确的有哪些？至少写出两点。（10 分）

考核知识点：服务规范

难易度：易

标准答案：

（1）微笑着说话。

（2）尽量缩短“请稍后”的时间。

（3）等对方挂断后再挂断电话。

Jb0707531107　电话客服的基本礼仪有哪些？至少写出两点。（10 分）

考核知识点：服务规范

难易度：易

标准答案：

（1）接电话铃声不过三原则。

（2）简单扼要的通话。

（3）规范的问候语。

（4）认真清楚地记录。

Jb0707531108　客服接听用户电话时应当有哪些要求？至少写出两点。（10 分）

考核知识点：服务规范

难易度： 易

标准答案：

客服接听用户电话时应当有态度诚恳、语言亲切、服务细致。

Jb0707531109　沟通的三要素是指哪些？（10分）

考核知识点： 服务规范

难易度： 易

标准答案：

沟通的三要素是指文字、语调、肢体动作。

Jb0707531110　沟通信息分为哪几种？至少写出两点。（10分）

考核知识点： 服务规范

难易度： 易

标准答案：

沟通信息分为语言信息和非语言信息。

Jb0707532111　纳入一体化客服资源申请对象有哪些？（10分）

考核知识点： 业务知识

难易度： 中

标准答案：

纳入一体化客服资源申请对象有一级部署系统、二级部署系统、终端及外设、通信业务。

Jb0707532112　服务人员心理压力产生的原因有哪些？至少写出两点。（10分）

考核知识点： 管理知识

难易度： 中

标准答案：

服务人员心理压力产生的原因有客户因素、市场因素、公司因素、个人因素。

Jb0707532113　非语言沟通有哪些？至少写出两点。（10分）

考核知识点： 服务规范

难易度： 中

标准答案：

非语言沟通有身体语言沟通；副语言沟通；物体的操纵。

Jb0707532114　在通话过程中，用户电话杂音大影响判断时，客服座席应当怎样做？至少写出两点。（10分）

考核知识点： 服务规范

难易度： 中

标准答案：

（1）“很抱歉，您的电话干扰太大，请您调整一下好吗？”

（2）“对不起，由于干扰太大，我无法准确地为您服务，能否请您换一部电话（换个地方）？”

（3）如遇用户坚持不挂机，需要话务员继续耐心服务。

Jb0707532115　当用户发脾气时，客户服务人员应当怎样做？至少写出两点。（10分）

考核知识点：服务规范

难易度：中

标准答案：

（1）态度要冷静、温和、真诚。

（2）属于自身或公司工作失误，服务人员要立即向用户赔礼道歉。

（3）感觉受委屈时，要冷静处理，不能感情用事。

（4）不能顶撞和训斥用户，更不能与用户发生争执。

Jb0707532116　信息系统事件调查事故应查明的情况有哪些？（10分）

考核知识点：规章制度

难易度：中

标准答案：

（1）查明事件发生前系统的运行情况。

（2）查明事件发生经过、扩大及处理情况。

（3）调查系统和设备资料（包括订货合同、维护记录等）情况以及规划、设计、建设、实施、运维等方面存在的问题。

（4）查明事件造成的损失，包括影响时间、影响范围、影响严重程度等。

Jb0707532117　信息通信客服主要工作内容有哪些？至少写出两点。（10分）

考核知识点：技能知识

难易度：中

标准答案：

（1）服务请求受理。

（2）故障受理。

（3）信息发布。

（4）投诉受理。

Jb0707532118　信息通信客服7×24h受理哪些业务？至少写出两点。（10分）

考核知识点：技能知识

难易度：中

标准答案：

信息通信客服7×24h受理业务咨询、故障报修、服务投诉。

Jb0707532119　在处理用户问题时，哪些语言是禁忌的？至少写出两点。（10分）

考核知识点：服务规范

难易度：中

标准答案：

（1）不可能，绝对不会有这种事情。

（2）我绝没有说过那种话。

（3）这是我们公司的规定。

（4）我不大清楚。

Jb0707532120　客户回访内容及结果要如实记录，回访时要避免哪些情况？至少写出两点。（10分）

考核知识点：技能知识

难易度：中

标准答案：

（1）带有误导倾向。

（2）引导用户做出非主观判断。

Jb0707532121 信息通信客服工作分析会，包括对哪些内容进行分析总结，稳步提升服务水平？至少写出两点。（10分）

考核知识点：技能知识

难易度：中

标准答案：

信息通信客服工作分析会，包括对话务量、投诉、服务质量、用户建议进行分析总结，稳步提升服务水平。

Jb0707532122　一线客服座席提供多长时间受理故障申报受理服务，重大系统故障及时处理，其他故障提供多长时间处理？至少写出两点。（10分）

考核知识点：技能知识

难易度：中

标准答案：

（1）7×24h。

（2）5×9h。

Jb0707532123　声音是具有感染力的，属于声音感染力的要素有哪些？至少写出两点。（10分）

考核知识点：服务规范

难易度：中

标准答案：

（1）微笑，积极，自信。

（2）音量，音调，发音。

（3）语气，语速，节奏。

Jb0707532124　正确运用身体语言的原则有哪些？（10分）

考核知识点：服务规范

难易度：中

标准答案：

正确运用身体语言的原则有自信、专业、适度、稳重。

Jb0707532125　按照电话礼仪的要求，员工在与用户通电话时，哪些声音是应当避免的？至少写出两点。（10分）

考核知识点：服务规范

难易度：中

标准答案：
（1）哗哗地翻纸。
（2）吃东西。
（3）回答身边同事的问题。

Jb0707532126 接听电话的正确做法有哪些？至少写出两点。（10分）
考核知识点：服务规范
难易度：中
标准答案：
（1）认真做好记录，确认对方单位与姓名。
（2）通话结束时，应说声“再见”，并等对方挂断后再挂机。
（3）接电话时不使用“喂”回答。

Jb0707532127 座席人员与用户沟通时，应使用普通话及规范化文明用语，切忌哪些情况出现？至少写出两点。（10分）
考核知识点：服务规范
难易度：中
标准答案：
（1）语速过快。
（2）音量过大或喊叫。
（3）使用蔑视语、烦躁语。
（4）使用否定用语。

Jb0707533128 为强化客服工作现场管理，应创建怎样的工作环境？至少写出两点。（10分）
考核知识点：规章制度
难易度：难
标准答案：
为强化客服工作现场管理，应创建安静、有序、规范、整洁的工作环境。

Jb0707533129 对客服考评管理遵循怎样的原则？（10分）
考核知识点：规章制度
难易度：难
标准答案：
对客服考评管理遵循公开、公平、公正的原则。

Jb0707533130 公司总部各业务部门需参与公司信息通信客服管理工作的哪些？至少写出两点。（10分）
考核知识点：规章制度
难易度：难
标准答案：
公司总部各业务部门需参与公司信息通信客服管理工作的监督、检查；满意度调查；评价和考核。

Jb0707533131　186 客服一线人员若接听了需要二线人员处理的业务，需如何处理？（10 分）

考核知识点：服务规范

难易度：难

标准答案：

一线人员接听用户来电后，如需二线人员处理解决，则需要填写事件工单，派发给相应部门。二线人员处理后在 I6000 系统中回复处理结果，一线人员再将工单回访、关闭。

Jb0707533132　186 座席在接听完用户来电后需要创建哪几种类型的工单？对工单的填写、派发有哪些要求？（10 分）

考核知识点：服务规范

难易度：难

标准答案：

座席接听完用户来电后需要创建咨询工单或事件工单。所有工单均需按要求填写用户姓名（不可以用部门代替）、联系电话、所属单位、所属部门、房间号等信息，信息不能为“无”或者“空”。工单标题简明扼要，工单描述尽可能详实。咨询工单从接听、派发到回访关闭不能超过 1h。事件工单从接听到派发不能超过 1h，回访关闭不能超过 24h。

Jb0707533133　一级部署一级运维、二级部署、自建系统、桌面终端出现故障时申报流程是什么？（10 分）

考核知识点：服务规范

难易度：难

标准答案：

一线客服座席受理用户故障申报，进行故障初步判断，桌面终端故障直接派修至桌面终端运维人员。不属于桌面终端故障申报，报至业务运维人员进行故障确认。业务运维人员经分析确认为故障后，一般系统故障反馈客服座席，由客服直接派单至业务运维人员进行故障处理；重大系统故障反馈客服同时上报信息通信调度，由信息通信调度派修。信息通信调度将重大系统故障处理派修至系统运维人员。业务、系统运维人员收到信息通信调度派修后，进行故障处理，并将处理结果反馈信息通信调度。信息通信调度确认故障处理情况并通知一线客服座席，由一线客服座席回访答复用户。业务、系统运维人员无法解决的故障联系总部三线技术支持协助处理。

Jb0707533134　如何在呼叫系统中查询座席通话详单？至少写出三点。（10 分）

考核知识点：业务知识

难易度：难

标准答案：

在主界面单击【话务信息】后单击【通话详单】，在通话详单信息查询页面输入查询条件，查询条件包括：

（1）座席工作组：按照不同的工作组查询话务信息。

座席：按照不同座席查询话务信息；呼叫方向：呼入或者呼出电话。

（3）通话开始时间：查询来电的时间段开始时间，默认时间是查询当日的即时时间。

（4）通话结束时间：查询来电的时间段结束时间，默认时间是查询当日的即时时间。

（5）主叫号码：拨打电话的话机号码。

（6）被叫号码：接听电话的话机号码。

（7）IP 电话：按照接听来电或者拨打电话的 IP 话机查询话务信息。

Jb0707533135　请描述 ICS 系统如何添加可信任站点。（10 分）

考核知识点：业务知识

难易度：难

标准答案：

单击 IE 浏览器选择【INTERNET】—【安全】—【可信站点】，添加【信息通信客户服务系统】的站点地址：http：//10.4.32.202/203/204，并设置自定义级别相关设置均为“启用”，除【使用弹出窗口阻止程序】设为“禁用”，并设置成功。

Jb0707533136　国家电网有限公司信息通信分公司为公司外网邮件系统运行维护单位，其职责有哪些？（10 分）

考核知识点：业务知识

难易度：难

标准答案：

（1）负责公司外网邮件系统的统一运行、维护和检修工作。
（2）负责公司外网邮件系统的统一安全管理、内容安全审计及安全运行检查分析工作。
（3）负责公司外网邮件系统的应用分析工作。
（4）负责公司总部外网邮件系统的用户注册、变更、注销和日常管理工作。
（5）负责公司总部外网邮件系统应用的培训和技术支持工作。
（6）负责公司外网邮件系统各单位用户域的注册、变更审批和日常管理工作。

第二章 信息通信客户服务代表初级工技能操作

Jc0707562001 客户信息维护。(100分)

考核知识点：规章制度

难易度：中

技能等级评价专业技能考核操作工作任务书

一、任务名称

客户信息维护。

二、适用工种

信息通信客户服务代表初级工。

三、具体任务

请针对具体联系人的增加、导入、修改、查看、删除、更换部门等维护操作以及对联系人分组目录结构的增加、修改和删除。

四、工作规范及要求

事件工单流转。

五、考核及时间要求

(1)本考核操作时间为15分钟，时间到停止考评，包括报告整理时间。

(2)问题查找和排除过程中，如确实不能查找出问题，可向考评员申请排除问题，该项问题项目不得分，但不影响其他项目。

技能等级评价专业技能考核操作评分标准

工种	信息通信客户服务代表					评价等级	初级工
项目模块	规章制度—客户信息维护				编号	Jc0707562001	
单位			准考证号			姓名	
考试时限	15分钟	题型		单项操作		题分	100分
成绩		考评员		考评组长		日期	
试题正文	客户信息维护						
需要说明的问题和要求	要求单人操作完成						

序号	项目名称	质量要求	满分	扣分标准	扣分原因	得分
1	联系人分组目录增加下级	(1)在联系人分组目录中需要增加下级的节点上单击鼠标右键。 (2)单击右键菜单的“新增单位”。 (3)单击右键菜单的“新增部门”	20	未完成扣20分		
2	联系人分组目录修改	(1)在联系人分组目录中需要修改的目录节点上单击鼠标右键。 (2)单击右键菜单的“修改”。 (3)在“修改分组”界面对分组名称进行修改，然后单击“保存”，返回上级界面	20	未完成扣20分		

续表

序号	项目名称	质量要求	满分	扣分标准	扣分原因	得分
3	联系人分组目录删除	（1）在联系人分组目录中需要删除的目录节点上单击鼠标右键。 （2）选择右键菜单中的“删除”。 （3）在删除提示框中单击“确定”按钮，删除选中的目录节点；单击“取消”按钮，取消删除	20	未完成扣 20 分		
4	新增	（1）在“联系人维护”界面单击“新增”。 （2）在“新增联系人”界面输入联系人相应信息。 （3）单击“保存”返回，完成联系人新增；单击“返回”取消联系人新增	20	未完成扣 20 分		
5	修改	（1）在“联系人维护”界面，选择一条需要修改的联系人记录。 （2）在“联系人修改”界面修改联系人相应信息。 （3）单击“提交”返回，完成联系人信息修改	20	未完成扣 20 分		
合计			100			

Jc0707562002　软硬件信息操作。(100 分)

考核知识点：规章制度

难易度：中

技能等级评价专业技能考核操作工作任务书

一、任务名称

软硬件信息操作。

二、适用工种

信息通信客户服务代表初级工。

三、具体任务

请针对联系人的软硬件信息进行增加、修改、删除、查看等操作。

四、工作规范及要求

事件工单流转。

五、考核及时间要求

（1）本考核操作时间为 15 分钟，时间到停止考评，包括报告整理时间。

（2）问题查找和排除过程中，如确实不能查找出问题，可向考评员申请排除问题，该项问题项目不得分，但不影响其他项目。

技能等级评价专业技能考核操作评分标准

工种	信息通信客户服务代表					评价等级	初级工
项目模块	规章制度—软硬件信息				编号	Jc0707562002	
单位		准考证号				姓名	
考试时限	15 分钟	题型	单项操作			题分	100 分
成绩		考评员		考评组长		日期	
试题正文	软硬件信息操作						
需要说明的问题和要求	要求单人操作完成						

续表

序号	项目名称	质量要求	满分	扣分标准	扣分原因	得分
1	新增	（1）在“软硬件信息”界面，单击“新增”弹出“新增软硬件信息”界面。 （2）在“新增软硬件信息”界面，选择联系人，输入相关信息。 （3）单击“保存”返回，完成新增软硬件信息操作（单击“返回”放弃新增软硬件信息操作）	25	未完成扣 25 分		
2	修改	（1）在“软硬件信息”界面，选择一条待修改软硬件信息的联系人记录，单击“修改”弹出“修改软硬件信息”界面。 （2）在“修改软硬件信息”界面，输入修改后的联系人软硬件信息。 （3）单击“保存”返回，完成软硬件信息修改（单击“返回”放弃软硬件信息修改）	25	未完成扣 25 分		
3	明细	（1）在“软硬件信息”界面，单击选择一条待查看软硬件详细信息的联系人记录，单击“明细”弹出“软硬件信息”界面。 （2）在弹出的“软硬件信息”界面，可以查看该联系人软硬件的详细信息。 （3）单击“返回”回到主菜单下的“软硬件信息”界面	25	未完成扣 25 分		
4	删除	（1）在“软硬件信息”界面，选择要删除的联系人软硬件信息记录（可以多选），单击“删除”弹出删除确定提示信息。 （2）单击“确定”完成所选记录的删除操作（单击“取消”放弃所选记录的删除操作）	25	未完成扣 25 分		
合计			100			

Jc0707562003　电话转接设置。（100 分）

考核知识点：规章制度

难易度：中

技能等级评价专业技能考核操作工作任务书

一、任务名称

电话转接设置。

二、适用工种

信息通信客户服务代表初级工。

三、具体任务

针对用于呼叫中心工作时间和非工作时间客户来电转接号码设置的功能项，按照功能组为单位进行电话转接设置的。

四、工作规范及要求

事件工单流转。

五、考核及时间要求

（1）本考核操作时间为 15 分钟，时间到停止考评，包括报告整理时间。

（2）问题查找和排除过程中，如确实不能查找出问题，可向考评员申请排除问题，该项问题项目不得分，但不影响其他项目。

技能等级评价专业技能考核操作评分标准

工种	信息通信客户服务代表			评价等级	初级工
项目模块	规章制度—电话转接		编号	Jc0707562003	
单位		准考证号		姓名	
考试时限	15 分钟	题型	单项操作	题分	100 分
成绩		考评员		考评组长		日期	
试题正文	电话转接设置				
需要说明的问题和要求	要求单人操作完成				

序号	项目名称	质量要求	满分	扣分标准	扣分原因	得分
1	进入方式	在主菜单中单击打开【话务平台】，在【话务平台】下单击【电话转接】功能项，进入电话转接页面	20	未完成扣 20 分		
2	转换	（1）在“电话转接”界面，勾选一条需要变更当前转接方向的记录。 （2）单击【转换】按钮，如果当前是转电话方向，则在单击【转换】按钮之后，变更为转座席方向；反之亦然。 （3）单击“保存”返回，完成软硬件信息修改（单击“返回”放弃软硬件信息修改）	20	未完成扣 20 分		
3	新增	（1）在“电话转接”界面单击【增加】按钮，进入“电话转接增加”界面。 （2）在“电话转接增加”界面选择座席工作组、座席、物理分机号、转接方向，输入接手机号码。 （3）单击【保存】按钮，将配置确定，并退回“电话转接”界面	20	未完成扣 20 分		
4	修改	（1）在“电话转接”界面，选择一条需要修改的记录。 （2）单击“电话转接”界面的【修改】按钮，进入“电话转接修改”界面。 （3）将需要修改的手机号码修改后，单击【保存】按钮，退回到“电话转接”界面。 （4）如果不需要修改，则直接单击“返回”按钮，返回到“电话转接”界面	20	未完成扣 20 分		
5	删除	（1）选择需要删除的一条或者多条记录。 （2）单击“电话转接”界面的“删除”按钮，系统给出删除提醒框。 （3）在删除提醒框中单击“确定”按钮，确认删除记录。 （4）在删除提醒框中单击“取消”按钮，取消删除记录操作	20	未完成扣 20 分		
合计			100			

Jc0707562004 班次设置与维护。（100 分）

考核知识点：规章制度

难易度：中

技能等级评价专业技能考核操作工作任务书

一、任务名称

班次设置与维护。

二、适用工种

信息通信客户服务代表初级工。

三、具体任务

针对呼叫中心内部对座席人员上班的班次进行设置与维护的功能。

（1）进入方式。

（2）排班班次录入。

（3）修改排班班次。

（4）查看排班班次明细。

（5）删除排班班次。

四、工作规范及要求

掌握办公系统的基本操作。

五、考核及时间要求

（1）本考核操作时间为15分钟，时间到停止考评，包括报告整理时间。

（2）问题查找和排除过程中，如确实不能查找出问题，可向考评员申请排除问题，该项问题项目不得分，但不影响其他项目。

技能等级评价专业技能考核操作评分标准

<table>
<tr><td>工种</td><td colspan="5">信息通信客户服务代表</td><td>评价等级</td><td>初级工</td></tr>
<tr><td>项目模块</td><td colspan="4">规章制度—班次设置</td><td>编号</td><td colspan="2">Jc0707562004</td></tr>
<tr><td>单位</td><td colspan="2"></td><td>准考证号</td><td colspan="2"></td><td>姓名</td><td></td></tr>
<tr><td>考试时限</td><td colspan="2">15分钟</td><td>题型</td><td colspan="2">单项操作</td><td>题分</td><td>100分</td></tr>
<tr><td>成绩</td><td></td><td>考评员</td><td></td><td>考评组长</td><td></td><td>日期</td><td></td></tr>
<tr><td>试题正文</td><td colspan="7">班次设置与维护</td></tr>
<tr><td>需要说明的问题和要求</td><td colspan="7">要求单人操作完成</td></tr>
</table>

序号	项目名称	质量要求	满分	扣分标准	扣分原因	得分
1	进入方式	在主菜单中单击【座席管理】模块，在【座席管理】模块展开的菜单中单击【排班】，在【排班】展开的菜单中单击【班次设置】，进班次查询管理界面	20	未完成扣20分		
2	排班班次录入	（1）在“班次查询管理”界面单击“新增”按钮，弹出“排班班次录入”界面。 （2）根据页面内容将班次内容填写完整，并单击“保存”按钮；则排班班次录入成功，返回“班次查询管理”界面	20	未完成扣20分		
3	修改排班班次	（1）在“班次查询管理”界面选中需要查看的班次信息，单击“明细”按钮，弹出“排班班次明细”界面。 （2）按规则修改班次信息内容，单击“保存”按钮，则修改排班班次信息成功，返回“班次查询管理”界面	20	未完成扣20分		

续表

序号	项目名称	质量要求	满分	扣分标准	扣分原因	得分
4	查看排班班次明细	在“班次查询管理”界面选中需要查看的班次信息，单击“明细”按钮，弹出“排班班次明细”界面	20	未完成扣 20 分		
5	删除排班班次	（1）在“班次查询管理”界面选中需要删除的班次信息，单击“删除”按钮，弹出“确认删除”界面。 （2）单击“确定”确认删除，则排班班次删除成功，返回“班次查询管理”界面	20	未完成扣 20 分		
合计			100			

第二部分

信息通信客户服务代表中级工

第三章　信息通信客户服务代表中级工技能笔答

单　选　题

Jb0707471001　以下属于服务禁语的包括（　　）。（3分）

A.“你不明白。”　　B.“我们的规定是……”

C.“为什么？”　　D. 以上都是

考核知识点：服务规范

难易度：易

标准答案：D

Jb0707471002　有效的沟通常被错误地理解为沟通双方达成协议，实际上应该是（　　）。（3分）

A. 准确理解信息的意义　　B. 完成订单

C. 一方同意另一方的要求　　D. 接收命令

考核知识点：服务规范

难易度：易

标准答案：A

Jb0707471003　说话人遣词造句不可模棱两可，避免使用似是而非的语言，这属于口头沟通中的（　　）。（3分）

A. 主题明确　　B. 语言简洁生动

C. 充分准备　　D. 谨慎和留有余地

考核知识点：服务规范

难易度：易

标准答案：B

Jb0707471004　下列（　　）项不需要信息通信客服人员进行公告。（3分）

A. 计划抢修　　B. 紧急抢修　　C. 紧急事件　　D. 计算机更换

考核知识点：业务知识

难易度：易

标准答案：D

Jb0707471005　国家电网有限公司内网邮箱使用中，不属于读邮件界面功能操作栏“更多操作”按钮下的是（　　）。（3分）

A. 打印　　B. 查看原文　　C. 转发　　D. 下载原文

考核知识点：业务知识

难易度：易

标准答案：C

Jb0707471006　系统管理员口令修改间隔不得超过（　　）个月。（3 分）

A. 1　　B. 2　　C. 3　　D. 6

考核知识点：业务知识

难易度：易

标准答案：C

Jb0707471007　信息通信客服要通过信息运维呼叫中心系统，（　　）受理服务请求。（3 分）

A. 随时　　B. 及时　　C. 同步　　D. 统一

考核知识点：业务知识

难易度：易

标准答案：D

Jb0707471008　ICS 系统工单【提交】的前提是先保存工单，而且必须有（　　），单击提交后流程开始。（3 分）

A. 指派人　　B. 解决方案　　C. 办公电话　　D. 系统号码

考核知识点：业务知识

难易度：易

标准答案：A

Jb0707472009　定期更换口令，更换周期不超过（　　）月，重要系统口令更换周期不超过 3 个月，最近使用的 4 个口令不可重复。（3 分）

A. 6 个月　　B. 12 个月　　C. 3 个月　　D. 9 个月

考核知识点：规章制度

难易度：中

标准答案：A

Jb0707471010　试验和推广信息新技术，应制定相应的（　　），经本单位批准后执行。（3 分）

A. 安全措施　　B. 技术措施　　C. 组织措施　　D. 反事故措施

考核知识点：规章制度

难易度：易

标准答案：A

Jb0707472011　信息系统与权限平台的集成粒度不包括（　　）。（3 分）

A. 用户级　　B. 组织角色级　　C. 管理员级　　D. 权限对象级

考核知识点：业务知识

难易度：中

标准答案：C

Jb0707472012　同一停运范围内的信息系统检修工作，应由信息系统（　　）机构统一协调，共同开展检修工作。（3 分）

A. 检修　　B. 调度　　C. 业务　　D. 运维

考核知识点：规章制度

难易度：中

标准答案：B

Jb0707471013　作业人员应具备必要的信息专业知识，掌握信息专业工作技能，且按工作性质，熟悉《国家电网公司电力安全工作规程（信息部分）》的相关部分，并经（　　）。（3分）

A. 专业培训　　B. 考试合格　　C. 技能培训　　D. 现场实习

考核知识点：规章制度

难易度：易

标准答案：B

Jb0707472014　在信息系统上工作，授权应基于（　　）的原则。（3分）

A. 权限最小化和权限分离　　B. 最短时限和权限分离

C. 权限最小化和权限合并　　D. 避免冲突和权限合并

考核知识点：规章制度

难易度：中

标准答案：A

Jb0707471015　作业人员应被告知其作业现场和工作岗位存在的安全风险、安全注意事项、事故防范及（　　）。（3分）

A. 紧急救护措施　　B. 应急预案　　C. 紧急处理措施　　D. 逃生方法

考核知识点：规章制度

难易度：易

标准答案：C

Jb0707471016　任何人发现有违反《国家电网公司电力安全工作规程（信息部分）》的情况，应（　　），经纠正后方可恢复作业。（3分）

A. 批评教育　　B. 严肃指出　　C. 立即汇报　　D. 立即制止

考核知识点：规章制度

难易度：易

标准答案：D

Jb0707471017　国家电网有限公司数字化工作坚持“统一规划，（　　），统一建设、统一运维”的“四统一”原则。（3分）

A. 统一运作　　B. 统一管理　　C. 统一标准　　D. 统一设计

考核知识点：规章制度

难易度：易

标准答案：D

Jb0707471018　信息系统临时账号须一事一授权，须由账号使用人员所在单位（部门）（　）核实身份后方可进行创建或冻结操作。（3分）

A. 业务部门　　B. 上级管理部门　　C. 系统维护部门　　D. 人力资源管理部门

考核知识点：规章制度

难易度：易

标准答案：D

Jb0707471019　《国家电网公司办公计算机信息安全和保密管理规定》中桌面终端安全域不会采取的措施（　　）。（3分）

A. 安全准入管理、访问控制　　B. 入侵检测、病毒防护

C. 恶意代码过滤、补丁管理　　D. 事件管理、桌面资产审计

考核知识点：规章制度

难易度：易

标准答案：D

Jb0707471020　《国家电网公司安全事故调查规程》安全事故体系由人身、电网、设备和（　　）四类事故组成。（3分）

A. 信息系统　　B. 通信系统　　C. 车辆　　D. 交通事故

考核知识点：规章制度

难易度：易

标准答案：A

Jb0707471021　应急演练方式包括（　　）。（3分）

A. 桌面演练　　B. 模拟演练　　C. 实操演练　　D. 以上皆是

考核知识点：规章制度

难易度：易

标准答案：D

Jb0707471022　数据库检修工作（　　），应验证相关的业务运行正常。（3分）

A. 进行时　　B. 结束前　　C. 进行中　　D. 结束后

考核知识点：规章制度

难易度：易

标准答案：B

Jb0707471023　在初次使用移动存储介质时，应更改其初始密码，密码应设置成（　　）位以上数字和字母或特殊符号的组合。（3分）

A. 4　　B. 6　　C. 8　　D. 10

考核知识点：基础知识

难易度：易

标准答案：C

Jb0707472024　现代社会使用录音、录像、摄影等手段，能够最大限度地生动地再现会议情景。但我们常说的会议记录则指的是会议的（　　）。（3分）

A. 声音记录　　B. 文字记录　　C. 影像摄录　　D. 声像合录

考核知识点：业务知识

难易度：中

标准答案：B

Jb0707472025 服务工单月度处理及时率和受理及时率均达到（ ）及以上。（3分）
A. 97% B. 98% C. 99% D. 100%
考核知识点：业务知识
难易度：中
标准答案：A

Jb0707472026 通过调整组织机构、完善职责分工等方法来进行协调的形式属于（ ）。（3分）
A. 会议协调 B. 机制协调 C. 结构协调 D. 现场协调
考核知识点：业务知识
难易度：中
标准答案：C

Jb0707472027 用户申请终端及外设资源，可统一向（ ）提出资源申请服务请求。（3分）
A. 信通客服 B. 终端运维 C. 设备厂商 D. 主管/业务部门
考核知识点：业务知识
难易度：中
标准答案：A

Jb0707472028 公司总部及各省公司应建立集中的信通客服机构，设立（ ）的信通客服电话；（ ）信通客服管理工作，（ ）信通客服体验。（3分）
A. 个性化、规范、提升 B. 统一、规范、提升
C. 定制化、统一、提高 D. 定制化、统一、提升
考核知识点：业务知识
难易度：中
标准答案：B

Jb0707472029 下列选项中不属于固态硬盘特点的是（ ）。（3分）
A. 能耗低，散热量小
B. 读取时间固定，无噪声
C. 快速随机读取，延迟极小
D. 写入速度快，使用寿命长
考核知识点：技能知识
难易度：中
标准答案：B

Jb0707472030 国家电网有限公司信息系统上下线管理实行（ ）归口管理，相关部门分工负责的制度。（3分）
A. 信息化管理部门 B. 业务主管部门
C. 系统运行维护部门 D. 建设开发部门
考核知识点：规章制度

难易度：中
标准答案：A

Jb0707472031　用户通过“服务跟踪”服务评价页面单击（　　）对服务进行评价。（3分）

A. 请求类型　　B. 分类
C. 问题标题　　D. 评价结果

考核知识点：业务知识
难易度：中
标准答案：C

Jb0707472032　信息系统、网络故障及网络安全突发事件预警由各级运维机构（　　）发布。（3分）

A. 信息通信客服　　B. 信息通信调度
C. 信息管理部门　　D. 业务部门

考核知识点：业务知识
难易度：中
标准答案：B

Jb0707472033　信息系统、网络故障事件应急响应中用户上报业务应用响应慢指的是（　　）。（3分）

A. 页面平均响应时长不少于240s　　B. 页面平均响应时长不少于180s
C. 页面平均响应时长不少于150s　　D. 页面平均响应时长不少于120s

考核知识点：业务知识
难易度：中
标准答案：D

Jb0707472034　集中部署信息系统业务运维模式为（　　）。（3分）

A. 一级运维模式
B. 一级运维模式、二级运维模式两种
C. 一级运维模式、二级运维模式、三级运维模式三种
D. 以上都不对

考核知识点：业务知识
难易度：中
标准答案：B

Jb0707472035　因线路、设备等原因听不清话语时，不能（　　）。（3分）

A. 切忌条件反射地使用大声讲话
B. 尝试提高声音，以用户能听到为限
C. 挂断电话
D. 可多次询问用户能否听到

考核知识点：服务规范
难易度：中

标准答案：C

Jb0707472036 在非语言沟通中，属于身体语言沟通的是（ ）。（3分）

A. 身体动作姿态　　B. 副语言沟通
C. 物体的操纵　　D. 口头沟通

考核知识点：服务规范
难易度：中
标准答案：A

Jb0707472037 沟通过程中，体现事实真相的往往是（ ）。（3分）

A. 书面语言　　B. 口头语言　　C. 图表　　D. 非语言信息

考核知识点：服务规范
难易度：中
标准答案：D

Jb0707472038 从一般意义上讲，沟通就是发送者凭借一定（ ），将信息发送给既定对象，并寻求反馈以达到相互理解的过程。（3分）

A. 能力　　B. 优势　　C. 渠道　　D. 方法

考核知识点：服务规范
难易度：中
标准答案：C

Jb0707472039 服务人员心理压力产生的客户因素不包含（ ）。（3分）

A. 客户期望值的提升　　B. 服务失误导致的投诉
C. 政策调整未及时告知　　D. 不合理的客户需求

考核知识点：技能知识
难易度：中
标准答案：C

Jb0707472040 针对服务流程或一线服务投诉，班组长在发生投诉（ ）h 内对用户回复解决方案，如用户不满意则调整方案继续跟进，直至用户满意为止。（3分）

A. 0.5　　B. 1　　C. 2　　D. 3

考核知识点：技能知识
难易度：中
标准答案：C

Jb0707472041 遇到系统复杂性问题时二线运维人员提报到三线工单，那么一线客服人员需要在（ ）个工作日内对用户进行回复。（3分）

A. 2　　B. 3　　C. 1　　D. 4

考核知识点：技能知识
难易度：中
标准答案：C

Jb0707472042　信息系统客户服务“十项承诺”中特急业务随时响应处理，紧急业务（　　）个小时内响应处理，普通业务（　　）个小时内响应处理。（3分）

A. 0.5，1　　B. 0.5，2　　C. 1，2　　D. 2，24

考核知识点：技能知识

难易度：中

标准答案：B

Jb0707472043　一线客服座席统一对二线运维人员处理解决的工单进行抽样调查回访工作，总体回访率不低于（　　），但重点用户和投诉类问题要求实现（　　）回访。（3分）

A. 2%，100%　　B. 3%，100%　　C. 4%，100%　　D. 5%，100%

考核知识点：业务知识

难易度：中

标准答案：A

Jb0707472044　使用安全优盘时，涉及公司企业秘密的信息必须存放在（　　）。（3分）

A. 交换区　　B. 保密区　　C. 启动区　　D. 公共区

考核知识点：规章制度

难易度：中

标准答案：B

Jb0707473045　公司总部各业务部门，其主要职责是（　　）。（3分）

A. 负责对信息通信客服工作提出需求

B. 参与公司的监督和检查

C. 参与公司工作的评价

D. 负责对信息通信客服工作提出业务需求和目标

考核知识点：基础知识

难易度：难

标准答案：D

Jb0707473046　国家电网有限公司网络与信息系统安全运行情况通报的工作原则是（　　）。（3分）

A. 谁主管谁负责，谁运营谁负责

B. 谁运行谁负责，谁使用谁负责

C. 统一领导，分级管理、逐级上报

D. 及时发现、及时处理、及时上报

考核知识点：基础知识

难易度：难

标准答案：A

Jb0707472047　电网资源中台数据校验治理范围包括 PMS2.0、GIS 平台等系统中输电、变电、配电（含运检和营销）全专业全电压等级设备的（　　）、图形数据以及配电专业的专题图数据。（3分）

A. 台账数据　　B. 作业数据　　C. 变更数据　　D. 人员数据

考核知识点：中台

难易度：中

标准答案：A

Jb0707473048 由于资源申请、业务高峰、功能变更等情况引起话务量异常增长，服务范围内的用户集中拨打客服电话，造成（　　）内某一业务条线或平均业务条线的客服电话排队未接率高于（　　）以上的为较大突发事件。（3分）

A. 1h，10%　　B. 1h，20%　　C. 1h，30%　　D. 1h，50%

考核知识点：基础知识

难易度：难

标准答案：C

判断题

Jb0707491049　当用户向客服人员倾诉结束后，客服人员应当总结顾客提供的信息，但为了节约时间，不需要将细节内容重复给用户。（3分）

A. 对　　B. 错

考核知识点：服务规范

难易度：易

标准答案：B

Jb0707491050　投诉是客户不满意的体现，其实也是客户需求的反映。（3分）

A. 对　　B. 错

考核知识点：服务规范

难易度：易

标准答案：A

Jb0707491051　座席人员受了委屈时，要冷静处理，不能感情用事，不能顶撞和训斥用户，更不能与用户发生争执。（3分）

A. 对　　B. 错

考核知识点：服务规范

难易度：易

标准答案：A

Jb0707491052　如用户问题不属于本岗位职责时，应说“我们帮您核实（或核查）一下，稍后再给您回复”，切忌说“不知道”。（3分）

A. 对　　B. 错

考核知识点：服务规范

难易度：易

标准答案：A

Jb0707491053　严禁在信息外网办公计算机上处理、存储涉及国家秘密和企业秘密信息，严禁信息内网和信息外网办公计算机交叉使用。（3分）

A. 对　　B. 错

考核知识点：规章制度
难易度：易
标准答案：A

Jb0707491054　国网云二级运营建设体系方案要求应急处置二级故障应在 4h 解决。（3 分）
A. 对　　B. 错
考核知识点：规章制度
难易度：易
标准答案：B

Jb0707491055　安全移动存储介质使用时无需密码即可进入保密区。（3 分）
A. 对　　B. 错
考核知识点：规章制度
难易度：易
标准答案：B

Jb0707491056　信息内网定位为对外业务应用网络和访问互联网用户终端网络；信息外网定位为公司信息业务应用承载网络和内部办公网络。（3 分）
A. 对　　B. 错
考核知识点：规章制度
难易度：易
标准答案：B

Jb0707491057　咨询类工单不必派转到二线运维人员解决，一线客服人员可以在回访后直接关闭工单。（3 分）
A. 对　　B. 错
考核知识点：服务规范
难易度：易
标准答案：A

Jb0707492058　总体应急预案的培训和演练每年至少组织一次。（3 分）
A. 对　　B. 错
考核知识点：规章制度
难易度：中
标准答案：B

Jb0707492059　一个工作负责人不能同时执行多张信息工作票，但可以同时执行多张信息工作任务单。（3 分）
A. 对　　B. 错
考核知识点：规章制度
难易度：中
标准答案：B

Jb0707492060　总体应急预案的培训和演练每年至少组织一次，各专项应急预案的培训和演练每半年至少组织一次。(3分)

A. 对　　B. 错

考核知识点：规章制度

难易度：中

标准答案：B

Jb0707492061　电话工作时长=电话等待时间+通话时间。(3分)

A. 对　　B. 错

考核知识点：规章制度

难易度：中

标准答案：B

Jb0707492062　构成网络协议的要素是语音。(3分)

A. 对　　B. 错

考核知识点：网络基础

难易度：中

标准答案：B

Jb0707492063　信息内网办公计算机可以通过电话拨号、无线等各种方式与信息外网和互联网络互联。(3分)

A. 对　　B. 错

考核知识点：规章制度

难易度：中

标准答案：B

Jb0707492064　信息通信客服人员包含客服座席和终端运维人员，二线运维人员配合处理由客服座席派发的事件工单。(3分)

A. 对　　B. 错

考核知识点：服务规范

难易度：中

标准答案：A

Jb0707492065　国家电网有限公司各单位在执行网络和信息系统安全运行快报上报时，需在48h内完成上报工作。(3分)

A. 对　　B. 错

考核知识点：规章制度

难易度：中

标准答案：B

Jb0707492066　在国网“两级三线”运维体系中，三线是指“一线后台服务台、二线前台运行维护和三线外围技术支持”的三线运维架构。(3分)

A. 对　　B. 错
考核知识点：规章制度
难易度：中
标准答案：B

Jb0707492067　一线客服在 ICS 系统中建立需求收集类工单，在保存时不会自动存入需求库，需要手工保存。（3 分）
A. 对　　B. 错
考核知识点：服务规范
难易度：中
标准答案：B

Jb0707492068 加强数据接口规范，可以修改、替换或阻拦防病毒（木马）、桌面终端管理等报送监控数据接口程序。（3 分）
A. 对　　B. 错
考核知识点：主机基础
难易度：中
标准答案：B

Jb0707492069 系统下线必须进行漏洞扫描，以确认系统下线后对其他系统造成的影响。（3 分）
A. 对　　B. 错
考核知识点：规章制度
难易度：中
标准答案：B

Jb0707492070　信息外网办公计算机的互联网访问记录要保存一年以上。（3 分）
A. 对　　B. 错
考核知识点：规章制度
难易度：中
标准答案：B

Jb0707493071　禁止将安全移动存储介质中涉及公司企业秘密的信息拷贝到信息外网或外部存储设备。（3 分）
A. 对　　B. 错
考核知识点：规章制度
难易度：难
标准答案：A

Jb0707493072　任何部门和个人，如果有需要可以改动办公终端 IP 地址。（3 分）
A. 对　　B. 错
考核知识点：规章制度
难易度：难

标准答案：B

Jb0707493073 办理信息工作票延期手续，应在信息工作票的有效期内，由工作负责人向工作票签发人提出申请，得到同意后给予办理。（3分）

A. 对　　B. 错

考核知识点：规章制度

难易度：难

标准答案：B

Jb0707493074 办公计算机、外设及软件安装情况不需要登记备案或者定期进行核查，信息内外网办公计算机无需标识。（3分）

A. 对　　B. 错

考核知识点：规章制度

难易度：难

标准答案：B

Jb0707493075 根据《国家电网公司办公计算机信息安全管理办法》：严禁办公计算机“一机两用”（同一台计算机既上信息内网，又上信息外网或互联网）。（3分）

A. 对　　B. 错

考核知识点：规章制度

难易度：难

标准答案：A

Jb0707493076 在一般业务咨询受理中，一线客服座席收到二线运维人员的咨询反馈后转达用户，要确认问题是否得到解决。（3分）

A. 对　　B. 错

考核知识点：服务规范

难易度：难

标准答案：A

Jb0707493077 用户进行信息通信客服资源申请操作只能通过电话申报向信息通信客服提出资源申请服务请求。（3分）

A. 对　　B. 错

考核知识点：服务规范

难易度：难

标准答案：B

简 答 题

Jb0707432078 WebLogic Server域记录的三种日志文件分别是什么？（10分）

考核知识点：中间件基础

难易度：中

标准答案：

（1）WebLogic 运行日志（AdminServer.log）。
（2）HTTP 访问日志（Access.log）。
（3）域运行日志，名字为域名.log。

Jb0707431079　沟通的最好方式有哪些？（10 分）
考核知识点：服务规范
难易度：易
标准答案：
沟通的最好方式有面谈、开会。

Jb0707431080　信息通信用户包括哪些？（10 分）
考核知识点：业务知识
难易度：易
标准答案：
信息通信用户包括重点用户、特殊用户、普通用户。

Jb0707431081　信息通信客服人员包含哪些？（10 分）
考核知识点：业务知识
难易度：易
标准答案：
信息通信客服人员包含客服座席、终端运维人员、二线运维人员。

Jb0707431082　一线客服人员受理用户用哪些方式受理？至少写出两点。（10 分）
考核知识点：业务知识
难易度：易
标准答案：
一线客服人员受理用户用电话、网站、文件受理。

Jb0707433083　在 SG－I6000 v2.0 中，检修计划申请流程里“联调审批会签”环节涉及哪些？至少写出两点。（10 分）
考核知识点：规章制度
难易度：难
标准答案：
（1）本单位信息通信运行方式发生较大变化的。
（2）本单位隶属关系或管理模式发生变化的。
（3）周围环境发生变化、形成重大危险源的。
（4）应急组织指挥体系或者职责已经调整的。
（5）依据的法律、法规和标准发生变化的。
（6）应急处置和演练评估报告提出整改要求的。
（7）上级管理部门提出与原预案冲突要求的。

Jb0707431084　信息安全的特征包括哪些？（10 分）

考核知识点：信息安全基础

难易度：易

标准答案：

信息安全的特征包括相对性、综合性、单一性、动态性。

Jb0707431085　信息通信客服工单填写要求有哪些？（10 分）

考核知识点：业务知识

难易度：易

标准答案：

（1）规范填写工单。

（2）准确、完整记录事件受理信息。

Jb0707431086　国家电网有限公司信息安全技术督查工作坚持什么的方针？（10 分）

考核知识点：规章制度

难易度：易

标准答案：

国家电网有限公司信息安全技术督查工作坚持安全第一、预防为主、综合治理、持续改进的方针。

Jb0707431087　在协同办公中，附件管理能上传的文件有哪些？（10 分）

考核知识点：业务知识

难易度：易

标准答案：

在协同办公中，附件管理能上传的文件有空记事本文件、WORD 文件、PPT 文件、图片文件。

Jb0707431088　造成调度程控四线 E&M 中继线不通的原因可能有哪些？（10 分）

考核知识点：业务知识

难易度：易

标准答案：

PCM 设备本身无 E 线输出电压、在中间站两个 PCM 的音频四线 E/M 转接处测得 E 和 M 两根线只有一根线有电压、四线接口电平太低、四线 E/M 接口板故障。

Jb0707431089　培训专员考核内容包括什么？（10 分）

考核知识点：业务知识

难易度：易

标准答案：

培训专员考核内容包括培训计划制订、培训计划的实施、培训效果评估、电话工作时长。

Jb0707433090 公用账号的使用应由账号责任人负责，具体应遵循的要求有哪些？（10 分）

考核知识点：规章制度

难易度：难

标准答案：

（1）须建立公用账号的书面使用记录，包含使用时间、使用人、工作内容和使用期限等必要信息，确保记录真实、完整、可追溯。

（2）须在责任人、使用人发生变化时，立即修改密码，杜绝外泄，确保公用账号密码的使用安全。

（3）须严格控制使用人范围，严禁未经授权许可的人员使用公用账号。

（4）须加强对使用人使用信息系统行为的检查监督，确保使用行为与授权许可一致。

Jb0707431091　座席人员必须尊重用户，具体应该怎样做？（10 分）

考核知识点：服务规范

难易度：易

标准答案：

（1）亲切委婉。

（2）不拖拉。

（3）不推诿。

Jb0707431092　座席人员在接通电话时，声音的标准是什么？（10 分）

考核知识点：服务规范

难易度：易

标准答案：

座席人员在接通电话时，声音的标准是轻、低声。

Jb0707431093　当座席遇到骚扰电话时，应怎样做？（10 分）

考核知识点：服务规范

难易度：易

标准答案：

（1）严肃指出其错误行为。

（2）不能使用脏话。

Jb0707431094　对于客服座席人员的声音要求有哪些？至少写出两点。（10 分）

考核知识点：服务规范

难易度：易

标准答案：

（1）积极热情，声音听起来要富有活力，不能有气无力。

（2）自己讲话的语速与对用户所讲问题的反应速度要有节奏。

（3）语气要不卑不亢，不能盛气凌人，音量不能太大，也不能太小。

（4）语调不能太高，要学会运用抑扬顿挫。

Jb0707431095　座席人员呼出电话前要注意时间，尽量避免在什么时刻打扰客户？（10 分）

考核知识点：服务规范

难易度：易

标准答案：

座席人员呼出电话前要注意时间，尽量避免在用餐、午休、夜间时打扰客户。

Jb0707431096 回答用户的问题，要做到哪些方面？至少写出两点。（10 分）

考核知识点：服务规范

难易度：易

标准答案：

（1）吐字清晰。

（2）语音、语速适中。

（3）语调平和、优美。

（4）富有亲和力。

Jb0707433097 信息系统事件调查事故应查明的情况有哪些？（10 分）

考核知识点：规章制度

难易度：难

标准答案：

（1） 查明事件发生前系统的运行情况。

（2） 查明事件发生经过、扩大及处理情况。

（3） 调查系统和设备资料（包括订货合同、维护记录等）情况以及规划、设计、建设、实施、运维等方面存在的问题。

（4） 查明事件造成的损失，包括影响时间、影响范围、影响严重程度等。

Jb0707431098 语言表达能力在 186 服务中的作用是什么？（10 分）

考核知识点：业务知识

难易度：易

标准答案：

（1）提高座席人员的服务素养。

（2）提升 186 服务质量。

（3）展示优秀的企业形象。

Jb0707432099 请写出一线客服座席的主要工作职能。（10 分）

考核知识点：业务知识

难易度：中

标准答案：

（1）资源申请业务的受理。

（2）申请单的派发。

（3）用户答复。

（4）服务回访。

Jb0707432100 需求评审专家包括哪些？（10 分）

考核知识点：业务知识

难易度：中

标准答案：

需求评审专家包括业务部门、运维单位、研发厂商。

Jb0707431101　国家电网有限公司信息系统中，一类信息信息系统指什么？（10 分）

考核知识点：规章制度

难易度：易

标准答案：

国家电网有限公司信息系统中，一类信息信息系统指受政府严格监管的信息系统，纳入国家关键信息基础设施的信息系统，对公司生产经营活动有重大影响的信息系统，如营销业务系统，95598 呼叫平台，95598 核心业务，国网电子商城，网上国网系统。

Jb0707432102　确定沟通内容的两个基本原则是什么？（10 分）

考核知识点：服务规范

难易度：中

标准答案：

（1）以最简单的语言告知你的目标。

（2）沟通是你被理解了什么而不是说了什么。

Jb0707432103　行为的特性象限分别是什么？（10 分）

考核知识点：服务规范

难易度：中

标准答案：

行为的特性象限分别是支配型行为、谦和型行为、表现情感的、隐藏情感的。

Jb0707432104 请简述支配型的人的特征。（10 分）

考核知识点：服务规范

难易度：中

标准答案：

（1）爱说话。

（2）喜欢发表评论。

（3）喜欢挑战。

（4）喜欢插嘴。

Jb0707432105　请简述信任的要素。（10 分）

考核知识点：服务规范

难易度：中

标准答案：

信任的要素包括可靠、开放、宽容、直接。

Jb0707432106　简述影响可信度的因素。（10 分）

考核知识点：服务规范

难易度：中

标准答案：

影响可信度的因素包括身份地位、良好意愿、专业知识、外表形象。

Jb0707432107 请简述倾听的要点。（10 分）
考核知识点：服务规范
难易度：中
标准答案：
（1）面部表情尽量始终不变。
（2）点头，勿摇头。
（3）不要插嘴打断。
（4）简要重复总结，并要求对方回应。

Jb0707432108 请简述与客户建立良好沟通的基本条件。（10 分）
考核知识点：服务规范
难易度：中
标准答案：
与客户建立良好沟通的基本条件有美化声音、善于倾听、提问引导、情绪同步。

Jb0707432109 座席状态监控实时显示当前签入座席的哪些信息？至少写出两点。（10 分）
考核知识点：规章制度
难易度：中
标准答案：
座席状态监控实时显示当前签入座席的座席工号、座席姓名、分机号、瞬时状态。

Jb0707432110 一线客服座席负责客服业务咨询受理的哪些工作？至少写出两点。（10 分）
考核知识点：规章制度
难易度：中
标准答案：
一线客服座席负责客服业务咨询受理的业务受理、工单派发、问题处理、用户回访。

Jb0707432111 信息通信客服人员填写工单主要包括哪些？至少写出两点。（10 分）
考核知识点：业务知识
难易度：中
标准答案：
信息通信客服人员填写工单主要包括时间、地点；故障现象；联系人、联系方式；业务诉求等内容。

Jb0707432112 对客户投诉的信息进行统计分析时，有哪些要求？至少写出两点。（10 分）
考核知识点：业务知识
难易度：中
标准答案：
（1）整体概况简明扼要。
（2）指标对比趋势清晰（以图例表示）。
（3）异动指标重点分析（内容详尽、问题明确、支撑数据清晰）。
（4）每项表述的情况应有明确的数据支撑，支撑的数据必须注明数据来源、采样方式等。

Jb0707432113　咨询工单通过哪些方式处理？至少写出两点。（10分）

考核知识点：业务知识

难易度：中

标准答案：

（1）知识库。

（2）客户统一视图。

（3）停送电信息。

（4）业务工单查询。

Jb0707432114　沟通的原则有哪些？（10分）

考核知识点：服务规范

难易度：中

标准答案：

（1）充分准备。

（2）主题明确。

（3）语言简洁生动。

Jb0707432115　在处理投诉时，应注意到投诉者可以分为哪几类？至少写出两点。（10分）

考核知识点：业务知识

难易度：中

标准答案：

在处理投诉时，应注意到投诉者可以分为分析型、和蔼型、表达型、支配型。

Jb0707432116　未经上级领导批准情况下，一线客服座席严禁将哪些信息告知无关人员？至少写出两点。（10分）

考核知识点：业务知识

难易度：中

标准答案：

（1）用户资料。

（2）其他未公开的产品信息。

（3）内部电话。

Jb0707432117　在工作票制度中，三类业务系统的哪些信息填用信息工作任务单或信息工作票的工作？（10分）

考核知识点：规章制度

难易度：中

标准答案：

（1）版本升级。

（2）漏洞修复。

（3）数据操作。

Jb0707432118　信息通信客服人员要及时发布哪些信息向用户进行告知？至少写出两点。（10

分）

考核知识点：业务知识

难易度：中

标准答案：

信息通信客服人员要及时发布业务指南、系统停机公告、政策法规、新闻向用户进行告知。

Jb0707432119　请简单描述协同办公系统，如何起草电子公告？至少写出一点。（10 分）

考核知识点：业务知识

难易度：中

标准答案：

方法一：单击【个人工作台】—【办公快车道】—【常用快捷操作】–【电子公告】，打开电子公告基本信息页面，填写公告名称，选择时效、查询权限等基本信息，填写完毕且确认无误后，单击“保存”，单击“发送”，发送至后续环节办理，若当前用户为电子公告管理员则可以直接发布电子公告。

方法二：单击【综合事务】—【电子公告】—【起草公告】。

Jb0707432120　协同办公系统发文管理中，遇到正文红头文字无法打印出来的问题，请问可能是什么原因？请简单描述处理步骤。（10 分）

考核知识点：业务知识

难易度：中

标准答案：

WORD 配置问题：单击工具菜单，打开选项，选择“打印”标签，将打印文档的附加信息中的“图形对象”勾选上，就可以正常打出红头和图像。

Jb0707432121　WIN7 操作系统，请简单描述查询计算机 MAC 地址的步骤。（10 分）

考核知识点：主机基础

难易度：中

标准答案：

开始→搜索栏中输入 cmd→回车→ipconfig/all→回车→查看 MAC。

Jb0707432122　请简单描述在协同办公系统中，起草内部会议的步骤。写出一种方法即可。（10 分）

考核知识点：业务知识

难易度：中

标准答案：

方法一：单击【个人工作台】—【办公快车道】—【常用快捷操作】—【会议申请】，打开会议室申请页面，填写会议名称，选择会议时间和会议室等基本信息，填写完毕且确认无误后，单击“保存”，单击“发送”，发送至后续环节办理。

方法二：单击【会议管理】—【会议申请】—【本地会议申请】（原版本内部会议）。

Jb0707432123　培训过程管理有哪些阶段？（10 分）

考核知识点：业务知识

难易度：中

标准答案：

培训过程管理需求分析、计划制订、培训实施、效果评估。

Jb0707432124　TCP/IP 协议栈中互连层的主要功能有哪些？（10 分）

考核知识点：网络基础

难易度：中

标准答案：

（1）检查网络拓扑，确定报文传输的最佳路由，实现数据转发。

（2）提供分组路由避免拥塞等措施。

Jb0707432125　请简述补丁检测工作方式。（10 分）

考核知识点：主机基础

难易度：中

标准答案：

（1）自动对桌面终端进行补丁检测，并对补丁状况做出统计。

（2）通过设置，桌面终端只有在指定的时间点才能执行补丁管理的策略。

（3）桌面终端根据自身的操作系统版本，语言环境选择适当的补丁进行安装。

Jb0707432126　沟通中赞美的技巧有哪些？至少写出两点。（10 分）

考核知识点：服务规范

难易度：中

标准答案：

（1）赞美的态度要真诚。

（2）赞美的内容要具体。

（3）注意赞美的场合。

（4）适当运用间接赞美。

Jb0707432127　服务人员对客户的咨询投诉应怎样做？（10 分）

考核知识点：服务规范

难易度：中

标准答案：

服务人员对客户的咨询投诉应不拒绝、不搪塞、不推诿。

Jb0707432128　沟通技巧包括哪些？至少写出两点。（10 分）

考核知识点：服务规范

难易度：中

标准答案：

（1）营造和谐温馨的沟通氛围。

（2）满足员工获得承认与尊重的心理渴望。

（3）提高管理者的沟通能力。

（4）增强管理者的人格魅力。

Jb0707432129　关于倾听的原则有哪些？至少写出两点。（10 分）

考核知识点：服务规范

难易度：中

标准答案：

（1）倾听者要适应讲话者的风格。

（2）眼耳并用。

（3）要理解对方。

（4）鼓励对方。

Jb0707432130　投诉报告内容包括哪些？（10 分）

考核知识点：业务知识

难易度：中

标准答案：

投诉报告内容包括投诉人信息、投诉情况简述、附语音文件。

Jb0707433131　职业规范包括哪些？至少写出两点。（10 分）

考核知识点：业务知识

难易度：难

标准答案：

职业规范包括岗位责任、操作规则、规章制度。

Jb0707433132　新发的台式机或笔记本，如何进行系统安全设置？（10 分）

考核知识点：主机基础

难易度：难

标准答案：

（1）禁用系统多余服务：不常用的服务禁用，不仅可以减少资源的占用，还能够防止其带来的安全问题。

（2）账号设置：修改默认用户名，并设置符合复杂度的密码。

（3）管理文件共享：关闭简单文件共享功能。

（4）管理 Guest 账户：修改 Guest 账户默认用户名，并设置符合复杂度的密码。

（5）设置安全策略：将网络访问中本地账号的共享和安全模式策略改成本地用户以自己的身份验证。

（6）关闭驱动器共享：依次将所有磁盘的默认共享资源禁用。

Jb0707433133　一般业务咨询受理工作要求是什么？（10 分）

考核知识点：业务知识

难易度：难

标准答案：

（1）若一线客服座席可解决，则要求 1h 内完成工单关闭，否则，桌面终端及外设和电话业务要求 3h 内完成工单关闭，其他咨询则要求 24h 内完成工单关闭。若无法在规定时限内完成关单，在尽快解决的同时应完成不能按时处理情况上报，提交审核后将问题挂起，问题解决后再关闭工单。

（2）一线客服座席人员受理用户业务咨询，要准确全面地记录咨询内容，并迅速进行用户咨询处理。

（3）二线运维人员要在 1h 内开始 I6000 工单处理。若为信息系统故障，需要立即告知调度人员。若需现场解决，二线运维人员应在 20min 内到现场维护，如有特殊情况及时联系用户告知到达时间。

（4）二线运维人员应及时填写工单，将处理情况、关键点、原因、结果等情况准确规范填写至工单解决方案，并反馈一线客服座席；一线客服座席进行回访，用户不满意的处理结果需及时上报。

（5） 咨询受理业务须保证年度满意度达到 95%及以上；工单月度处理及时率和受理及时率均达到 95%及以上；工单填写规范率达到 95%及以上。

Jb0707433134　一级部署一级运维、二级部署信息通信系统资源申请流程是什么？（10 分）

考核知识点：业务知识

难易度：难

标准答案：

用户进行信息通信客服资源申请操作，可通过多种渠道向信息通信客服提出资源申请服务请求，一线客服座席记录申请内容，审核用户提交的资源申请表签字件是否规范，如用户未提交申请表或填写不规范，告知用户表格下载路径，请用户规范填写后重新提交；如申请表审核通过，则派单给二线运维人员处理。

二线运维人员开通资源后，形成资源开通答复并告知一线客服座席。一线客服座席收到二线运维人员的资源开通答复并转达用户，确认资源申请服务请求是否得到满意处理。若用户表示已得到满意解决，则结束受理流程；若未得到解决，则客服再记录并进行处理。

Jb0707433135　请写出在呼叫系统中维护分机信息的流程。（10 分）

考核知识点：业务知识

难易度：难

标准答案：

在主菜单中单击打开【话务平台】，在【话务平台】下单击【分机信息维护】功能项，进入分机信息维护页面，分机信息维护新增：① 在分机信息维护页面单击【新增】按钮，进入分机信息增加页面；② 输入计算机 ip 地址和物理分机号，可以选择输入用途以及备注信息，单击【保存】按钮，确定分机信息；单击【返回】按钮，不保存直接返回到分机信息维护页面。

Jb0707433136　请写出在呼叫系统中发布信息公告的流程。（10 分）

考核知识点：业务知识

难易度：难

标准答案：

在主菜单中单击【信息公告管理】模块，在【信息公告管理】模块展开的菜单中单击【公告发布申请】，进入公告查询管理界面，在公告查询管理页面可以浏览并可以通过申请人、有效起始时间、有效截止时间查询条件查询待提交和审核过的信息公告；在公告查询管理页面单击右下方的【新增】按钮，转入公告内容维护页面（公告内容维护页面展示的记录是已经申请通过的记录）；可在公告内容维护页面单击新增，增加新的公告；根据页面内容将需要发布的公告内容填写完整，并单击【保存】按钮；此时如果需要直接提交，请单击【提交】按钮，发送至公告审核环节，若公告尚未编写完成有待修改，则单击【返回】按钮返回公告查询管理页面。未编写完成有待修改，则单击【返回】按钮返回公告查询管理页面。

按钮返回公告查询管理页面后，审核人员将在待办工作单中寻找发布的申请；审核人员将在待办工作单中对该公告发布信息进行审批，单击【处理】按钮；如果审核通过，则系统自动按照信息发布的有效起始时间至有效截止时间发布该公告信息；如果审核被驳回，则申请人可在待办工作单或信息公告申请的查询管理页面中找到被驳回的申请进行修改或者其他操作。

Jb0707433137　请简述客服负责人职责。（10 分）

考核知识点：业务知识

难易度：难

标准答案：

（1）负责组织对客服月（季）度考评和年度评价工作，并对考评结果进行核定，就考评管理内容事先充分与客服沟通并达成共识。

（2）在考评工作中向客服人员提供必要的解释和说明。

（3）依据客服工作内容和工作效果等进行评分。

（4）定期修改年度考评标准。

（5）参与考评标准的修订，对客服考评管理工作提出建议。

Jb0707433138　请简述客服座席职责。（10 分）

考核知识点：业务知识

难易度：难

标准答案：

（1）参照评分标准定期进行自评，诚实、及时、充分地反映工作的真实轨迹。

（2）参与考评标准的修订，对客服考评管理工作提出建议。

Jb0707433139　请简述质检培训组是客服的培训主管班组主要职责。（10 分）

考核知识点：业务知识

难易度：难

标准答案：

（1）依据客服的人力资源状况、各班组的培训需求及客服的全年工作安排制定出总体的年度和月度培训计划。

（2）对客服部各班组培训工作实施督导、检查和考核。

（3）组织培训教材的编写及相关培训资料的制作分发，年度及各项专题培训报告的编写，培训报表，各类培训资料的收集、汇总、整理与归档。

（4）组织开展培训效果评估工作。

（5）组织相关人员参与由国家电网有限公司、省级电网公司组织的各类技术培训活动。

Jb0707431140　列举出信息系统中断达到七级事件的情况？（10 分）

考核知识点：规章制度

难易度：易

标准答案：

（1）一类信息系统业务中断，且持续时间 2h 以上。

（2）二类信息系统业务中断，且持续时间 4h 以上。

（3）三类信息系统业务中断，且持续时间 8h 以上。

第四章　信息通信客户服务代表中级工技能操作

Jc0707462001　进行工作接班。（100分）

考核知识点：规章制度

难易度：中

技能等级评价专业技能考核操作工作任务书

一、任务名称

进行工作接班。

二、适用工种

信息通信客户服务代表中级工。

三、具体任务

以班次班长身份和成员上班之前对上一班次遗留的工作进行接班。

四、工作规范及要求

掌握系统的基本操作。

五、考核及时间要求

（1）本考核操作时间为15分钟，时间到停止考评，包括报告整理时间。

（2）问题查找和排除过程中，如确实不能查找出问题，可向考评员申请排除问题，该项问题项目不得分，但不影响其他项目。

技能等级评价专业技能考核操作评分标准

工种	信息通信客户服务代表					评价等级	中级工
项目模块	规章制度—接班				编号	Jc0707462001	
单位			准考证号			姓名	
考试时限	15分钟		题型	单项操作		题分	100分
成绩		考评员		考评组长		日期	
试题正文	进行工作接班						
需要说明的问题和要求	要求单人操作完成						

序号	项目名称	质量要求	满分	扣分标准	扣分原因	得分
1	进入方式	选中主界面单击【接班记录信息】中的【接班】	20	未完成扣20分		
2	接班	（1）在“接班”页面，根据实际情况选择一条要接班的接班记录，单击【接班】弹出“接班信息录入”界面。 （2）选择接班的班次名称等相关信息。 （3）单击【保存】完成接班操作（单击【返回】放弃接班操作）	40	未完成扣40分		

续表

序号	项目名称	质量要求	满分	扣分标准	扣分原因	得分
3	明细	（1）在“班次查询管理”界面选中需要查看的班次信息，单击【明细】按钮，弹出“排班班次明细”界面。 （2）在“交接班明细”界面，可查看该接班记录的详细交接班信息。 （3）单击【返回】关闭“交接班明细”界面，返回“接班”界面	40	未完成扣 40 分		
合计			100			

Jc0707462002　**模板配置。（100 分）**

考核知识点：规章制度

难易度：中

技能等级评价专业技能考核操作工作任务书

一、任务名称

模板配置。

二、适用工种

信息通信客户服务代表中级工。

三、具体任务

模版配置功能针对呼叫中心内部设置提醒模版供使用人员选择订阅的功能。

（1）进入方式。

（2）新增模板。

（3）修改模板。

（4）删除模板。

四、工作规范及要求

掌握系统的基本操作。

五、考核及时间要求

（1）本考核操作时间为 15 分钟，时间到停止考评，包括报告整理时间。

（2）问题查找和排除过程中，如确实不能查找出问题，可向考评员申请排除问题，该项问题项目不得分，但不影响其他项目。

技能等级评价专业技能考核操作评分标准

工种	信息通信客户服务代表						评价等级	中级工
项目模块	规章制度—模板配置					编号	Jc0707462002	
单位			准考证号				姓名	
考试时限	15 分钟		题型	单项操作			题分	100 分
成绩		考评员		考评组长			日期	
试题正文	模板配置							
需要说明的问题和要求	要求单人操作完成							

续表

序号	项目名称	质量要求	满分	扣分标准	扣分原因	得分
1	进入方式	在主菜单中单击【沟通交流】模块，在【沟通交流】模块展开的菜单中单击【模版配置】，进入“模版配置管理”界面	25	未完成扣25分		
2	新增模板	（1）在“模版配置管理”界面单击【新增】按钮，弹出新增模版界面。 （2）选择模版名称，并按规则填入模版内容，单击【保存】按钮，则新增模版成功，返回“模版配置管理”界面	25	未完成扣25分		
3	修改模板	（1）在“模版配置管理”界面选中需要修改的模版信息，单击“修改”按钮，弹出“修改模版”界面。 （2）按规则修改模版内容，单击“保存”按钮，则修改模版成功，返回“模版配置管理”界面	25	未完成扣25分		
4	删除模板	（1）在“模版配置管理”界面选中需要修改的模版信息，单击“删除”按钮，弹出“确认删除”界面。 （2）单击【确定】确认删除，则模版信息删除成功，返回“模版配置管理”界面	25	未完成扣25分		
合计			100			

Jc0707462003　已收寻呼操作。（100分）

考核知识点：规章制度

难易度：中

技能等级评价专业技能考核操作工作任务书

一、任务名称

已收寻呼操作。

二、适用工种

信息通信客户服务代表中级工。

三、具体任务

已收寻呼是针对呼叫中心内部系统人员查询自己所收到的寻呼记录的功能。

（1）进入方式。

（2）查看已收寻呼。

（3）已收寻呼记录删除。

（4）已收寻呼回复。

四、工作规范及要求

掌握系统的基本操作。

五、考核及时间要求

（1）本考核操作时间为15分钟，时间到停止考评，包括报告整理时间。

（2）问题查找和排除过程中，如确实不能查找出问题，可向考评员申请排除问题，该项问题项目不得分，但不影响其他项目。

技能等级评价专业技能考核操作评分标准

<table>
<tr><td>工种</td><td colspan="5">信息通信客户服务代表</td><td>评价等级</td><td>中级工</td></tr>
<tr><td>项目模块</td><td colspan="4">规章制度—已收寻呼</td><td>编号</td><td colspan="2">Jc0707462003</td></tr>
<tr><td>单位</td><td colspan="2"></td><td>准考证号</td><td colspan="2"></td><td>姓名</td><td></td></tr>
<tr><td>考试时限</td><td colspan="2">15 分钟</td><td>题型</td><td colspan="2">单项操作</td><td>题分</td><td>100 分</td></tr>
<tr><td>成绩</td><td></td><td>考评员</td><td></td><td>考评组长</td><td></td><td>日期</td><td></td></tr>
<tr><td>试题正文</td><td colspan="7">已收寻呼操作</td></tr>
<tr><td>需要说明的问题和要求</td><td colspan="7">要求单人操作完成</td></tr>
</table>

序号	项目名称	质量要求	满分	扣分标准	扣分原因	得分
1	进入方式	在主菜单中单击【沟通交流】模块，在【沟通交流】模块展开的菜单中单击【已收寻呼】，进入“已收寻呼查询”界面	25	未完成扣 25 分		
2	查看已收寻呼	在“已收寻呼查询”界面可通过相应查询条件查询所对应的已收寻呼记录，选择需要查看的已收寻呼，双击或单击右下角的【明细】按钮，进入寻呼明细信息	25	未完成扣 25 分		
3	已收寻呼记录删除	（1）在“已收寻呼查询”界面可通过相应查询条件查询所对应的已收寻呼记录，选择需要删除的已收寻呼，单击右下角的“删除”按钮，进入“删除确认”界面。 （2）单击“确定”完成已收寻呼记录删除操作，返回“已收寻呼查询”界面	25	未完成扣 25 分		
4	已收寻呼回复	（1）在“已收寻呼查询”界面可通过相应查询条件查询所对应的已收寻呼记录，选择需要删除的已收寻呼，单击每条寻呼最后的“回复”超链接，弹出“寻呼回复”界面。 （2）寻呼回复收件方即为原寻呼的发件方，其他操作同寻呼发布功能	25	未完成扣 25 分		
合计			100			

第三部分

信息通信客户服务代表高级工

第五章 信息通信客户服务代表高级工技能笔答

单 选 题

Jb0707371001 通过（ ）方式受理故障申报类业务。（3分）

A. 电话 B. 传真 C. 邮件 D. 在线服务

考核知识点：业务知识

难易度：易

标准答案：A

Jb0707371002 下面对团队概念的理解错误的是（ ）。（3分）

A. 团队之间要有心理的联系 B. 团队要有共同的目标

C. 团队要有共同的规范 D. 团队成员各干各的，不用分工

考核知识点：业务知识

难易度：易

标准答案：D

Jb0707371003 根据客户申报内容选择正确的工单类型创建工单，工单标题简练明确，问题描述要求（ ）。（3分）

A. 完整清晰 B. 言简意赅 C. 文字通顺 D. 以上都对

考核知识点：业务知识

难易度：易

标准答案：D

Jb0707371004 信息通信客服 KPI 关键指标不包括（ ）。（3分）

A. 电话及时接听率 B. 弃话率 C. 用户服务满意率 D. 一线解决率

考核知识点：业务知识

难易度：易

标准答案：B

Jb0707371005 信息通信客服排队未接率的计算公式为（ ）。（3分）

A. 排队未接率＝ICS 中排队未接电话数/ICS 全部呼入电话数。

B. 排队未接率＝ICS 中未接电话数/ICS 全部呼入电话数。

C. 排队未接率＝ICS 中排队未接电话数/ICS 接听电话数。

D. 排队未接率＝ICS 中未接电话数/ICS 接听电话数。

考核知识点：业务知识

难易度：易

标准答案：A

Jb0707371006　对于咨询类工单，从受理到关闭工单要求在（　　）内完成。（3分）

A. 15min　　B. 30min　　C. 1h　　D. 2h

考核知识点：业务知识

难易度：易

标准答案：C

Jb0707371007　对于事件类工单，普通用户及时受理时间为（　　），从受理工单到关闭工单应在（　　）完成。（3分）

A. 30min，1个工作日　　B. 30min，2个工作日

C. 1h，1个工作日　　D. 1h，2个工作日

考核知识点：服务规范

难易度：易

标准答案：C

Jb0707371008　在结束该工单时，要和用户确认（　　）是否准确，并将解决方案详细填写至工单中。（3分）

A. 姓名　　B. 电话

C. 一级分类、二级分类　　D. 以上都有

考核知识点：业务知识

难易度：易

标准答案：D

Jb0707372009　通话过程中对用户的问题采用积极的语言进行回应，不应出现（　　）。（3分）

A. 疑问语气　　B. 反问语气　　C. 感叹语气　　D. 陈述语气

考核知识点：服务规范

难易度：中

标准答案：B

Jb0707372010　与多人打招呼时，顺序错误的是（　　）。（3分）

A. 先长后幼　　B. 先女后男　　C. 先上后下　　D. 先熟识后生疏

考核知识点：服务规范

难易度：中

标准答案：D

Jb0707371011　《国家电网有限公司办公计算机信息安全管理办法》中桌面终端安全域不会采取的措施（　　）。（3分）

A. 安全准入管理、访问控制　　B. 入侵检测、病毒防护

C. 恶意代码过滤、补丁管理　　D. 事件管理、桌面资产审计

考核知识点：规章制度

难易度：易

标准答案：D

Jb0707372012　信息通信客服工作依托统一的服务平台和规范的服务流程，实现信息通信运维请求的统一接入及服务的统一管理，是提供（　　）化支撑保障的服务窗口。（3分）

A. 数据　　B. 模块　　C. 平面　　D. 信息

考核知识点：服务规范

难易度：中

标准答案：D

Jb0707372013　（　　）的领导与员工的沟通程度高，管理员工的程度也很高。（3分）

A. 扶持型　　B. 指导型　　C. 命令型　　D. 委托型

考核知识点：服务规范

难易度：中

标准答案：B

Jb0707372014　信通客服工作满意度至少保持（　　）。（3分）

A. 95%　　B. 99%　　C. 90%　　D. 80%

考核知识点：服务规范

难易度：中

标准答案：A

Jb0707372015　在信通客服网站系统"缺陷库"菜单下的选项是（　　）。（3分）

A. 未入库　　B. 已入库　　C. 缺陷库统计　　D. 缺陷库维护

考核知识点：业务知识

难易度：中

标准答案：B

Jb0707372016　（　　）是指在客户与第三方质检来回切换通话，即在某一时刻与客户通话或者与第三方通话。（3分）

A. 挂断第三方　　B. 发起会议　　C. 转移话路　　D. 切换通话

考核知识点：业务知识

难易度：中

标准答案：D

Jb0707372017　对于信息内外网办公计算机及应用系统口令设置，描述正确的是（　　）。（3分）

A. 口令设置只针对内网办公计算机，对于外网办公计算机没有要求

B. 信息内外网办公计算机都应避免空口令、弱口令

C. 可以使用弱口令，但不可使用空口令

D. 以上都不正确

考核知识点：规章制度

难易度：中

标准答案：B

Jb0707372018 信息通信客服质检关键指标中要求工单创建率为（ ）。（3分）

A. 0.95 B. 0.98 C. 0.99 D. 1

考核知识点：业务知识

难易度：中

标准答案：D

Jb0707372019 按用户类型划分，下列不是桌面系统登录用户的是（ ）。（3分）

A. 超级用户 B. 来宾用户 C. 普通用户 D. 审计用户

考核知识点：业务知识

难易度：中

标准答案：B

Jb0707372020 下列概念不完全属于安全范畴的一组是（ ）。（3分）

A. 可用性，机密性，权力分散 B. 匿名性，可生存性，入侵容忍

C. 可审查性，兼容性，防抵赖 D. 完整性，可仲裁性，抗监听

考核知识点：技能知识

难易度：中

标准答案：C

Jb0707372021 信息内网桌面终端标准化系统采用（ ）部署模式。（3分）

A. 一级 B. 二级 C. 三级 D. 四级

考核知识点：业务知识

难易度：中

标准答案：C

Jb0707372022 工单监控由（ ）负责，对信息通信一线客服座席及二线运维人员开展日常质检工作，及时发现一线客服座席存在的问题并督促整改，相关报告报送至客服主管进行备案。（3分）

A. 一线客服 B. 质检专员 C. 绩效专员 D. 班组组长

考核知识点：业务知识

难易度：中

标准答案：B

Jb0707372023 国家电网有限公司内网邮箱登录后，单击界面左侧导航栏中的（ ）按钮，可收取新的邮件。（3分）

A. 收信 B. 写信 C. 收件箱 D. 草稿箱

考核知识点：规章制度

难易度：中

标准答案：A

Jb0707372024 使用信息工作票的工作，（ ）应向（ ）交代工作内容、发现的问题、验证结果和存在问题等。（3分）

A. 工作票签发人、工作许可人　　B. 工作负责人、工作许可人
C. 工作票签发人、工作负责人　　D. 工作负责人、工作班成员
考核知识点：规章制度
难易度：中
标准答案：B

Jb0707372025　以下（　　）类业务是先执行业务流程，再在系统补录单据的。（3分）
A. 临检　　B. 抢修　　C. 计划检修　　D. 大修
考核知识点：业务知识
难易度：中
标准答案：B

Jb0707372026　在系统菜单依次单击【服务请求】→【业务系统】，进入服务请求提交页面，填写完信息后，单击提交按钮，网页显示（　　）。（3分）
A. 提交完成　　B. 已提交　　C. 提交成功　　D. 提交失败
考核知识点：业务知识
难易度：中
标准答案：C

Jb0707372027　在数据查询中，对设备有三种处理方式，包括"保护""信任""阻断"，其中"保护"的作用是（　　）。（3分）
A. 保护设备不被ARP攻击阻断　　B. 禁止修改IP与MAC地址
C. 禁止修改终端操作系统的注册表　　D. 使注册终端不受策略限制
考核知识点：主机基础
难易度：中
标准答案：A

Jb0707372028　现场采集终端设备的通信卡启用互联网通信功能应经（　　）批准。（3分）
A. 上级单位　　B. 相关单位（部门）
C. 相关运维单位（部门）　　D. 信息运维单位（部门）
考核知识点：规章制度
难易度：中
标准答案：C

Jb0707372029　团队解决问题的主要步骤不包括（　　）。（3分）
A. 背景分析　　B. 问题分析　　C. 解系统分析　　D. 行动方案实施
考核知识点：服务规范
难易度：中
标准答案：C

Jb0707373030　客服人员与用户沟通或解答问题时条理清晰，解释措辞恰当，可（　　）用户表达真实的业务需求。（3分）

A. 有效引导 B. 间接指导 C. 直接询问 D. 间接询问
考核知识点：服务规范
难易度：难
标准答案：A

Jb0707373031 需要主动联系客户时，建议电话外呼时间为（ ），尽量避免打扰客户。（3分）
A. 10:00－11:30，14:00－21:30 B. 8:00－11:00，14:30－21:00
C. 9:00－12:00，14:30－21:00 D. 8:30－12:00，14:30－20:00
考核知识点：服务规范
难易度：难
标准答案：C

Jb0707373032 （ ）负责客服业务咨询受理工作中业务受理、工单派发、问题处理、用户回访工作。（3分）
A. 一线客服座席 B. 终端运维人员、业务运维人员
C. 系统运维人员 D. 外委人员
考核知识点：业务知识
难易度：难
标准答案：A

Jb0707371033 （ ）是公司为各类移动应用提供统一入口的App。（3分）
A. 移动门户 B. 移动微应用 C. 独立部署App D. 集成部署App
考核知识点：业务知识
难易度：易
标准答案：A

Jb0707373034 公司软件不包括（ ）。（3分）
A. 自主开发软件 B. 合作开发软件 C. 委托开发软件 D. 外购开发软件
考核知识点：规章制度
难易度：难
标准答案：D

Jb0707373035 涉及公司重要工作数据必须存放在安全移动存储介质的（ ）。（3分）
A. 交换区 B. 启动区
C. 保密区 D. 没有要求，可随意存放
考核知识点：规章制度
难易度：难
标准答案：C

Jb0707373036 资源申请受理业务须保证年度满意度达到（ ）%及以上。（3分）
A. 80 B. 85 C. 90 D. 95

考核知识点：业务知识

难易度：难

标准答案：D

Jb0707373037　申请的临时账号单次授权原则上最长不超过（　　）。（3分）

A. 一天　　B. 一周　　C. 一月　　D. 一年

考核知识点：规章制度

难易度：难

标准答案：B

Jb0707373038　信通客服网站系统“服务支持”菜单主要包括服务指南和（　　）两项内容来供用户查询下载。（3分）

A. 服务请求　　B. 资源下载　　C. 公告查询　　D. 政策性法规

考核知识点：业务知识

难易度：难

标准答案：B

Jb0707372039　“重要软件”是指投资额在（　　）万元及以上的计算机软件，以及包含重要、敏感信息的计算机软件。（3分）

A. 80　　B. 100　　C. 120　　D. 150

考核知识点：规章制度

难易度：中

标准答案：C

Jb0707373040　客服人员应准确领会用户意图，能较快地（　　）。避免机械式地向用户解释并要求用户接受。（3分）

A. 找到问题原因　　B. 给出问题答案　　C. 解答用户疑问　　D. 切入问题要点

考核知识点：服务规范

难易度：难

标准答案：D

Jb0707373041　在读取多个数据库表数据时，为保证最佳的数据库读取性能，以下遵守的准则中不包括（　　）。（3分）

A. 保持被选择数据的数量尽可能少，建议使用 WHERE 条件

B. 减少数据库查询的数量，建议使用表连接代替嵌套的 SELECT 语句

C. 保持在应用服务器和数据库之间的数据传输尽量少，建议使用字段列表，不要用*选取全部字段

D. 使用嵌套的 SELECT 语句，建议在 SELECT 语句后检查 sy-subrc 的值。如果第一个获取的结果没有值，下面的 SELECT 语句就会取回数据库中的全部记录

考核知识点：数据库基础

难易度：难

标准答案：D

Jb0707373042　为某一指定用户设置静态断点的操作是（　　）。（3分）
A. 在代码中使用 BREAK-POINT 指令为该用户设置断点
B. 在代码中使用 BREAK 指令为该用户设置断点
C. 在 ABAP 编辑器中为该用户设置断点
D. 使用/H 命令为该用户设置断点
考核知识点：汇编基础
难易度：难
标准答案：A

Jb0707373043　在一个 REPORT 中，以下四个事件最晚被执行的是（　　）。（3分）
A. START－OF－SELECTION　　B. END－OF－SELECTION
C. AT SELECTION－SCREEN　　D. END－OF－PAGE
考核知识点：计算机语言基础
难易度：难
标准答案：B

Jb0707373044　CHECK 用在一个循环中，会出现（　　）情况。（3分）
A. 符合条件时退出循环
B. 无条件退出循环
C. 符合条件时，退出当前循环，进入下一个循环
D. 符合条件时，继续执行循环
考核知识点：计算机语言基础
难易度：难
标准答案：D

Jb0707373045　在打开光标后，使用 FETCH NEXT CURSOR 读取数据时，SY-SUBRC＝4，其表示的意思是（　　）。（3分）
A. 打开光标失败　　B. 打开光标成功　　C. 读取数据成功　　D. 读取数据失败
考核知识点：计算机语言基础
难易度：难
标准答案：D

Jb0707373046　AT USER-COMMAND 事件在（　　）功能里被定义触发。（3分）
A. SCREEN PAINTER　　B. ABAP REPORT
C. MENU PAINTER STATUS　　D. ABAP DICTIONARY
考核知识点：计算机语言基础
难易度：难
标准答案：A

Jb0707373047　声明为标准的 SELECTION-OPTIONS 变量，不希望在选择屏幕中出现的关键字为（　　）。（3分）
A. NO-DISPLAY　　B. INVISIBLE　　C. MODIF ID　　D. OBLIGATORY

考核知识点：计算机语言基础

难易度：难

标准答案：A

Jb0707373048 在人力资源模块程序开发中，我们经常用到的函数“RH_STRUC_GET”作用是（ ）。（3分）

A. 创建一种特殊的结构

B. 获取一种特殊的结构

C. 获得人资管理中某个组织或部门下的所有人员

D. 创建人资管理中某个组织或部门下的所有人员

考核知识点：计算机语言基础

难易度：难

标准答案：C

判 断 题

Jb0707371049 数据库安全服务支持华为云关系型数据库（RDS）、弹性云服务器（ECS）的自建数据库、裸金属服务器（BMS）的自建数据库。（3分）

A. 对 B. 错

考核知识点：云平台基础

难易度：易

标准答案：A

Jb0707391050 同步下线不属于信息系统安全防护措施的“三同步”原则。（3分）

A. 对 B. 错

考核知识点：规章制度

难易度：易

标准答案：A

Jb0707391051 工作终结当面报告中，工作许可人和工作负责人应在信息工作票上记录终结时间，并分别签名。（3分）

A. 对 B. 错

考核知识点：规章制度

难易度：易

标准答案：A

Jb0707391052 重要数据应使用专用介质拷贝，涉及企业秘密数据应存储在启动区。（3分）

A. 对 B. 错

考核知识点：规章制度

难易度：易

标准答案：B

Jb0707391053 各单位用户提出的故障申报，无需经本单位业务运维人员故障确认。（3分）

A. 对　　B. 错
考核知识点：规章制度
难易度：易
标准答案：B

Jb0707391054　三线技术服务方式中的电话是指通过电话、短信、传真等方式。(3分)
A. 对　　B. 错
考核知识点：业务知识
难易度：易
标准答案：B

Jb0707391055　如用户打错电话时，应直接告诉客户“打错了”，并挂断电话。(3分)
A. 对　　B. 错
考核知识点：服务规范
难易度：易
标准答案：B

Jb0707392056　座席人员必须保持良好的精神状态，对待用户有礼有节。(3分)
A. 对　　B. 错
考核知识点：服务规范
难易度：中
标准答案：A

Jb0707392057　“交往以对方为中心”，是现代沟通的第一法则，也叫“里尔法则”。(3分)
A. 对　　B. 错
考核知识点：服务规范
难易度：中
标准答案：A

Jb0707392058　各级保密工作部门对所辖行政区域内涉密机关、单位执行本规定负有指导、监督、检查的职责。(3分)
A. 对　　B. 错
考核知识点：规章制度
难易度：中
标准答案：A

Jb0707392059　用A镜像创建虚拟机后，可以删除A镜像，不影响虚拟机的使用。(3分)
A. 对　　B. 错
考核知识点：主机基础
难易度：中
标准答案：A

Jb0707392060 在履行完有关报废审批程序后，应按照公司废旧物资处置管理的有关规定，由信息运行维护单位（部门）将报废设备交物资部门统一处置。（3分）

A. 对　　B. 错

考核知识点：规章制度

难易度：中

标准答案：A

Jb0707392061 在计算机系统中，任何外部设备都必须通过接口适配器才能与主机相连。（3分）

A. 对　　B. 错

考核知识点：主机基础

难易度：中

标准答案：A

Jb0707392062 管理信息系统实用化评价的基本条件之一是，系统平均响应时间对于操作类指令不大于5s。（3分）

A. 对　　B. 错

考核知识点：规章制度

难易度：中

标准答案：A

Jb0707392063 在信通客服网站系统菜单依次单击【服务跟踪】→【服务评价】，进入服务评价页面，在此界面可以对服务进行评价。（3分）

A. 对　　B. 错

考核知识点：业务知识

难易度：中

标准答案：A

Jb0707392064 允许扫描仪、打印机等计算机外接设备在信息内网和信息外网上交叉使用。（3分）

A. 对　　B. 错

考核知识点：规章制度

难易度：中

标准答案：B

Jb0707392065 在清理与粉碎中，清理功能主要包含上网记录清理、系统痕迹清理、深度上网记录清理；文件粉碎功能主要包含文件粉碎、文件夹粉碎、磁盘剩余空间粉碎。（3分）

A. 对　　B. 错

考核知识点：主机基础

难易度：中

标准答案：A

Jb0707392066 国家电网有限公司邮件分为内网邮件系统和外网邮件系统，内外网邮件系统相互隔离，二者之间不能互相发送和接收邮件。（3分）

A. 对　　　　B. 错
考核知识点：规章制度
难易度：中
标准答案：A

Jb0707392067　客服需求收集受理作业人员组合为一线客服座席、二线运维人员。(3分)
A. 对　　　　B. 错
考核知识点：规章制度
难易度：中
标准答案：A

Jb0707392068　186 客服中心在回复(回访)客户过程中，当客户提出新的诉求时，应优先处理新诉求，不应回退原工单。(3分)
A. 对　　　　B. 错
考核知识点：服务规范
难易度：中
标准答案：B

Jb0707392069　关键业务用户不会属于特殊用户，因为它属于重点用户。(3分)
A. 对　　　　B. 错
考核知识点：业务知识
难易度：中
标准答案：B

Jb0707393070　当未听清或未理解用户所咨询、投诉的内容时，应说“对不起，我听不懂您在说什么”，切忌说“对不起，我不理解你的意思”。(3分)
A. 对　　　　B. 错
考核知识点：服务规范
难易度：难
标准答案：B

Jb0707393071　受理客户投诉时，应初步了解客户投诉的原因，尽量缓和、化解矛盾，安抚客户，做好解释工作。若客户明确表示其权益受到损害，要详细记录客户所属区域、投诉人姓名、联系电话、投诉时间、客户投诉内容、是否要求回访等信息，根据客户反映的内容判断投诉级别，并尊重和满足投诉人保密要求。(3分)
A. 对　　　　B. 错
考核知识点：服务规范
难易度：难
标准答案：A

Jb0707393072　一线客服座席人员按服务范围开展投诉建议的受理工作，若投诉建议是否需要采取整改措施，并将整改问题提交至相关运维单位，涉及问题整改的投诉建议工作制定服务解决方案

并执行处理，处理完毕反馈用户并归档。（3分）

A. 对　　B. 错

考核知识点：业务知识

难易度：难

标准答案：B

Jb0707393073　客户回访工作中，在受理事件处理结束后，无需对提出请求的用户进行满意度调查。（3分）

A. 对　　B. 错

考核知识点：服务规范

难易度：难

标准答案：B

Jb0707393074　在ERP系统中，一张工单在同一时间点可以被多个用户修改。（3分）

A. 对　　B. 错

考核知识点：业务知识

难易度：难

标准答案：B

Jb0707393075　一线客服座席受理用户故障申报，无需进行故障初步判断，直接报至业务运维人员进行故障确认。（3分）

A. 对　　B. 错

考核知识点：业务知识

难易度：难

标准答案：B

Jb0707393076　首次使用安全移动存储介质时需更改登录密码。（3分）

A. 对　　B. 错

考核知识点：规章制度

难易度：难

标准答案：A

Jb0707393077　国家电网有限公司灾备系统调度运行管理工作实行统一领导、分级负责。（3分）

A. 对　　B. 错

考核知识点：规章制度

难易度：难

标准答案：A

Jb0707393078　在非授权的计算机上插入安全移动存储介质将自动弹出登录界面。（3分）

A. 对　　B. 错

考核知识点：规章制度

难易度：难

标准答案：B

Jb0707393079　客户要求撤销之前反映的诉求属于服务申请工单。（3分）

A. 对　　　　　　B. 错

考核知识点：服务规范

难易度：难

标准答案：B

简　答　题

Jb0707331080　投诉处理的三项原则是什么？（10分）

考核知识点：服务规范

难易度：易

标准答案：

（1）以解决问题为目的。

（2）先处理心情，再处理事情。

（3）信守承诺，积极反馈沟通。

Jb0707331081　信息通信客服资源申请服务主要受理哪些资源申请？（10分）

考核知识点：业务知识

难易度：易

标准答案：

信息通信客服资源申请服务主要受理信息系统账号、信息通信终端、外接设备及网络资源申请。

Jb0707331082　客服人员应具备的基本能力有哪些？（10分）

考核知识点：服务规范

难易度：易

标准答案：

客服人员应具备的基本能力有注意力和观察力、应变和分析能力、社交和创新能力、语言表达和记忆能力。

Jb0707331083　座席人员的语言表达能力主要培养途径有哪些？（10分）

考核知识点：服务规范

难易度：易

标准答案：

座席人员的语言表达能力主要培养途径有文字阅读、日常表达、语言交流、写作练习。

Jb0707331084　对于客服座席人员的声音有哪些要求？（10分）

考核知识点：服务规范

难易度：易

标准答案：

（1）积极热情，声音听起来要富有活力，不能有气无力。

（2）自己讲话的语速与对用户所讲问题的反应速度要有节奏。

（3）语气要不卑不亢，不能盛气凌人，音量不能太大，也不能太小。
（4）语调不能太高，要学会运用抑扬顿挫。

Jb0707331085 《国家电网有限公司网络安全与信息通信应急管理办法》规定：应急演练工作遵循哪些保证安全的原则？（10 分）

考核知识点：规章制度

难易度：易

标准答案：

（1）依法依规。
（2）统筹规划突出重点。
（3）讲求实效协调配合。
（4）保证效果。

Jb0707331086　网络安全的基本属性有哪些？（10 分）

考核知识点：网络安全基础

难易度：易

标准答案：

网络安全的基本属性有完整性、机密性、可用性、可控性、不可抵赖性。

Jb0707331087　公司实行什么样的软件著作权管理体系？（10 分）

考核知识点：规章制度

难易度：易

标准答案：

（1）统一领导。
（2）分级负责。

Jb0707331088　公司信息系统运行管理贯彻什么方针？（10 分）

考核知识点：规章制度

难易度：易

标准答案：

公司信息系统运行管理贯彻安全第一、预防为主、综合治理的方针。

Jb0707331089　网络安全督查工作的主要目的是什么？（10 分）

考核知识点：网络安全基础

难易度：易

标准答案：

监督检查、督促网络安全管理技术要求和措施落实；采取有效手段督促隐患整改，持续提升网络安全防护能力、实现网络安全的可控、能控、在控。

Jb0707331090　网络安全与信息通信应急预案体系有哪些内容？至少写出两点。（10 分）

考核知识点：规章制度

难易度：易

标准答案：

（1）网络与信息系统突发事件处置应急预案

（2）通信系统突发事件处置应急预案

（3）全部在运信息系统的现场处置方案

（4）各类网络安全突发事件的现场处置方案

Jb0707331091　通知的适用范围有哪些？（10分）

考核知识点：业务知识

难易度：易

标准答案：

（1）批转下级机关的公文

（2）转发上级机关和不相隶属机关的公文

（3）发布规范性公文

（4）传达事项和任免人员

Jb0707331092 《国家电网有限公司信息系统上下线管理办法》中要求，信息系统上线试运行期不应少于多久？（10分）

考核知识点：规章制度

难易度：易

标准答案：

《国家电网有限公司信息系统上下线管理办法》中要求，信息系统上线试运行期不应少于90天。

Jb0707333093　账号登录策略有哪些？至少写出两点。（10分）

考核知识点：网络安全

难易度：难

标准答案：

（1）用户锁定时长。

（2）用户锁定统计周期。

（3）会话超时策略。

Jb0707331094　客服人员应使用普通话及规范化文明用语，具体该怎样做？（10分）

考核知识点：服务规范

难易度：易

标准答案：

（1）吐字清晰。

（2）语速适中。

（3）语调平和。

Jb0707331095　着装的TPO原则中，T、P、O分别代表什么？（10分）

考核知识点：服务规范

难易度：易

标准答案：

着装的 TPO 原则中，T、P、O 分别代表时间、场合、目的。

Jb0707331096　信通客服根据同步到哪种系统中的需求完成状态，对需求提出方进行回访，向用户提供变更说明或具体手册？（10 分）

考核知识点：业务知识

难易度：易

标准答案：

① I6000；② ICS。

Jb0707331097　座席人员登录 ICS 系统后软电话的状态有哪些？至少写出两点。

考核知识点：业务知识

难易度：易

标准答案：

座席人员登录 ICS 系统后软电话的状态有拨空闲座席、拨外线、小休。

Jb0707331098　请写出风险评估的三个要素。（10 分）

考核知识点：网络安全基础

难易度：易

标准答案：

风险评估的三个要素为资产、威胁、脆弱性。

Jb0707331099　信息通信客服培训工作按时间分类，可分为哪些？至少写出两点。（10 分）

考核知识点：服务规范

难易度：易

标准答案：

信息通信客服培训工作按时间分类，可分为岗前培训、计划性培训、专项培训。

Jb0707331100　座席分组信息维护包括哪些？至少写出两点。（10 分）

考核知识点：业务知识

难易度：易

标准答案：

座席分组信息维护包括新增下级、修改、删除。

Jb0707333101　操作系统的动态分区管理内存分配算法有哪些？至少写出两点。（10 分）

考核知识点：主机基础

难易度：难

标准答案：

操作系统的动态分区管理内存分配算法有首次适应算法、循环首次适应算法、最佳适应算法。

Jb0707331102　沟通风格分为哪几种人际风格？至少写出两点。（10 分）

考核知识点：服务规范

难易度：易

标准答案：

沟通风格的人际风格分为表现型、友善型、分析型、控制型。

Jb0707333103 常见的域名服务器种类有哪些？至少写出两点。（10分）

考核知识点：主机基础

难易度：难

标准答案：

常见的域名服务器种类有根（root）服务器、主域名服务器（Primary Servers）、辅助域名服务器（Secondary Servers）、专用缓存域名服务器（Cache-only servers）。

Jb0707333104 OSPF中虚链路不能穿过哪些区域？至少写出两点。（10分）

考核知识点：网络基础

难易度：难

标准答案：

OSPF中虚链路不能穿过NSSA区域、STUB区域。

Jb0707332105 公司突发事件应急预案体系由什么构成？（10分）

考核知识点：规章制度

难易度：中

标准答案：

公司突发事件应急预案体系由总体应急预案、专项应急预案、部门应急预案、现场处置方案构成。

Jb0707332106 一线客服座席对于用户提出的故障申报，应具备哪些能力？（10分）

考核知识点：业务知识

难易度：中

标准答案：

（1）故障类型判断能力。

（2）业务系统故障处理。

（3）用户桌面终端故障处理。

Jb0707332107 信息系统什么环境应安全隔离？至少写出两点。（10分）

考核知识点：业务知识

难易度：中

标准答案：

信息系统的开发、实际运行、办公环境应安全隔离。

Jb0707332108 座席人员在与客户打交道的过程中通常使用哪些方式与客户进行沟通和交流？（10分）

考核知识点：服务规范

难易度：中

标准答案：

座席人员在与客户打交道的过程中通常使用语言、网络、书面、媒体方式与客户进行沟通和交流。

Jb0707332109　请简述防火墙的主要功能。（10分）

考核知识点： 网络安全基础

难易度： 中

标准答案：

（1）过滤不安全的数据。

（2）控制不安全的服务和访问。

（3）记录网络连接的日志和使用统计。

（4）防止内部信息的外泄。

Jb0707332110　请简述防火墙的类型。（10分）

考核知识点： 网络安全基础

难易度： 中

标准答案：

防火墙的类型有包过滤防火墙、应用代理防火墙、复合型防火墙。

Jb0707331111　请简述 Windows 任务管理器能够实现的功能。至少写出两点。（10分）

考核知识点： 主机基础

难易度： 易

标准答案：

（1）结束进程。

（2）结束应用程序。

（3）查看 CPU 使用情况。

Jb0707332112　请简述投诉报告内容。至少写出两点。（10分）

考核知识点： 服务规范

难易度： 中

标准答案：

投诉报告内容包括投诉人信息、投诉情况简述、附语音文件。

Jb0707332113　请写出国家秘密的分类。（10分）

考核知识点： 规章制度

难易度： 中

标准答案：

国家秘密分为绝密、机密、秘密。

Jb0707332114　请简述运行绩效管理内容。至少写出两点。（10分）

考核知识点： 规章制度

难易度： 中

标准答案：

运行绩效管理内容包括指标库维护、制订考核方案、绩效考核。

Jb0707332115　信息系统业务运维工作的目标是什么？（10分）

考核知识点：规章制度

难易度：中

标准答案：

信息系统业务运维工作的目标是面向业务需求，增强服务运营意识，丰富服务形式，提升服务敏捷度，提高用户满意度，推动运行工作从“面向设备”到“面向业务与数据”转变，从“支撑业务”向“推动业务”转变，持续提升运维价值。

Jb0707332116 请简述班组培训管理的要点？（10分）

考核知识点：规章制度

难易度：中

标准答案：

（1）制订班组培训工作目标和计划。

（2）台账资料健全、报表准确及时。

（3）做好培训工作总结。

Jb0707332117 常用的外存储器有哪些？至少写出两点。（10分）

考核知识点：主机知识

难易度：中

标准答案：

常用的外存储器有光盘存储器、硬盘存储器、USB闪存存储器。

Jb0707332118 请写出NTFS与FAT32格式相比的优点。至少写出两点。（10分）

考核知识点：主机基础

难易度：中

标准答案：

（1）有一定防病毒能力。

（2）能够存放大于4G以上的文件。

（3）利用配额功能配合FTP分配磁盘空间使用。

Jb0707332119 请简述统计表主要组成部分。（10分）

考核知识点：业务知识

难易度：中

标准答案：

统计表主要组成部分包括表头、行标题、列标题、数字资料。

Jb0707332120 良好考核指标体系特征有哪些？至少写出两点。（10分）

考核知识点：规章制度

难易度：中

标准答案：

（1）多维度来衡量员工绩效。

（2）指标简单明了。

（3）指标容易测量。

Jb0707332121　请简述客户投诉等级。（10分）

考核知识点：服务规范

难易度：中

标准答案：

客户投诉等级分为特殊、重大、重要、一般。

Jb0707332122　请简述投诉处理的三项原则。（10分）

考核知识点：服务规范

难易度：中

标准答案：

（1）以解决问题为目的。

（2）先处理心情，再处理事情。

（3）信守承诺，积极反馈沟通。

Jb0707331123　请简述服务器虚拟化的定义。（10分）

考核知识点：虚拟化技术基础

难易度：易

标准答案：

虚拟化，是指通过虚拟化技术将一台计算机虚拟为多台逻辑计算机；在一台计算机上同时运行多个逻辑计算机，每个逻辑计算机可运行不同的操作系统，并且应用程序都可以在相互独立的空间内运行而互不影响，从而显著提高计算机的工作效率。

Jb0707332124　话务质检考核项包括哪些内容？（10分）

考核知识点：业务知识

难易度：中

标准答案：

话务质检考核项包括语音表现、服务态度、业务能力、规范用语。

Jb0707332125　用户王老师电话咨询186客服ERP财务问题，座席繁忙一线客服派发二线到财务管控系统，导致王老师问题无法得到解决，随后王老师进行投诉，请问这件投诉应该定责为什么类型？（10分）

考核知识点：服务规范

难易度：中

标准答案：

这件投诉应该定责为业务办理差错、业务理解差错。

Jb0707332126　业务需求收集工作要求信息通信客服妥善记录用户提出的哪些信息？至少写出两点。（10分）

考核知识点：服务规范

难易度：中

标准答案：

业务需求收集工作要求信息通信客服妥善记录用户提出的系统缺陷、新增业务需求、合理化建议。

Jb0707332127　一线客服在 ICS 系统中建立需求收集类工单，并在保存时自动存入需求库（需 ICS 项目组完善系统功能，建立需求库并可与 I6000 进行实时数据同步），需求库与什么系统相集成，显示用户个人提出的需求进展情况，用户可随时进行查看？（10 分）

考核知识点：业务知识

难易度：中

标准答案：

（1）客服网站。

（2）i 国网。

Jb0707331128　为避免“带病”上线运行，信息系统上线及阶段版本升级前应进行哪几方面的测评并整改通过？（10 分）

考核知识点：规章制度

难易度：易

标准答案：

为避免“带病”上线运行，信息系统上线及阶段版本升级前应进行安全性、可靠性、性能、可维护性、运行监控、易用性方面的测评并整改通过。

Jb0707332129　国家电网有限公司数字化工作部负责对信息通信客服工作进行检查考核，其内容主要包括哪些？（10 分）

考核知识点：规章制度

难易度：中

标准答案：

国家电网有限公司数字化工作部负责对信息通信客服工作进行检查考核，其内容主要包括工作规范性、工作量、工作质量、工作成效。

Jb0707333130　信息发布工作中，通过什么方式向信息通信系统用户发布信息？至少写出两点。（10 分）

考核知识点：业务知识

难易度：难

标准答案：

信息发布工作中，通过电话、短信、网站、邮件向信息通信系统用户发布信息。

Jb0707333131　资源申请处理后，二线运维人员填写的工单解决方案中应包含哪些内容？至少写出两点。（10 分）

考核知识点：业务知识

难易度：难

标准答案：

资源申请处理后，二线运维人员填写的工单解决方案中应包含信息通信系统信息、资源详细。

Jb0707333132　融合通信为应急工作提供哪些通信支持？至少写出两点。（10 分）

考核知识点：业务知识

难易度：难

标准答案：

融合通信为应急工作提供短信收发、电话通话、传真收发、视频会议。

Jb0707333133 简述物料管理的主数据，并举例说明都有哪些？（10分）

考核知识点：业务知识

难易度：难

标准答案：

物料管理的主数据包括静态主数据和动态主数据。

静态主数据是指参与业务、交易和记录的各种基本要素，包括：物料、供应商、客户、货源清单等。

动态主数据即交易数据指记录业务或交易过程信息的数据，包括采购申请、采购订单等。

Jb0707333134 福利保障系统供应商主数据不能同步，需要怎么处理？（10分）

考核知识点：业务知识

难易度：难

标准答案：

福利平台要求供应商编号为10位数，不足10位数也需在代码前方补0；抽取的供应商在抽取单位的二级公司代码下不存在；需核对检查该供应商在ERP集中部署或本地ERP财务系统中的公司代码是否为抽取单位或下级单位的二级公司代码。

Jb0707331135 基于域名的虚拟主机所具有的优点有哪些？至少写出两点。（10分）

考核知识点：主机基础

难易度：易

标准答案：

（1）不需要更多的IP地址。

（2）配置简单。

（3）无需特殊的软硬件支持。

（4）多数现代的浏览器支持这种虚拟主机的实现方法。

Jb0707333136 错误代码为0x0000001A的蓝屏台式机，如何恢复？（10分）

考核知识点：主机基础

难易度：难

标准答案：

（1）错误代码为0x0000001A属于内存报错，判断为内存问题。

（2）首先将内存拔下然后擦拭一下金手指，然后重新插入主板插口。

（3）如果有多根内存条，逐一擦拭检查。

（4）以上两种方式均不奏效时更换主板或内存条后重新调试。

第六章　信息通信客户服务代表高级工技能操作

Jc0707362001　制定监管工作计划。（100 分）

考核知识点：服务质量监督

难易度：中

技能等级评价专业技能考核操作工作任务书

一、任务名称

制定监管工作计划。

二、适用工种

信息通信客户服务代表高级工。

三、具体任务

以管理人员身份登录系统，制订监管工作计划。对监管工作计划进行任务分派。相关人员执行监管工作任务。

四、工作规范及要求

掌握系统的基本操作。

五、考核及时间要求

（1）本考核操作时间为 15 分钟，时间到停止考评，包括报告整理时间。

（2）问题查找和排除过程中，如确实不能查找出问题，可向考评员申请排除问题，该项问题项目不得分，但不影响其他项目。

技能等级评价专业技能考核操作评分标准

<table>
<tr><td>工种</td><td colspan="5">信息通信客户服务代表</td><td>评价等级</td><td>高级工</td></tr>
<tr><td>项目模块</td><td colspan="4">服务质量监督—计划管理</td><td>编号</td><td colspan="2">Jc0707362001</td></tr>
<tr><td>单位</td><td colspan="2"></td><td>准考证号</td><td colspan="2"></td><td>姓名</td><td></td></tr>
<tr><td>考试时限</td><td>15 分钟</td><td>题型</td><td colspan="3">单项操作</td><td>题分</td><td>100 分</td></tr>
<tr><td>成绩</td><td></td><td>考评员</td><td></td><td>考评组长</td><td></td><td>日期</td><td></td></tr>
<tr><td>试题正文</td><td colspan="7">制定监管工作计划</td></tr>
<tr><td>需要说明的问题和要求</td><td colspan="7">要求单人操作完成</td></tr>
</table>

序号	项目名称	质量要求	满分	扣分标准	扣分原因	得分
1	新增	（1）在“计划管理”界面，单击【新增】弹出“监管计划制订”界面。 （2）选择监管计划时间段、计划名称、填写监管对象和计划监管内容。 （3）单击【保存】完成监管计划制订；单击【返回】放弃当前新增的监管计划	25	未完成扣 25 分		

续表

序号	项目名称	质量要求	满分	扣分标准	扣分原因	得分
2	修改	（1）在“计划管理”界面，可通过计划监管对象、计划监管内容、计划监管人员、计划状态、开始时间、结束时间进行条件过滤查询搜索监管计划。 （2）选择一条要修改的监管计划，单击【修改】弹出“监管计划修改”界面。 （3）根据实际情况修改监管计划。 （4）单击【保存】完成监管计划修改（单击【返回】放弃修改监管计划）	25	未完成扣 25 分		
3	删除	（1）在“计划管理”界面，可通过计划监管对象、计划监管内容、计划监管人员、计划状态、开始时间、结束时间进行条件过滤查询搜索监管计划。 （2）选择要删除的监管计划（可多选），单击【删除】弹出删除确定提示信息。 （3）单击【确定】完成删除操作（单击【取消】放弃删除操作）	25	未完成扣 25 分		
4	明细	（1）在“计划管理”界面，可通过计划监管对象、计划监管内容、计划监管人员、计划状态、开始时间、结束时间进行条件过滤查询搜索监管计划。 （2）选择一条要查看明细的监管计划，单击【明细】弹出“监管计划信息”界面。 （3）在“监管计划信息”界面，可查看该监管计划的详细信息	25	未完成扣 25 分		
合计			100			

Jc0707362002　策略维护。（100 分）

考核知识点： 服务质量监督

难易度： 中

技能等级评价专业技能考核操作工作任务书

一、任务名称

策略维护。

二、适用工种

信息通信客户服务代表高级工。

三、具体任务

针对客户回访的规则和要求；策略维护是指对客户回访策略的增加、修改、删除、明细。

四、工作规范及要求

掌握系统的基本操作。

五、考核及时间要求

（1）本考核操作时间为 15 分钟，时间到停止考评，包括报告整理时间。

（2）问题查找和排除过程中，如确实不能查找出问题，可向考评员申请排除问题，该项问题项目不得分，但不影响其他项目。

技能等级评价专业技能考核操作评分标准

工种	信息通信客户服务代表					评价等级	高级工
项目模块	服务质量监督—策略维护				编号	Jc0707362002	
单位			准考证号			姓名	
考试时限	15分钟		题型	单项操作		题分	100分
成绩		考评员		考评组长		日期	
试题正文	策略维护						
需要说明的问题和要求	要求单人操作完成						

序号	项目名称	质量要求	满分	扣分标准	扣分原因	得分
1	新增	（1）在“策略维护”界面单击【新增】按钮，弹出“回访策略录入”界面。 （2）在“回访策略录入”界面输入相关信息。输入的信息包括：策略名称、回访方式、回访比例、最大回访数、用户分类、回访期限、回访时间段开始、回访时间段结束、服务记录内容。 （3）输入完成后，单击该页面上的【保存】或者【保存并继续】按钮，保存回访策略。 （4）单击【保存并继续】按钮保存当前策略记录，并刷新页面为新增状态，可以连续增加多条策略信息。 （5）单击【保存】按钮保存当前的输入信息，并返回回访策略	25	未完成扣25分		
2	修改	（1）在“策略维护”界面，可通过策略名称、用户分类、回访方式、回访最大数等条件过滤查询回访策略。 （2）选择一条需要修改的策略信息记录，单击【修改】弹出“回访策略修改”界面。 （3）在“回访策略修改”界面，根据实际情况修改策略信息。 （4）单击【保存】完成回访策略修改（单击【返回】放弃回访策略修改）	25	未完成扣25分		
3	删除	（1）在“策略维护”界面，可通过策略名称、用户分类、回访方式、回访最大数等条件过滤查询回访策略。 （2）选择要删除的回访策略记录（可多选），单击【删除】弹出删除确定提示信息。 （3）单击【确定】完成删除所选回访策略记录操作（单击【取消】放弃删除所选回访策略记录操作）	25	未完成扣25分		
4	明细	（1）在“策略维护”界面，可通过策略名称、用户分类、回访方式、回访最大数等条件过滤查询回访策略。 （2）选择一条要查看明细的回访策略记录，单击【明细】弹出“回访策略信息”界面。 （3）在“回访策略信息”界面，可查看所选回访策略的详细信息。 （4）单击【返回】关闭“回访策略信息”界面，返回“回访策略”页面	25	未完成扣25分		
合计			100			

Jc0707362003　回访抽样。(100 分)

考核知识点：服务质量监督

难易度：中

技能等级评价专业技能考核操作工作任务书

一、任务名称

回访抽样。

二、适用工种

信息通信客户服务代表高级工。

三、具体任务

根据回访策略的要求制定详细的回访计划，确定回访的工单、回访人。

四、工作规范及要求

掌握系统的基本操作。

五、考核及时间要求

（1）本考核操作时间为 15 分钟，时间到停止考评，包括报告整理时间。

（2）问题查找和排除过程中，如确实不能查找出问题，可向考评员申请排除问题，该项问题项目不得分，但不影响其他项目。

技能等级评价专业技能考核操作评分标准

工种	信息通信客户服务代表					评价等级	高级工
项目模块	服务质量监督—回访抽样				编号	Jc0707362003	
单位			准考证号			姓名	
考试时限	15 分钟		题型	单项操作		题分	100 分
成绩		考评员		考评组长		日期	
试题正文	回访抽样						
需要说明的问题和要求	要求单人操作完成						

序号	项目名称	质量要求	满分	扣分标准	扣分原因	得分
1	操作步骤	（1）根据实际需要选择合适的回访策略、抽样条件，单击【抽样】进行回访工单抽样。 （2）系统根据选择的回访策略及输入的条件抽取工单，并显示在列表中。 （3）根据列出的工单列表，选择一条或者多条记录，单击【选择执行人】按钮，为每个工单选择回访执行人；要分配给多个执行人，则分别选择不同的工单给不同的执行人即可。 （4）在将所有工单分配给回访执行人之后，单击【保存并下发】按钮，已经分配了执行人的工单正式生成回访任务，被分配到执行人处；系统提示“操作成功”。 （5）如果一个计划制定完成之后，需要连续制订下一个计划，则直接单击【重置】按钮，清空当前界面的内容，可进行下一个计划的制订	100	未完成扣 100 分		
合计			100			

第四部分
信息通信客户服务代表技师

第七章　信息通信客户服务代表技师技能笔答

单　选　题

Jb0707271001　因客服座席服务态度问题导致用户投诉，出现搪塞、推诿用户的现象，冒犯用户与之发生争执的属于（　　）。（3分）

A. 话务非致命错误　　B. 话务普通错误　　C. 话务致命错误　　D. 以上都不对

考核知识点：服务规范

难易度：易

标准答案：C

Jb0707271002　未征得客户同意，工单中出现涉及国家电网有限公司领导、重要业务部门人员业务系统账号、密码信息的情况属于（　　）。（3分）

A. 工单非致命错误　　B. 工单普通错误　　C. 工单致命错误　　D. 以上都不对

考核知识点：服务规范

难易度：易

标准答案：C

Jb0707271003　不是座席人员服务忌语的是（　　）。（3分）

A. “喂，说话。”　　B. “大点声，听不清。”

C. “查什么？”　　D. “请稍等。”

考核知识点：服务规范

难易度：易

标准答案：D

Jb0707271004　用户因线路、设备等原因听不清话语时，切忌条件反射，大声讲话，应（　　）。（3分）

A. 尽量提高音量　　B. 适当提高声音

C. 保持冷静温和　　D. 挂断电话，回拨

考核知识点：服务规范

难易度：易

标准答案：B

Jb0707271005　如因自身工作失误导致用户发脾气时，（　　）。（3分）

A. 客服人员要立即向用户赔礼道歉

B. 客服人员立即向用户解释清楚

C. 客服班组长向用户道歉并上报运营经理

D. 客服班组长向用户解释并上报运营经理

考核知识点：服务规范

难易度：易

标准答案：A

Jb0707271006　如果你打电话要找的人不在，应该说（　　）。（3分）

A.“我稍后再打来，再见！”

B.“给您添麻烦了，稍后我再打来，谢谢！”

C.“怎么会不在呢？给我找一找吧。”

D.“刚刚还在的，麻烦您通知一下吧。”

考核知识点：服务规范

难易度：易

标准答案：B

Jb0707271007　能够传递大量、准确信息的沟通方法是（　　）。（3分）

A. 电话　　B. E－mail　　C. 传真　　D. 面谈

考核知识点：服务规范

难易度：易

标准答案：B

Jb0707271008　下列选项中，不属于客服人员正确处理客户投诉原则的是（　　）。（3分）

A. 迅速采取行动　　B. 站在客户的立场将心比心

C. 先处理事件，后处理情感　　D. 耐心倾听客户的抱怨

考核知识点：服务规范

难易度：易

标准答案：C

Jb0707271009　举报工单，客户挂断电话后（　　）min 内完成工单审核，并派发至各省客服中心。（3分）

A. 3　　B. 10　　C. 20　　D. 30

考核知识点：业务知识

难易度：易

标准答案：C

Jb0707271010　用户提出自己不能准确回答的问题，或暂时无相关资料，或不熟悉公司的某些信息时，客服座席应当（　　）。（3分）

A. 根据自己的猜测回答用户的问题　　B. 回复“很抱歉，请您稍等一下，我帮您核实。”

C. 回复“我不知道/我不清楚。”　　D. 回复“麻烦您核实清楚再来电。”

考核知识点：服务规范

难易度：易

标准答案：B

Jb0707271011　当用户对客服代表进行表扬时，应答（　　）。（3分）

A.“好的，感谢您的表扬。”
B. 无需应答，继续正常通话
C.“不客气，这是我应该做的，请问您还需要其他帮助吗？”
D.“非常感谢您的反馈，我已经记录下来了。”
考核知识点：服务规范
难易度：易
标准答案：C

Jb0707271012 当用户有失误时，应当（ ）。（3分）
A. 直接对用户说“你搞错了”
B. 用“我觉得这里存在误解”来间接说明用户的错误
C. 直接对用户说“这不是我的问题。”
D. 对用户说“怎么搞的，重新填。”
考核知识点：服务规范
难易度：易
标准答案：B

Jb0707271013 关于客户服务人员的服务要求，以下说法有误的是（ ）。（3分）
A. 服务人员应使用标准普通话及规范化文明用语
B. 态度真诚、友善，回答用户问题清楚、直接
C. 吐字清晰、语音、语速适中，语调平和、优美、富有亲和力
D. 根据用户语速，可调整自己的语速，即使过快或过慢也要和用户保持一致
考核知识点：服务规范
难易度：易
标准答案：D

Jb0707271014 以下用语不属于文明礼貌用语的为（ ）。（3分）
A. 您好、请、好的
B. 谢谢、打扰了、劳驾
C. 对不起、麻烦您、不用谢
D. 不知道、不客气、再见
考核知识点：服务规范
难易度：易
标准答案：D

Jb0707271015 为了减少偏差，在通话过程中应当（ ）。（3分）
A. 确定对方的身份
B. 主动报上公司名称以及自己的职务
C. 仔细聆听，专心应对
D. 重复重要事项、人名和电话号码
考核知识点：服务规范
难易度：易
标准答案：D

Jb0707271016 目前内网邮件发送附件大小限制为（ ）。（3分）
A. 10M
B. 20M
C. 30M
D. 40M

考核知识点：业务知识

难易度：易

标准答案：B

Jb0707271017　计算机病毒是一种（　　）。（3分）

A. 被破坏的计算机部件　　B. 能传染的生物病毒

C. 操作系统　　D. 人为编制的具有破坏性的程序

考核知识点：网络安全基础

难易度：易

标准答案：D

Jb0707271018　接班人员要提前（　　）到岗接班。（3分）

A. 15min　　B. 5min　　C. 10min　　D. 20min

考核知识点：服务规范

难易度：易

标准答案：A

Jb0707271019　专用移动存储介质应由（　　）统一销毁，并做好记录。（3分）

A. 信息运维部门（单位）　　B. 使用人

C. 使用人在部门　　D. 以上选项都正确

考核知识点：规章制度

难易度：易

标准答案：A

Jb0707271020　《国家电网公司电力安全工作规程（信息部分）》规定，工作负责人工作前，对工作班成员进行工作任务、告知（　　），并确认每个工作班成员都已清楚并签名。（3分）

A. 安全措施　　B. 安全措施和风险点

C. 技术措施　　D. 风险点

考核知识点：规章制度

难易度：易

标准答案：B

Jb0707271021　安全事故报告“四不放过”不包括（　　）。（3分）

A. 事故原因未查清不放过　　B. 责任人员未处理不放过

C. 有关人员未受到教育不放过　　D. 应急方案未制定不放过

考核知识点：规章制度

难易度：易

标准答案：D

Jb0707271022　对于人员的网络安全管理要求中，下列（　　）说法是不正确的。（3分）

A. 要求第三方人员在访问前与公司签署安全责任合同书或保密协议

B. 因为第三方人员签署了安全责任合同书或保密协议，所以在巡检和维护时不必陪同

C. 对单位的新录用人员要签署保密协议
D. 对离岗的员工应立即终止其在信息系统中的所有访问权限
考核知识点：规章制度
难易度：易
标准答案：B

Jb0707271023 省电力公司级以上单位本地信息网络不可用，且持续时间 1h 以上，可判定为（ ）级信息系统事件。（3 分）
A. 五 B. 六 C. 七 D. 八
考核知识点：规章制度
难易度：易
标准答案：C

Jb0707271024 某存储介质上的文件为秘密级，则该文件最长的保密期为（ ）。（3 分）
A. 1 年 B. 5 年 C. 8 年 D. 10 年
考核知识点：规章制度
难易度：易
标准答案：D

Jb0707271025 信息通信客服人员通过电话、邮件或其他方式受理用户服务请求，（ ）查询知识库或公共信息，对于能够立即答复的请求，填写业务咨询工单，并及时归档。（3 分）
A. 首先 B. 随后 C. 认真 D. 同时
考核知识点：服务规范
难易度：易
标准答案：A

Jb0707271026 关于事件类工单流转过程中，以下描述不正确的为（ ）。（3 分）
A. 客服人员电话通知二线人员并跟踪解决进度
B. 客服人员监督工单处理时限并适时催办
C. 发送工单后，客服人员无需联系二线人员
D. 客服人员需及时反馈用户进度
考核知识点：服务规范
难易度：易
标准答案：C

Jb0707271027 信息系统上线前，应删除（ ），并修改系统账号默认口令。（3 分）
A. 系统账号 B. 临时账号 C. 日志记录 D. 数据库数据
考核知识点：规章制度
难易度：易
标准答案：B

Jb0707271028 绩效考评是对员工一段时间内的工作情况和（ ）所进行的考核，是这段时

间的工作总结。（3分）

A. 绩效目标　B. 绩效计划　C. 工作计划　D. 工作目标

考核知识点：规章制度

难易度：易

标准答案：A

Jb0707271029　创建门户账号后，发现有重名的账号，先在（　）系统中修改门户账号名称。（3分）

A. 总部统一权限　B. 总部目录　C. 总部人资　D. 直属单位统一权限

考核知识点：业务知识

难易度：易

标准答案：D

Jb0707271030　信息通信客服要（　）用户提出的系统缺陷、新增业务需求和合理化建议等，及时报告信息通信系统运行维护单位（部门）。（3分）

A. 了解　B. 妥善记录　C. 掌握　D. 指导

考核知识点：服务规范

难易度：易

标准答案：B

Jb0707272031　在管理信息内外网终端设备上启用无线通信功能应经（　）批准。（3分）

A. 上级单位　B. 相关单位（部门）

C. 相关运维单位（部门）　D. 信息运维单位（部门）

考核知识点：服务规范

难易度：中

标准答案：D

Jb0707272032　国家电网有限公司外网邮件系统是公司的基础业务应用系统，采用（　）的运行管理模式。（3分）

A. 分级不分层　B. 分层不分级　C. 分级分层　D. 不分级也不分层

考核知识点：规章制度

难易度：中

标准答案：C

Jb0707272033　下列不是各单位互联网专业职能管理部门主要职责的是（　）。（3分）

A. 负责本单位信息系统缺陷管理工作

B. 负责贯彻落实公司信息系统缺陷管理工作的制度、标准和规范体系

C. 负责本单位信息系统缺陷管理工作的协调、监督、检查、评价和考核工作

D. 负责运维范围内信息系统典型缺陷的审核、上报工作

考核知识点：规章制度

难易度：中

标准答案：D

Jb0707272034 事故报告制度，每级上报时间不得超过（ ）。（3分）

A. 30min B. 1h C. 2h D. 5h

考核知识点：规章制度

难易度：中

标准答案：B

Jb0707272035 提供网络服务或扩大网络边界应经（ ）批准。（3分）

A. 信息运维单位（部门） B. 互联网专业职能管理部门

C. 信息架构督查管理部门（单位） D. 业务归口管理部门（单位）

考核知识点：规章制度

难易度：中

标准答案：A

Jb0707272036 涉密人员离岗、离职前应当将报关和使用的涉密载体全部清退，并（ ）。（3分）

A. 等级销毁 B. 订卷归档 C. 办理移交手续 D. 妥善保管

考核知识点：规章制度

难易度：中

标准答案：C

Jb0707272037 《国家电网有限公司网络与信息系统安全管理办法》规定：网络安全岗位人员发生调动、离职等工作变化时，应在调动（离职）前收回相关访问权限并签署保密协议，调动（离职）后（ ）个工作日内应修改原岗位人员所有账号口令。（3分）

A. 3 B. 5 C. 7 D. 10

考核知识点：规章制度

难易度：中

标准答案：D

Jb0707272038 在信息系统上工作，下列（ ）是保证安全的组织措施。（3分）

A. 操作票制度 B. 工作票制度 C. 调度值班制度 D. 工作票变更制度

考核知识点：规章制度

难易度：中

标准答案：B

Jb0707272039 一、二类业务系统的版本升级、（ ）、数据操作等检修工作需要填用信息工作票。（3分）

A. 漏洞修复 B. 系统巡检 C. 数据查询 D. 数据备份

考核知识点：规章制度

难易度：中

标准答案：A

Jb0707272040 信息作业现场的（ ）和检修条件等应符合有关标准、规范的要求。（3分）

A. 生产条件 B. 检修条件 C. 作业条件 D. 任务交底

考核知识点：规章制度
难易度：中
标准答案：A

Jb0707272041　当有知识发布申请或者信息公告发布申请提交后需要审核时，审核人员可通过（　　）功能进行审核。（3分）
A. 已办工作单　B. 待办工作单　C. 历史工作单　D. 业务处理
考核知识点：业务知识
难易度：中
标准答案：B

Jb0707272042　公司信息通信系统检修工作遵循“应修必修、修必修好”的原则，实行统一领导、（　　）。（3分）
A. 分级管理　B. 分级负责　C. 分组管理　D. 分组负责
考核知识点：规章制度
难易度：中
标准答案：C

Jb0707272043　采取措施对信息外网办公计算机的互联网访问情况进行记录，记录要可追溯，并保存（　　）以上。（3分）
A. 六个月　B. 一个月　C. 两个月　D. 四个月
考核知识点：规章制度
难易度：中
标准答案：A

Jb0707272044　网络设备或安全设备检修前，应（　　）。（3分）
A. 备份业务数据　B. 备份日志文件　C. 备份运行参数　D. 备份配置文件
考核知识点：规章制度
难易度：中
标准答案：D

Jb0707272045　内向型问题用户言语不多，受外界影响不大，有时表现为反应比较慢，不愿意表达自己，情感不外露，所以在处理内向型用户的投诉时应（　　）。（3分）
A. 权威的形象出现，并提供有理有据的解决方案
B. 有理有据，以理服人
C. 耐心引导，使其说出真实想法
D. 态度要热情，多花一点时间倾听
考核知识点：服务规范
难易度：中
标准答案：C

Jb0707272046　语言沟通包括两项，除口头沟通还包括（　　）。（3分）

A. 肢体沟通　B. 文字沟通　C. 影像沟通　D. 乐器沟通

考核知识点：服务规范

难易度：中

标准答案：B

Jb0707272047　服务人员只有为客户提供金牌服务，才能站稳脚跟。下列选项中，不属于金牌客户服务的表现是（　　）。（3分）

A. 设身处地为客户着想　B. 提供一次优质的服务

C. 迅速响应客户需求　D. 主动帮助客户解决问题

考核知识点：服务规范

难易度：中

标准答案：B

Jb0707272048　组织的矛盾和问题必须得以及时解决，这属于协商原则的（　　）。（3分）

A. 关键性原则　B. 整体优化原则　C. 目标导向原则　D. 及时性原则

考核知识点：技能知识

难易度：中

标准答案：D

Jb0707272049　客服人员与用户通话过程中如需中途咨询其他客服专员时，应（　　）避免在录音中出现杂音。（3分）

A. 按下"静音键"　B. 按下"等待键"　C. 按下"小休键"　D. 握住话筒

考核知识点：服务规范

难易度：中

标准答案：A

Jb0707272050　服务人员心理压力产生的市场因素有服务行业竞争加剧、来自社会监督的压力和（　　）。（3分）

A. 客户期望值的提升　B. 服务需求波动　C. 超负荷的工作　D. 服务技能不足

考核知识点：服务规范

难易度：中

标准答案：B

Jb0707272051　回访抽样指根据（　　）的要求制订详细的回访计划，确定回访的工单、回访人。（3分）

A. 工单　B. 电话　C. 回访方案　D. 回访策略

考核知识点：服务规范

难易度：中

标准答案：D

Jb0707272052　信息通信客服如收到用户投诉时，应说（　　）。（3分）

A. "很抱歉，我们不提供此项服务。"

B.“您提的意见我们一定慎重考虑，欢迎多提宝贵意见。”
C.“很抱歉，您咨询的问题不是我公司业务，请您拨打其他服务热线××××××××”
D.“对不起，我们的××问题给您添麻烦了，很抱歉。”
考核知识点：服务规范
难易度：中
标准答案：D

Jb0707272053 以下不属于沟通技巧的是（　　）。（3分）
A. 谨慎小心　B. 换位思考　C. 真诚赞美　D. 善意批评
考核知识点：服务规范
难易度：中
标准答案：A

Jb0707272054 沟通中最重要的就是用心聆听，即站在用户的角度，了解用户的需求，也就是带（　　）听，只有这样才能赢得用户的信任。（3分）
A. 好奇心　B. 同情心　C. 平常心　D. 认同心
考核知识点：服务规范
难易度：中
标准答案：B

Jb0707272055 下列存储器中，存取速度最快的是（　　）。（3分）
A. 内存　B. 硬盘　C. U盘　D. 光盘
考核知识点：主机基础
难易度：中
标准答案：A

Jb0707272056 通话者的（　　）、态度和使用的语言被人们称作“电话三要素”。（3分）
A. 内容　B. 情感　C. 声音　D. 谈吐
考核知识点：服务规范
难易度：中
标准答案：C

Jb0707272057 正确对待沟通需要沟通双方有（　　）态度。（3分）
A. 折衷性　B. 回避性　C. 迁就性　D. 合作性
考核知识点：服务规范
难易度：中
标准答案：D

Jb0707272058 （　　）设备既是输入设备又是输出设备。（3分）
A. 键盘　B. 打印机　C. 硬盘　D. 显示器
考核知识点：主机基础
难易度：中

标准答案：C

Jb0707272059　班长在监听所选择的正在通话中座席的通话时，可选择取消监听、强拆、（　　）、拦截等操作。（3分）

A. 三方通话　　B. 挂断　　C. 中断　　D. 强插

考核知识点：业务知识

难易度：中

标准答案：D

Jb0707272060　声音是具有感染力的，以下不属于声音感染力的要素的为（　　）。（3分）

A. 微笑，积极，自信　　B. 语句，停顿，提问

C. 音量，音调，发音　　D. 语气，语速，节奏

考核知识点：服务规范

难易度：中

标准答案：B

Jb0707272061　在信通客服网站系统“联系人维护”页面，单击（　　）可查询联系人详细信息。（3分）

A. 姓名　　B. 编号　　C. 单位　　D. 部门

考核知识点：业务知识

难易度：中

标准答案：B

Jb0707272062　服务人员是（　　）的提供者。（3分）

A. 服务行为　　B. 服务活动　　C. 客户满意　　D. 营销活动

考核知识点：服务规范

难易度：中

标准答案：A

Jb0707272063　要提高客户的满意度，（　　）必须有明确的提高。（3分）

A. 核心服务价值　　B. 产品　　C. 服务质量　　D. 技术

考核知识点：服务规范

难易度：中

标准答案：A

Jb0707272064　培训项目的确定，主要采用（　　）等方法。（3分）

A. 直接记录法和头脑风暴法　　B. 直接记录法和专家分析法

C. 查阅资料法和专家分析法　　D. 问卷调查法和头脑风暴法

考核知识点：技能知识

难易度：中

标准答案：B

Jb0707272065　在协同办公系统中，文件类型与文件字是（　　）的关系。（3分）

A. 一对一　　B. 多对一　　C. 多对多　　D. 以上均不对

考核知识点：业务知识

难易度：中

标准答案：A

Jb0707272066　WPS表格中，如果希望对数值设置为人民币大写，应该在单元格格式中选择（　　）下的“人民币大写”格式。（3分）

A. 数值格式　　B. 特殊格式　　C. 会计专用　　D. 货币格式

考核知识点：业务知识

难易度：中

标准答案：B

Jb0707272067　当遇到无事生非的投诉时采用（　　）。（3分）

A. 平抑怒气法　　B. 委婉否认法　　C. 转化法　　D. 转移法

考核知识点：服务规范

难易度：中

标准答案：D

Jb0707272068　在系统主菜单中单击【服务质量监督】模块，在服务质量监督模块中单击（　　），展开抽样调查菜单文件夹，单击【抽样任务查询】进入抽样任务查询页面。（3分）

A. 关键指标监控　　B. 抽样调查　　C. 监管计划　　D. 监督管理

考核知识点：业务知识

难易度：中

标准答案：B

Jb0707272069　与不同类型的人沟通时，需多使用图表的是（　　）。（3分）

A. 分析型和支配型　　B. 分析型和表达型　　C. 支配型和表达型　　D. 支配型和和蔼型

考核知识点：服务规范

难易度：中

标准答案：A

Jb0707271070　客户服务代表的沟通就是代表（　　）的沟通。（3分）

A. 个人与客户　　B. 企业领导与客户　　C. 企业员工与客户　　D. 企业与客户

考核知识点：服务规范

难易度：易

标准答案：D

Jb0707273071　在原工作票的安全措施范围内增加工作任务时，应由（　　）征得（　　）和（　　）同意，并在工作票上增填工作项目。（3分）

A. 工作负责人、工作票签发人、工作许可人

B. 工作票签发人、工作负责人、工作许可人

C. 工作许可人、工作负责人、工作票签发人
D. 以上都不对
考核知识点：规章制度
难易度：难
标准答案：A

Jb0707273072　业务系统上线前，应在（　　）的测试机构进行安全测试，并取得检测合格报告。（3分）
A. 具有资质　B. 国内　C. 行业内　D. 国家电网有限公司内
考核知识点：规章制度
难易度：难
标准答案：A

Jb0707273073　186客服中心在回复（回访）客户过程中，当客户提出新的诉求时，应（　　），不应回退原工单。（3分）
A. 退单并添加新的诉求
B. 开展满意度回访后回退工单并添加新诉求
C. 优先处理原诉求并开展满意度回访添加新诉求后派发工单
D. 优先处理原诉求并开展满意度回访，新的诉求应派发新工单
考核知识点：业务知识
难易度：难
标准答案：D

Jb0707271074　服务人员具备良好的心理素质和职业道德，热情服务、真诚待客，符合服务标准化（　　）。（3分）
A. 真诚服务原则　B. 主动服务原则　C. 及时服务原则　D. 方便客户原则
考核知识点：服务规范
难易度：易
标准答案：A

Jb0707273075　《国家电网有限公司信息系统账号实名制管理细则》规定：公司系统内、系统外调入、招聘等增员业务发生时，账号使用人员所在单位（部门）人力资源管理部门在人员到岗日期起（　　）个工作日内完成ERP系统操作。（3分）
A. 3　B. 5　C. 7　D. 10
考核知识点：规章制度
难易度：难
标准答案：A

Jb0707273076　在工作票制度中，工作票由（　　）或（　　）填写。（3分）
A. 工作负责人、工作班成员　B. 工作负责人、工作许可人
C. 工作票签发人、工作许可人　D. 工作负责人、工作票签发人
考核知识点：规章制度

难易度：难
标准答案：D

Jb0707273077 国家电网有限公司网络安全防护体系中所指的纵向安全边界不包括（ ）。（3分）

A. 国家电网公司与各网省公司的网络接口
B. 各网省公司与地市公司间的网络接口
C. 上级公司与下级公司间的网络接口
D. 各公司与因特网间的网络接口

考核知识点：规章制度
难易度：难
标准答案：D

Jb0707273078 信息检修工作如需关闭（ ），应确认所承载的业务可停用或已转移。（3分）

A. 网络设备、主机设备
B. 安全设备、存储设备
C. 网络设备、安全设备
D. 主机设备、存储设备

考核知识点：规章制度
难易度：难
标准答案：C

Jb0707273079 有固定职场、座席集中，客户服务代表在固定职场集中为客户提供服务称为（ ）。（3分）

A. 外包呼叫中心 B. 自用呼叫中心 C. 实体呼叫中心 D. 托管型呼叫中心

考核知识点：服务规范
难易度：难
标准答案：C

Jb0707273080 各省（自治区、直辖市）电力公司及直属单位用户业务咨询，若需要总部提供技术支持，在一般业务咨询受理工作要求基础上，调整时限要求，具体为：各省（自治区、直辖市）电力公司及直属单位一线客服座席在收到反馈结果后（ ）h完成用户回访并关闭工单。（3分）

A. 0.5 B. 1 C. 2 D. 3

考核知识点：规章制度
难易度：难
标准答案：C

Jb0707273081 在协同办公系统中，文件定版正确操作步骤是（ ）。（3分）

A. 转版－盖章－编号－生成正式文件
B. 盖章－转版－编号－生成正式文件
C. 编号－生成正式文件－转版－盖章
D. 转版－盖章－生成正式文件－编号

考核知识点：业务知识
难易度：难
标准答案：C

Jb0707273082 信息系统客户服务“十项承诺”要求受理客户投诉后，（ ）h内联系客户，（ ）h答复处理意见，做到有诉必复，及时处理。（3分）

A. 0.5，1　　B. 0.5，2　　C. 1，2　　D. 2，24

考核知识点：规章制度

难易度：难

标准答案：D

Jb0707273083　公司统一组织开发软件（包括基于成品软件二次开发形成的软件）的著作权管理与保护工作流程不包括（　　）。（3分）

A.招标采购阶段　　B. 开发实现阶段　　C. 软件测试阶段　　D. 上线阶段

考核知识点：规章制度

难易度：难

标准答案：C

Jb0707273084　根据客服业务技能分组，根据座席（　　）分为故障报修、业务咨询、信息查询、投诉举报等。（3分）

A. 业务技能熟练程度　　B. 业务能力

C. 技能熟练程度　　D. 服务意识

考核知识点：规章制度

难易度：难

标准答案：A

Jb0707273085　重点专席需要在故障申报处理完毕后1个工作日内，对重点用户进行（　　）次回访。（3分）

A. 0.5　　B. 0.8　　C. 0.9　　D. 1

考核知识点：规章制度

难易度：难

标准答案：D

Jb0707273086　由于ICS系统故障导致工单无法派发时，客服座席线下记录工单并建立派单信息表，通过电话、邮件方式通知二线处理，且每（　　）h跟进一次问题处理进度。（3分）

A. 1　　B. 2　　C. 3　　D. 4

考核知识点：规章制度

难易度：难

标准答案：B

Jb0707273087　软硬件信息功能是对联系人的软硬件信息进行（　　）、修改、删除、查看等操作。（3分）

A. 新增　　B. 取消　　C. 整改　　D. 增加

考核知识点：规章制度

难易度：难

标准答案：D

Jb0707272088　作为一名优秀的客服人员，需要培养良好的通话习惯，以下通话习惯不恰当的

为（　　）。（3分）

A. 微笑着说话
B. 尽量缩短"请稍后"的时间
C. 不小心切断的电话，应随时等待对方回拨
D. 等对方挂断后再挂断电话
考核知识点：服务规范
难易度：中
标准答案：C

Jb0707273089　IT行业的客户服务人员，靠的是专业知识和技能提供服务，客服人员容易在用户面前炫耀自己的专业知识，揭用户的短，这是客户服务中很忌讳的一点。因此，（　　）是做好客户服务工作的要素之一。（3分）

A. 勇于承担责任　　B. 不轻易承诺，说到就要做到
C. 忍耐与宽容　　D. 谦虚
考核知识点：服务规范
难易度：难
标准答案：D

Jb0707273090　若用户表示资源申请服务请求没有得到满意解决，那么一线客服应该（　　）。（3分）

A. 告诉二线解决人员处理　　B. 告诉客服主管
C. 再次记录并处理　　D. 记录客户不满意的地方后关单
考核知识点：规章制度
难易度：难
标准答案：C

Jb0707273091　用户可通过信通客服网站系统中（　　）菜单查看自己已提交的请求。（3分）

A. 服务请求　　B. 服务跟踪　　C. 服务指南　　D. 服务评价
考核知识点：业务知识
难易度：难
标准答案：B

Jb0707273092　在协同办公系统中，督查督办事项跟踪中打开通知单，不可看到与该通知单相关的哪项（　　）。（3分）

A. 督办计划　　B. 督办反馈　　C. 督办结束申请　　D. 督办报告
考核知识点：业务知识
难易度：难
标准答案：D

Jb0707273093　账号权限被禁的情况是（　　）。（3分）

A. 超出用户实际权责　　B. 进行重大秘密泄露
C. 账号超期　　D. 多人使用同一账号

考核知识点：规章制度
难易度：难
标准答案：A

Jb0707273094　一台完整的计算机应包括（　　）。（3分）
A. 计算机及外部设备　　B. 主机箱、键盘、显示器和打印机
C. 硬件系统和软件系统　　D. 系统软件和系统硬件
考核知识点：主机基础
难易度：难
标准答案：C

Jb0707273095　对于个别问题，协调者可以正式或者非正式地同个别人员交谈，征求看法，提出自己的想法。这种协调方式属于（　　）。（3分）
A. 当面表态法　　B. 冷处理　　C. 谈心法　　D. 跟踪处理法
考核知识点：服务规范
难易度：难
标准答案：C

Jb0707273096　有关同理心的描述，不正确的是（　　）。（3分）
A. 同理心就是指设身处地，体会对方的感觉并且表达出来
B. 富有同理心人一般能够做到设身处地体会别人的感受或痛苦
C. 同理心对于沟通非常重要
D. 缺乏同理心的人往往喜欢“把自己脚放在别人的鞋里”
考核知识点：服务规范
难易度：难
标准答案：D

Jb0707273097　以下关于电子邮件的叙述中，（　　）是不正确的。（3分）
A. 打开来历不明的电子邮件附件可能会传染计算机病毒
B. 在网络拥塞的情况下，发送电子邮件后，接受者可能无法立即收到
C. 在试发电子邮件时，可以向自己的 E－mail 邮箱发送一封邮件
D. 电子邮箱的容量指的是用户当前使用的计算机上分配给电子邮箱的硬盘空间
考核知识点：业务知识
难易度：难
标准答案：D

Jb0707272098　当网络出现连接故障时，一般应首先检查（　　）。（3分）
A. 系统病毒　　B. 路由配置　　C. 物理连通性　　D. 主机故障
考核知识点：网络基础
难易度：中
标准答案：C

Jb0707273099 TCP/IP 协议分为四层，分别为应用层、传输层、网络层和网络接口层。下面不属于应用层协议的是（ ）。（3 分）

A. SNMP　　B. UDP　　C. TELNET　　D. FTP

考核知识点：网络基础

难易度：难

标准答案：B

Jb0707273100 查看 SAP 表的 buffer 是否已设置，应该使用以下（ ）事务代码。（3 分）

A. SE16　　B. SA38　　C. SE13　　D. SE03

考核知识点：业务知识

难易度：难

标准答案：C

Jb0707273101 使用（ ）事务代码可以调整内存参数。（3 分）

A. ST03　　B. RZ10　　C. ST02　　D. RZ11

考核知识点：业务知识

难易度：难

标准答案：B

Jb0707273102 在 SAP ECC 系统中，使用（ ）事务代码可以查看 ECC 实例锁记录清单。（3 分）

A. SM21　　B. DB01　　C. SM13　　D. SM12

考核知识点：业务知识

难易度：难

标准答案：D

Jb0707273103 SAP ERP 系统中，检查 SAP 实例运行情况的事务代码是（ ）。（3 分）

A. SM51　　B. SM11　　C. DB12　　D. DB13

考核知识点：业务知识

难易度：难

标准答案：A

Jb0707273104 以下关于为用户分配权限的说法，（ ）是正确的。（3 分）

A. 将事务码直接分配给用户　　B. 将用户加入用户组

C. 将特定的角色分配给用户　　D. 由用户自己添加权限

考核知识点：规章制度

难易度：难

标准答案：C

Jb0707273105 每个实例中可以有（ ）更新服务处于活动状态。（3 分）

A. 1 个

B. 2 个

C. 由 SAP R/3 系统根据需要自动调整数量
D. 基于可用的资源，根据实际使用情况，管理员必须事先设置任务的数量
考核知识点：业务知识
难易度：难
标准答案：D

Jb0707273106　（　　）程序负责在操作系统基本执行传输作业。（3 分）
A. R3load　B. R3trans　C. tp　D. pmon
考核知识点：主机基础
难易度：难
标准答案：C

Jb0707273107　根据一致性原则，SAP 推荐使用（　　）管理工具来管理 ORACLE。（3 分）
A. ORACLE 客户端　B. SQL PLUS　C. OEM　D. BRTOOLS
考核知识点：业务知识
难易度：难
标准答案：D

Jb0707273108　通过（　　）级别重组可以为所在文件系统节省空间。（3 分）
A. 表　B. 表空间　C. 索引　D. extent
考核知识点：业务知识
难易度：难
标准答案：B

Jb0707273109　当一个更新记录等待更新时，它处于（　　）状态。（3 分）
A. 激活　B. 被释放　C. 初始　D. 启动
考核知识点：业务知识
难易度：难
标准答案：D

多　选　题

Jb0707281110　服务支持主要包括服务指南和资源下载两项内容来供用户（　　）。（5 分）
A. 查询　B. 下载　C. 重置　D. 删除
考核知识点：服务规范
难易度：易
标准答案：AB

Jb0707281111　国家电网有限公司信息通信运行工作要做到检修工作（　　）及检修完成后的验收工作。（5 分）
A. 方案审核　B. 现场监护　C. 建立设备　D. 环境准备
考核知识点：规章制度
难易度：易

标准答案：ABD

Jb0707282112　信息系统运行工作内容主要包括（　　）、（　　）、（　　）、（　　）、接入管理、运行方式执行、账号权限管理、设备管理、缺陷管理、故障管理、运行分析、安全保障等。（5 分）

A. 运行监测　　B. 巡视巡检　　C. 两票管理　　D. 运行监护

考核知识点：规章制度

难易度：中

标准答案：ABCD

Jb0707282113　国家电网有限公司信息调度将系统突发事件的（　　）及时通知客户服务部门，由客户服务部门分级做好运维范围内用户解释工作，国家电网有限公司信息调度同时向相关单位发布影响范围和处置情况。（5 分）

A. 开始时间　　B. 影响范围　　C. 严重程度　　D. 紧迫性

考核知识点：规章制度

难易度：中

标准答案：BCD

Jb0707283114　用户关系组是需求中心与用户沟通的窗口，其主要职责如下：负责收集本单位用户的需求类服务请求，准确详细记录用户信息、（　　）、需求提报时间等；负责（　　），记录并反馈（　　）。跟踪需求处理进度，负责及时与用户沟通反馈需求处理进度及状态变更情况。负责定期出具需求收集、处理情况报告。负责按计划定期开展需求收集工作。（5 分）

A. 问题咨询　　B. 需求描述　　C. 用户回访　　D. 需求处理结果

考核知识点：业务知识

难易度：难

标准答案：BCD

Jb0707283115　国家电网有限公司信息系统业务授权许可使用管理办法中所称的信息系统用户是指经公司批准，允许使用信息系统开展公司（　　）的公司在岗人员。（5 分）

A. 生产　　B. 经营　　C. 管理业务　　D. 业绩

E. 后期维护

考核知识点：规章制度

难易度：难

标准答案：ABC

判　断　题

Jb0707281116　一张信息工作任务单中，工作签发人与工作负责人可以互相兼任。（3 分）

A. 对　　B. 错

考核知识点：规章制度

难易度：易

标准答案：B

Jb0707281117　无需经业务部门许可，可根据用户业务需求，为用户提供可查询的数据。（3分）

A. 对　　　　B. 错

考核知识点：规章制度

难易度：易

标准答案：B

Jb0707281118　突发事件分为自然灾害类、事故灾难类、公共卫生类、社会安全类四类。（3分）

A. 对　　　　B. 错

考核知识点：规章制度

难易度：易

标准答案：A

Jb0707281119　信息工作票一份由工作负责人收执，另一份由工作票签发人收执。（3分）

A. 对　　　　B. 错

考核知识点：规章制度

难易度：易

标准答案：B

Jb0707281120　《国家电网有限公司网络与信息系统安全管理办法》规定：加强非集中办公区域的内网接入安全管理，严格履行审批程序，按照公司集中办公区域相关要求落实网络安全管理与技术措施，信息内网禁止使用无线网络组网。（3分）

A. 对　　　　B. 错

考核知识点：规章制度

难易度：易

标准答案：A

Jb0707281121　卸载或禁用计算机防病毒、桌面管理等安全防护软件，拆卸、更换终端设备软件，应经信息运维单位（部门）批准。（3分）

A. 对　　　　B. 错

考核知识点：规章制度

难易度：易

标准答案：A

Jb0707281122　业务运维人员负责处理一线客服座席或信息通信调度人员的业务故障处理请求。（3分）

A. 对　　　　B. 错

考核知识点：规章制度

难易度：易

标准答案：A

Jb0707281123　在沟通中，发送的不仅仅是信息，还有思想和情感。（3分）

A. 对　　　　B. 错

考核知识点：服务规范

难易度：易

标准答案：A

Jb0707282124　客服主管负责客服规范、服务质量管控、培训、工单派发、绩效及应急等日常管理工作。（3 分）

A. 对　　B. 错

考核知识点：规章制度

难易度：中

标准答案：A

Jb0707282125　严禁授权许可永久使用期限的账号。（3 分）

A. 对　　B. 错

考核知识点：规章制度

难易度：中

标准答案：A

Jb0707282126　办公计算机可以开展移动协同办公业务。（3 分）

A. 对　　B. 错

考核知识点：规章制度

难易度：中

标准答案：B

Jb0707282127　一线客服人员根据用户所提出的问题判断该工单为事件类工单，接听电话的同时在信息通信客户呼叫中心系统创建工单。（3 分）

A. 对　　B. 错

考核知识点：业务知识

难易度：中

标准答案：B

Jb0707282128　客户诉求非供电公司管理、受理范围的情况属于咨询工单。（3 分）

A. 对　　B. 错

考核知识点：规章制度

难易度：中

标准答案：A

Jb0707282129　186 客服中心通过 186 电话、信息通信客服网站等方式向客户提供信息咨询服务。（3 分）

A. 对　　B. 错

考核知识点：业务知识

难易度：中

标准答案：A

Jb0707282130 因某种原因引起信息系统故障时，不用向用户道歉。（3 分）

A. 对　　　　B. 错

考核知识点：服务规范

难易度：中

标准答案：B

Jb0707282131 终端涉密检查工具能够粉碎的文件数据，包含粉碎全盘数据、粉碎磁盘剩余空间数据、粉碎删除文件记录、粉碎目录、粉碎文件、粉碎 NTFS 日志文件记录。（3 分）

A. 对　　　　B. 错

考核知识点：业务知识

难易度：中

标准答案：A

Jb0707282132 回访不成功的，应注明失败原因，办结工单。（3 分）

A. 对　　　　B. 错

考核知识点：服务规范

难易度：中

标准答案：B

Jb0707282133 座席登录系统时，根据本机 IP 地址，查找相应的物理分机号。（3 分）

A. 对　　　　B. 错

考核知识点：业务知识

难易度：中

标准答案：A

Jb0707282134 客户服务代表与客户电话沟通时应注意避免使用很专业的术语。（3 分）

A. 对　　　　B. 错

考核知识点：服务规范

难易度：中

标准答案：A

Jb0707282135 信通客服网站系统的“检修公告”菜单下包括信息公告维护，资源下载维护，检修计划维护。（3 分）

A. 对　　　　B. 错

考核知识点：业务知识

难易度：中

标准答案：B

Jb0707282136 座席实时监控功能让管理人员查看和了解当前座席的工作状态。（3 分）

A. 对　　　　B. 错

考核知识点：业务知识

难易度：中

标准答案：B

Jb0707283137　在信通客服网站系统菜单依次单击【系统管理】→【检修计划维护】，进入检修计划维护页面，在此界面可以对检修计划进行基本的增删改查工作。（3分）

A. 对　　　　B. 错

考核知识点：业务知识

难易度：难

标准答案：A

Jb0707283138　座席人员上岗前需要查看交接班记录，了解重要投诉举报事件。（3分）

A. 对　　　　B. 错

考核知识点：规章制度

难易度：难

标准答案：A

Jb0707283139　原则上三线技术支持管理机构只受理二线运维服务请求，应急情况下可接受各地市（县）公司服务请求。（3分）

A. 对　　　　B. 错

考核知识点：规章制度

难易度：难

标准答案：A

Jb0707283140　三线技术支持中心负责统一管理三线技术支持服务，建立由运维单位、信息系统承建厂商、软硬件设备供应商和集成服务商组成的三线技术支持队伍，协助信息系统运维单位解决问题或提供专家服务。（3分）

A. 对　　　　B. 错

考核知识点：规章制度

难易度：难

标准答案：B

Jb0707283141　一线客服座席考核内容中规定，考核周期内平均每班案头时长不得高于本班次座席平均案头时长的100%。（3分）

A. 对　　　　B. 错

考核知识点：规章制度

难易度：难

标准答案：B

Jb0707283142　桌面终端管理系统审计用户可以审计所有用户的用户登录日志、用户操作日志、策略操作日志，但不能审计US错标签制作查询。（3分）

A. 对　　　　B. 错

考核知识点：业务知识

难易度：难

标准答案：B

Jb0707283143　国家电网有限公司“三个百分之百”要求是指：确保安全，必须做到人员的百分之百，全员保安全；技术的百分之百，采取充分技术措施保安全；力量的百分之百，集中精神、集中力量保安全。（3分）

A. 对　　　　B. 错

考核知识点：规章制度

难易度：难

标准答案：B

Jb0707283144　通过录音原始文档可以对座席人员进行绩效考核、解决服务纠纷等。（3分）

A. 对　　　　B. 错

考核知识点：规章制度

难易度：难

标准答案：A

Jb0707283145　在ICS系统主菜单中单击【运行绩效管理】模块，在【运行绩效管理】模块中单击【指标阈值维护】，进入指标阈值维护界面。（3分）

考核知识点：业务知识

难易度：难

标准答案：A

简　答　题

Jb0707281146　学员回答问题错误时，正确的处理方式有哪些？至少写出两点。（10分）

考核知识点：服务规范

难易度：易

标准答案：

（1）先认同再扩展。

（2）变化角度法。

（3）弹给其他学员法。

Jb0707281147　信息通信客服人员要对事件进行处理，需满足哪些要求？至少写出两点。（10分）

考核知识点：业务知识

难易度：易

标准答案：

（1）及时跟踪事件处理过程。

（2）督促处理人员务必在处理时限内解决事件。

（3）及时反馈用户。

Jb0707281148　简述客户服务电话沟通的重要性。（10分）

考核知识点：服务规范

难易度：易

标准答案：

（1）提高客户满意度的重要因素。

（2）维护企业形象的重要保证。

（3）有助于客户服务代表服务能力的提高。

Jb0707281149　跨文化的沟通有哪些障碍？至少写出两点。（10分）

考核知识点：服务规范

难易度：易

标准答案：

跨文化沟通的障碍有观念冲突、制度冲突、行为方式冲突。

Jb0707281150　沟通的要素包含哪些？至少写出两点。（10分）

考核知识点：服务规范

难易度：易

标准答案：

沟通的要素包含明确的目标、共同的协议、沟通的内容。

Jb0707283151　五级信息系统事件有哪些？至少写出两点。（10分）

考核知识点：规章制度

难易度：难

标准答案：

（1）省电力公司级以上单位与各下属单位间的网络不可用，影响范围达80%，且持续时间8h以上。

（2）省电力公司级以上单位与公司数据中心间的网络不可用，且持续时间8h以上。

（3）地市供电公司级单位与全部下属单位间的网络不可用，且持续时间16h以上。

Jb0707281152　信息系统运行维护的范围包括哪些？至少写出两点。（10分）

考核知识点：规章制度

难易度：易

标准答案：

信息系统运行维护的范围包括客户服务、运行监控与机房管理、桌面运维、基础设施。

Jb0707281153　客服故障申报受理中作业流程包括哪些？至少写出两点。（10分）

考核知识点：业务知识

难易度：易

标准答案：

客服故障申报受理中作业流程包括一级部署一级运维、二级部署、自建系统、桌面终端故障申报。

Jb0707281154　在信通客服网站系统中业务人员主要包括的功能除服务请求、服务跟踪、知识库外，还有哪些？（10分）

考核知识点：业务知识

难易度：易

标准答案：

在信通客服网站系统中业务人员主要包括的功能除服务请求、服务跟踪、知识库外，还有需求库、服务支持、缺陷库、统计报表。

Jb0707281155　在信息系统上工作，保证安全的组织措施有哪些？至少写出两点。(10分)

考核知识点：规章制度

难易度：易

标准答案：

在信息系统上工作，保证安全的组织措施有工作票制度、工作许可制度、工作终结制度。

Jb0707281156　信通客服系统在逻辑组上分为哪些？至少写出两点。(10分)

考核知识点：业务知识

难易度：易

标准答案：

信通客服系统在逻辑组上分为系统平台、业务平台。

Jb0707281157　网络安全风险评估包括资产评估、威胁评估、风险计算和分析、风险决策和安全建议以及哪些内容？至少写出两点。(10分)

考核知识点：业务知识

难易度：易

标准答案：

网络安全风险评估包括资产评估、威胁评估、风险计算和分析、风险决策和安全建议以及脆弱性评估、现有安全措施评估。

Jb0707281158　属于六级信息系统事件的有哪些？至少写出两点。(10分)

考核知识点：规章制度

难易度：易

标准答案：

（1）1万以上10万以下用户的电费、保险、交易、资金账户等涉及用户经济利益的数据错误。

（2）500万条业务数据或用户信息泄露、丢失或被窃取、篡改。

Jb0707281159　省电力公司级以上单位与各下属单位间的网络不可用，影响范围达多少，且持续时间几小时以上构成六级信息系统事件？（10分）

考核知识点：规章制度

难易度：易

标准答案：

（1）影响范围达40%，且持续时间8h。

（2）影响范围达20%，且持续时间24h。

Jb0707281160　眼神可以实现各种情感的交流，成功的眼神沟通应做到哪些？至少写出两点。(10分)

考核知识点：服务规范

难易度：易

标准答案：

（1）正视学员。

（2）保持 3s 的停留。

（3）与情绪自然融合。

Jb0707281161　当用户催问故障处理时应如何安抚？至少写出两点。（10 分）

考核知识点：服务规范

难易度：易

标准答案：

（1）对不起，我马上和技术人员联系，督促解决。

（2）对不起，今天故障较多，我们会尽量安排处理，请您谅解。

Jb0707281162　沟通方式的选择有哪些？至少写出两点。（10 分）

考核知识点：服务规范

难易度：易

标准答案：

（1）直接或间接沟通。

（2）口头或笔头沟通。

（3）正式或非正式渠道。

Jb0707281163　沟通技巧有哪些？至少写出两点。（10 分）

考核知识点：服务规范

难易度：易

标准答案：

沟通技巧有换位思考、真诚赞美、善意批评。

Jb0707281164　影响有效沟通的障碍有哪些方面？至少写出两点。（10 分）

考核知识点：服务规范

难易度：易

标准答案：

（1）个人沟通水平差异。

（2）认知的偏误。

（3）地位的差异。

（4）情绪的影响。

Jb0707281165　客户调查内容包括哪些？至少写出两点。（10 分）

考核知识点：技能知识

难易度：易

标准答案：

客户调查内容包括服务态度、语言规范、业务能力。

Jb0707281166　信任的要素有哪些？至少写出两点。（10 分）

考核知识点：服务规范
难易度：易
标准答案：
信任的要素有可靠、开放、宽容、直接。

Jb0707281167　座席分组成员信息维护包括哪些？至少写出两点。（10 分）
考核知识点：业务知识
难易度：易
标准答案：
座席分组成员信息维护包括新增成员、删除成员、座席管理。

Jb0707281168　信息发布工作内容是通过电话、短信、网站、邮件等方式向信息通信系统用户发布哪些内容？至少写出两点。（10 分）
考核知识点：技能知识
难易度：易
标准答案：
信息发布工作内容是通过电话、短信、网站、邮件等方式向信息通信系统用户发布业务指南、系统停机公告、政策法规、新闻信息。

Jb0707281169　团队解决问题时要做好哪些方面的准备？至少写出两点。（10 分）
考核知识点：服务规范
难易度：易
标准答案：
团队解决问题时要做好背景分析、问题分析、解决方案制订、行动方案实施方面的准备。

Jb0707281170　团队的定位包含哪些内容？至少写出两点。（10 分）
考核知识点：服务规范
难易度：易
标准答案：
团队的定位包含团队整体、团队成员。

Jb0707281171　信息系统缺陷按其严重程度划分为哪几个等级。（10 分）
考核知识点：规章制度
难易度：易
标准答案：
信息系统缺陷按其严重程度划分为危急缺陷、严重缺陷、一般缺陷。

Jb0707281172　“四不放过”包括哪些？（10 分）
考核知识点：规章制度
难易度：易
标准答案：
“四不放过”包括事故原因不查清不放过、防范措施不落实不放过、职工群众未受到教育不放过、事故责任者未受到处理不放过。

Jb0707281173　路由器作为网络互连设备，必须具备哪些特点？至少写出两点。(10 分)

考核知识点：网络基础

难易度：易

标准答案：

(1) 至少支持两个网络接口。

(2) 协议至少要实现到网络层。

(3) 具有存储、转发和寻径功能。

Jb0707281174　VLAN 的划分有哪些方法？至少写出两点。(10 分)

考核知识点：网络基础

难易度：易

标准答案：

VLAN 划分的方法有基于端口、基于 MAC 地址、基于协议。

Jb0707281175　Windows Server 作为 Web 服务器，哪些方法可以建立多个可访问站点？至少写出两点。(10 分)

考核知识点：主机基础

难易度：易

标准答案：

Windows Server 作为 Web 服务器，采用多 IP 地址、多主机头、多端口地址可以建立多个可访问站点。

Jb0707281176　信息调度为保障信息系统的安全稳定运行，主要开展的工作有哪些？至少写出两点。(3 分)

考核知识点：规章制度

难易度：易

标准答案：

信息调度为保障信息系统的安全稳定运行，主要开展的工作有：① 信息调度值班；② 检修计划管理；③ 方式资源管理；④ 应急安全管理；⑤ 统计分析等。

Jb0707281177　与客户建立良好沟通的基本条件是什么？(10 分)

考核知识点：服务规范

难易度：易

标准答案：

与客户建立良好沟通的基本条件是美化声音、善于倾听、提问引导、情绪同步。

Jb0707281178　服务技能培训内容的有哪些？(10 分)

考核知识点：服务规范

难易度：易

标准答案：

服务技能培训内容的有服务意识、服务态度、服务沟通技巧。

Jb0707281179　什么是信息系统账号实名制？（10分）

考核知识点：业务知识

难易度：易

标准答案：

信息系统账号实名制是指使用人使用真实身份信息申请，经本级人力资源管理部门批准后进行的账号注册。

Jb0707281180　三线技术支持机构厂商服务质量评价主要包括什么？（10分）

考核知识点：规章制度

难易度：易

标准答案：

三线技术支持机构厂商服务质量评价主要包括服务质量评价内容、服务质量评价程序、不良厂商投诉管理。

Jb0707281181　客服主管的技能要求有哪些？至少写出两点。（10分）

考核知识点：业务知识

难易度：易

标准答案：

（1）查找问题、分析、解决问题的能力。

（2）审批质检计划、监督质检计划的执行情况。

（3）确保客服满意度负责人的适当技能水平和绩效表现；确保用户投诉能够得到及时、有效的解决。

Jb0707281182　信通客服网站系统“服务请求”模块向用户提供了哪些在线提交的内容？至少写出两点。（10分）

考核知识点：技能知识

难易度：易

标准答案：

信通客服网站系统“服务请求”模块向用户提供的在线提交内容有咨询、需求、故障、投诉。

Jb0707281183　信息通信客服主要工作内容包括哪些？至少写出两点。（10分）

考核知识点：规章制度

难易度：易

标准答案：

信息通信客服主要工作内容包括服务请求受理、故障受理、投诉受理、统计分析。

Jb0707281184　一线客服座席的考核内容包括哪些？至少写出两点。（10分）

考核知识点：规章制度

难易度：易

标准答案：

一线客服座席的考核内容包括工单关闭率、个人弃话率、平均话后处理时长、及时接通率。

Jb0707282185　请简述普通话语音的基础知识。（10分）

考核知识点：业务知识

难易度：中

标准答案：

普通话语音的基础知识包括声母、韵母、声调、音变。

Jb0707282186　查询某个字段所在的表的方式有哪些？（10分）

考核知识点：技能知识

难易度：中

标准答案：

（1）单击字段，按F1，通过技术信息查询。

（2）通过字段所在表的清单查询。

（3）通过ST05跟踪业务操作的语句查询。

Jb0707282187　客服人员接到用户的业务咨询、故障申报、资源申请、需求收集、投诉建议时，按照什么的工作原则，解决用户问题？（10分）

考核知识点：业务知识

难易度：中

标准答案：

客服人员接到用户的业务咨询、故障申报、资源申请、需求收集、投诉建议时，按照统一受理、分类处理、限时办结、督办评价的工作原则，解决用户问题。

Jb0707282188　对信息设备进行操作前，需对哪些等标识性内容进行一致性核对，再进行相关操作。（10分）

考核知识点：规章制度

难易度：中

标准答案：

对信息设备进行操作前，需对设备台账、设备标签、设备序列号、操作系统网络地址等标识性内容进行一致性核对，再进行相关操作。

Jb0707282189　移动存储介质安全和保密工作的第一责任人具体负责移动存储介质的哪些方面？（10分）

考核知识点：规章制度

难易度：中

标准答案：

移动存储介质安全和保密工作的第一责任人具体负责移动存储介质的记录、检查、安全、管理。

Jb0707282190　请简述服务质量的五要素。（10分）

考核知识点：服务规范

难易度：中

标准答案：

服务质量五要素包括可靠性、响应性、保证性、移情性、有形性。

Jb0707283191　公司各单位互联网专业职能管理部门是本单位数字化项目建设实施评优工作的主管部门，需要履行的职责有哪些？至少写出两点。(10分)

考核知识点：规章制度

难易度：难

标准答案：

（1）负责根据总部项目建设实施评优结果开展问题分析、整改提升及整改效果反馈。

（2）负责开展本单位相关材料的申报工作，确保申报材料的真实性、完整性、准确性。

（3）负责组织开展本单位项目建设实施典型经验总结与整改问题。

Jb0707282192　于信息系统停运发布的公告应包含哪些内容？至少写出两点。(10分)

考核知识点：规章制度

难易度：中

标准答案：

于信息系统停运发布的公告应包含系统名称、停运时间、恢复时间、影响范围及内容。

Jb0707282193　二线技术支持人员负责哪些工作？至少写出两点。(10分)

考核知识点：技能知识

难易度：中

标准答案：

（1）解决一线客服座席无法处理的业务咨询受理问题。

（2）敦促三线技术支持人员按时限解决问题，并核实业务功能是否正常。

Jb0707282194　一级部署一级运维、二级部署系统资源申请受理工作流程中二线运维人员的主要工作有哪些？至少写出两点。(10分)

考核知识点：技能知识

难易度：中

标准答案：

（1）资源开通。

（2）形成资源开通答复。

（3）告知客服座席资源开通答复。

Jb0707282195　信息运维工作中的“三化”原则是指哪些？（10分）

考核知识点：技能知识

难易度：中

标准答案：

信息运维工作中的“三化”原则是指主业化、集中化、专业化。

Jb0707282196　信息内外网办公计算机的哪些组成设备要登记备案并定期进行核查，且要有明显标识？至少写出两点。(10分)

考核知识点：规章制度

难易度：中

标准答案：

信息内外网计算机主机设备、显示屏、外接设备等要登记备案并定期进行检查，且要有明显标识。

Jb0707282197　信息通信新技术研究形成的标准化成果包括哪些？至少写出两点。（10分）

考核知识点：规章制度

难易度：中

标准答案：

信息通信新技术研究形成的标准化成果包括技术标准、通用设计、通用设备。

Jb0707282198　单位应定期对信息系统集成哪些方面进行检查监督？至少写出两点。（10分）

考核知识点：规章制度

难易度：中

标准答案：

单位应定期对信息系统集成的业务、人员、资产、场所进行检查监督。

Jb0707282199　国家电网有限公司信息系统应急预案工作原则有哪些？至少写出两点。（10分）

考核知识点：规章制度

难易度：中

标准答案：

国家电网有限公司信息系统应急预案工作原则有预防为主、统一指挥、技术支撑。

Jb0707282200　信息系统实用化评价的原则是什么？至少写出两点。（10分）

考核知识点：规章制度

难易度：中

标准答案：

信息系统实用化评价的原则是业务导向原则、重点突出原则、客观公正原则、动态优化原则。

Jb0707282201　属于三线技术支持服务的有哪些？至少写出两点。（10分）

考核知识点：规章制度

难易度：中

标准答案：

属于三线技术支持服务的有故障处理、高级诊断、系统调优。

Jb0707282202　在信息发布查询页面可以根据哪些查询信息发布信息？至少写出两点。（10分）

考核知识点：技能知识

难易度：中

标准答案：

在信息发布查询页面可以根据申请编号、申请人、审核、发布方式、发布时间、审核时间查询信息发布信息。

Jb0707282203　在 ICS 系统中【服务质量监督】模块中的【监管计划】中的【计划管理】可对监管计划进行哪些操作？至少写出两点。（10 分）

考核知识点：技能知识

难易度：中

标准答案：

在 ICS 系统中【服务质量监督】模块中的【监管计划】中的【计划管理】可对监管计划进行修改、删除、新增操作。

Jb0707282204　国家电网有限公司信息系统中，一类信息信息系统是指什么？（10 分）

考核知识点：规章制度

难易度：中

标准答案：

一类信息信息系统是指受政府严格监管的信息系统，纳入国家关键信息基础设施的信息系统，对公司生产经营活动有重大影响的信息系统，如营销业务系统、95598 呼叫平台、95598 核心业务、国网电子商城、网上国网系统。

Jb0707282205　服务口头语言的表达技巧包括哪些？至少写出两点。（10 分）

考核知识点：服务规范

难易度：中

标准答案：

（1）具体的表达技巧。

（2）运用语速的技巧。

（3）运用音量的技巧。

（4）运用音调的技巧。

Jb0707282206　信息通信客服的服务对象中，按照实际情况特殊用户包括哪些用户？至少写出两点。（10 分）

考核知识点：技能知识

难易度：中

标准答案：

信息通信客服的服务对象中，按照实际情况特殊用户包括新员工、关键业务用户、特殊保障用户。

Jb0707282207　人的情感表现一般有哪些特征？至少写出两点。（10 分）

考核知识点：服务规范

难易度：中

标准答案：

人的情感表现特征一般有关注人、肢体语言丰富、喜欢开玩笑、表情丰富。

Jb0707282208　哪些命令不可以查看 Windows XP 系统启动项？至少写出两点。（10 分）

考核知识点：主机基础

难易度：中

标准答案：

IPCONFIG、SERVICES.MSC、FORMAT 命令不可以查看 Windows XP 系统启动项。

Jb0707282209　一级部署系统包括哪些？至少写出两点。（10 分）

考核知识点：技能知识

难易度：中

标准答案：

一级部署系统包括一级运维系统和二级运维系统。

Jb0707282210　团队解决问题常用的分析方法包括哪些？至少写出两点。（10 分）

考核知识点：服务规范

难易度：中

标准答案：

团队解决问题常用的分析方法包括比较分析法、鱼骨图分析法、头脑风暴法、系统分析法。

Jb0707282211　公司三线技术支持服务管理工作遵循哪些原则（10 分）

考核知识点：规章制度

难易度：中

标准答案：

公司三线技术支持服务管理工作遵循统一服务入口、统一服务规范、统一资源调度、统一支撑平台。

Jb0707282212　工单办结后，进入待办工作单界面，选取已办结的工单，单击【处理】按钮，进入工单归档界面。在此界面可以查看哪些内容？至少写出两点。（10 分）

考核知识点：技能知识

难易度：中

标准答案：

工单办结后，进入待办工作单界面，选取已办结的工单，单击【处理】按钮，进入工单归档界面。在此界面可以查看受理信息、解决信息、问题详情。

Jb0707282213　请简述桌面终端安全域进行安全防护采取的措施。（10 分）

考核知识点：规章制度

难易度：中

标准答案：

桌面终端安全域进行安全防护采取的措施有访问控制、桌面资产管理、恶意代码过滤。

Jb0707282214　公安机关对计算机信息系统保护工作行使的监督职权有哪些？至少写出两点。（10 分）

考核知识点：规章制度

难易度：中

标准答案：

（1）监督、检查、指导计算机信息系统安全保护工作。

（2）查处危害计算机信息系统安全的违法犯罪案件。

（3）履行计算机信息系统安全保护工作的其他监督职责。

Jb0707282215　网络线缆故障有哪些？至少写出两点。（10分）

考核知识点：网络基础

难易度：中

标准答案：

网络线缆故障有电缆插头虚接、电缆老化。

Jb0707282216　IMS系统中，关键指标监控页面分为哪三个区域？（10分）

考核知识点：业务知识

难易度：中

标准答案：

IMS系统中，关键指标监控页面分为话务指标监控、工单指标监控、IMS指标监控三个区域。

Jb0707282217　工单指标监控包括什么？（10分）

考核知识点：业务知识

难易度：中

标准答案：

工单指标监控包括日创建工单数、日完成工单数、月创建工单数、月完成工单数。

Jb0707282218　请简述团队领导的情商修养。至少写出两点。（10分）

考核知识点：服务规范

难易度：中

标准答案：

（1）提升认知能力。

（2）增强处世信心。

（3）注重心境控制。

（4）抓住心理冲动。

Jb0707282219　请写出现场标准化作业指导书的基本内容。（10分）

考核知识点：服务规范

难易度：中

标准答案：

现场标准化作业指导书的基本内容包括范围、规范性引用文件、作业流程、工作要求。

Jb0707282220　七级信息系统事件有哪些？至少写出两点。（10分）

考核知识点：规章制度

难易度：中

标准答案：

（1）省电力公司级以上单位与公司集中式容灾中心间的网络不可用，且持续时间2h以上。

（2）一类信息系统数据丢失，影响公司生产经营。

（3）一类信息系统业务中断，且持续时间2h以上。

Jb0707282221　信息通信调度应严格执行哪些制度？至少写出两点。（10分）

考核知识点：规章制度

难易度：中

标准答案：

信息通信调度应严格执行调度值班制度、交接班制度、调度汇报制度。

Jb0707282222　严禁将涉及国家秘密的计算机与什么网络连接？至少写出两点。（10分）

考核知识点：规章制度

难易度：中

标准答案：

严禁将涉及国家秘密的计算机与信息内网、信息外网、个人热点、其他公共信息连接。

Jb0707282223　主要为及时掌握信息系统及运行环境的运行状况的巡检有哪些？（10分）

考核知识点：规章制度

难易度：中

标准答案：

主要为及时掌握信息系统及运行环境的运行状况的巡检有定期巡检、特殊巡检、监察巡检。

Jb0707282224　一类信息系统有哪些？至少写出两点。（10分）

考核知识点：规章制度

难易度：中

标准答案：

一类信息系统有营销业务系统、95598呼叫平台、证券业务管理系统、国网电子商城、车联网系统。

Jb0707283225　请简述什么是突发事件。（10分）

考核知识点：规章制度

难易度：难

标准答案：

突发事件指突然发生，造成或者可能造成严重社会危害，需要公司采取应急处置措施予以应对，或者参与应急救援的自然灾害、事故灾难、公共卫生事件和社会安全事件。

Jb0707283226　在通话详单信息查询页面输入查询条件，查询条件包括哪些？至少写出两点。（10分）

考核知识点：技能知识

难易度：难

标准答案：

在通话详单信息查询页面输入查询条件，查询条件包括座席工作组、主叫号码、被叫号码、IP电话、座席、呼叫方向、通话开始时间、通话结束时间。

Jb0707283227　业务运维工作内容主要包括哪些？至少写出两点。（10分）

考核知识点：技能知识

难易度：难

标准答案：

业务运维工作内容主要包括日常应用巡检、用户操作指导、功能配置变更、账号权限管理、应用问题处理、业务应用情况分析等。

Jb0707283228　信息内外网办公计算机接入公司网络前，应安装哪些软件，确保满足公司终端安全基线与计算机保密管理要求？至少写出两点。（10 分）

考核知识点：规章制度

难易度：难

标准答案：

信息内外网办公计算机接入公司网络前，应安装桌面终端管理系统、保密检测系统、防病毒等客户端软件，确保满足公司终端安全基线与计算机保密管理要求。

Jb0707283229　非言语沟通主要表现为哪些？至少写出两点。（10 分）

考核知识点：服务规范

难易度：难

标准答案：

非言语沟通主要表现为身体动作、语调、面部表情、用词重音、身体距离。

Jb0707283230　业务技能培训是为了提升全体客服人员业务技能业务知识，降低电话转接率而进行的培训。其主要内容包括哪些？至少写出两点。（10 分）

考核知识点：技能知识

难易度：难

标准答案：

（1）信息系统专业基础知识掌握及常用功能实操。

（2）桌面运维常见问题汇总学习。

（3）电话转接听判断分类知识及各信息系统管理员联系方式。

（4）行政电话、会议保障等通信专业日常服务基础知识。

Jb0707283231　信息系统缺陷按照严重程度分为哪几个级别？（10 分）

考核知识点：服务规范

难易度：难

标准答案：

信息系统缺陷按照严重程度分为紧急、重要、一般。

Jb0707283232　影响可信度的因素有哪些？至少写出两点。（10 分）

考核知识点：技能知识

难易度：难

标准答案：

影响可信度的因素有身份地位、良好意愿、专业知识、外表形象。

Jb0707283233　调查报告的特点是什么？至少写出两点。（10分）

考核知识点：技能知识

难易度：难

标准答案：

调查报告的特点是写实性、针对性、逻辑性、时效性。

Jb0707283234　在培训过程中，按沟通方法可将沟通划分为哪些？至少写出两点。（10分）

考核知识点：服务规范

难易度：难

标准答案：

在培训过程中，按沟通方法可将沟通划分为口头沟通、书面沟通、非言语沟通、电子信息沟通。

Jb0707283235　班组生产技术准备的主要内容有哪些？至少写出两点。（10分）

考核知识点：技能知识

难易度：难

标准答案：

（1）明确具体的生产任务及技术要求。

（2）根据任务及要求划分生产作业范围。

（3）根据任务及要求落实对的设备和工具的数量、技术参数等方面的要求。

（4）根据任务及要求准备相关的图纸及技术资料。

（5）根据任务及要求准备技术应急预案。

Jb0707283236　公司各级单位信息通信客服和信息通信调度紧密联系，其协同工作机制是什么？（10分）

考核知识点：规章制度

难易度：难

标准答案：

（1）信息通信调度负责将批准后的可能影响用户应用的检修计划告知信息通信客服，由信息通信客服统一组织发布面向用户的相关信息通信系统停机检修公告。

（2）信息通信客服受理的事件，内容涉及因信息系统应用缺陷造成用户无法进行正常工作的问题时，应及时告知信息通信调度，由信息通信调度完成问题的跟踪、处理。信息通信调度在事件处理方案确认后，反馈信息通信客服，信息通信客服人员要按照反馈内容向信息系统用户进行公告、答疑。

（3）各类计划检修、紧急抢修任务或紧急事件，各单位信息通信调度要对其影响范围、时间进行分析判断，影响到信息系统用户的事件要立即通知信息通信客服进行公告。

Jb0707283237　信通客服网站座席人员主要包括的功能有哪些？至少写出两点。（10分）

考核知识点：业务知识

难易度：难

标准答案：

信通客服网站座席人员主要包括的功能有服务请求、服务跟踪、服务支持、知识库、信息公告、需求库、缺陷库。

Jb0707283238 根据账号权限管理工作内容与要求，账号权限分为哪几种？（10 分）

考核知识点： 规章制度

难易度： 难

标准答案：

根据账号权限管理工作内容与要求，账号权限分为业务应用账号权限、系统管理账号权限。

Jb0707283239 集团某下属成员单位新增了一家子公司 A，需要进行哪些操作才能保证用户能正常登录 A 责任中心？（10 分）

考核知识点： 业务知识

难易度： 难

标准答案：

（1）给用户增加预算专责的岗位权限。

（2）在 MDM（数据管理平台）新增 A 预算组织。

（3）联系总部财务管控项目组下发预算体系并导入二级管控。

（4）在财务管控给用户增加 A 责任中心登录权限。

Jb0707283240 简述 DHCP 服务器向客户机分配 IP 的方式。（10 分）

考核知识点： 网络基础

难易度： 难

标准答案：

（1）自动分配 DHCP 服务器给首次连接到网络的某些客户端分配固定 IP 地址，该地址由用户长期使用。

（2）动态分配 DHCP 服务器给客户端分配有时间限制的 IP 地址，使用期限到期后，客户端需要重新申请地址，客户端也可以主动释放该地址。绝大多数客户端主机得到的是这种动态分配的地址。

（3）手动分配由网络管理员为客户端指定固定的 IP 地址，该地址由用户长期使用。

Jb0707283241 《国家电网公司电力安全工作规程（信息部分）》规定，工作许可人的安全责任包括哪些？至少写出两点。（10 分）

考核知识点： 规章制度

难易度： 难

标准答案：

（1）确认工作具备条件，工作不具备条件时应退回工作票。

（2）确认工作票所列的安全措施已实施。

Jb0707283242 座席运行状态的关键指标有哪些？至少写出两点。（10 分）

考核知识点： 业务知识

难易度： 难

标准答案：

座席运行状态的关键指标有监控、统计。

Jb0707283243 某单位信息内网的一台计算机上一份重要文件泄密，但从该计算机上无法获得泄密细节和线索，请分析其原因。（10 分）

考核知识点：规章制度

难易度：难

标准答案：

（1）该计算机未开启审计功能。

（2）该计算机审计日志未安排专人进行维护。

（3）该计算机感染了木马。

（4）该计算机存在系统漏洞。

Jb0707283244　人力资源信息系统账号授权许可应采用哪些形式？至少写出两点。（10分）

考核知识点：规章制度

难易度：难

标准答案：

人力资源信息系统账号授权许可应采用业务、信息专业会签的形式。

Jb0707283245　故障申报业务的服务范围包括哪些？至少写出两点。（10分）

考核知识点：业务知识

难易度：难

标准答案：

故障申报业务的服务范围包括信息通信系统缺陷故障、桌面终端故障、外接设备应用的故障或错误、网络故障。

Jb0707283246　严禁哪些计算机外接设备在信息内网和信息外网上交叉使用？至少写出两点。（10分）

考核知识点：规章制度

难易度：难

标准答案：

严禁扫描仪、打印机在信息内网和信息外网上交叉使用。

第八章　信息通信客户服务代表技师技能操作

Jc0707262001　指标阈值维护。(100 分)

考核知识点：运行绩效管理

难易度：中

技能等级评价专业技能考核操作工作任务书

一、任务名称

指标阈值维护。

二、适用工种

信息通信客户服务代表技师。

三、具体任务

维护录入指标项、考核内容、指标设定公式、指标设定标准、考核对象、考核周期、指标状态、创建人员、创建时间等。

四、工作规范及要求

掌握系统的基本操作。

五、考核及时间要求

（1）本考核操作时间为 15 分钟，时间到停止考评，包括报告整理时间。

（2）问题查找和排除过程中，如确实不能查找出问题，可向考评员申请排除问题，该项问题项目不得分，但不影响其他项目。

技能等级评价专业技能考核操作评分标准

工种	信息通信客户服务代表				评价等级	技师
项目模块	运行绩效管理—指标阈值维护			编号	Jc0707262001	
单位		准考证号			姓名	
考试时限	15 分钟	题型	单项操作		题分	100 分
成绩		考评员		考评组长		日期
试题正文	指标阈值维护					
需要说明的问题和要求	要求单人操作完成					

序号	项目名称	质量要求	满分	扣分标准	扣分原因	得分
1	新增	指标阈值维护单击【新增功能】，在打开页面中录入指标名称、指标编码、指标分类，进行“保存”	25	未完成扣 25 分		
2	修改	在指标阈值维护中，指标信息项可通过打钩方式进行修改操作	25	未完成扣 25 分		
3	删除	在指标阈值维护中，指标信息项可通过打钩方式进行删除操作	25	未完成扣 25 分		

续表

序号	项目名称	质量要求	满分	扣分标准	扣分原因	得分
4	阈值维护	在指标阈值维护中，指标信息项可通过打钩或单击选择方式进行指标阈值的维护；也可以进行考核标准的录入，进行“保存”	25	未完成扣25分		
合计			100			

Jc0707262002　考核方案查询。（100分）

考核知识点：运行绩效管理

难易度：中

技能等级评价专业技能考核操作工作任务书

一、任务名称

考核方案查询。

二、适用工种

信息通信客户服务代表技师。

三、具体任务

进行考核方案查询，根据工单编号、工单状态、制定人员、考核对象类型等查询条件进行过查询，查询出方案信息。

四、工作规范及要求

掌握系统的基本操作。

五、考核及时间要求

（1）本考核操作时间为15分钟，时间到停止考评，包括报告整理时间。

（2）问题查找和排除过程中，如确实不能查找出问题，可向考评员申请排除问题，该项问题项目不得分，但不影响其他项目。

技能等级评价专业技能考核操作评分标准

工种	信息通信客户服务代表				评价等级	技师
项目模块	运行绩效管理—考核方案查询			编号	Jc0707262002	
单位		准考证号			姓名	
考试时限	15分钟	题型	单项操作		题分	100分
成绩		考评员		考评组长	日期	
试题正文	考核方案查询					
需要说明的问题和要求	要求单人操作完成					

序号	项目名称	质量要求	满分	扣分标准	扣分原因	得分
1	查询	根据方案名称、考核周期、方案状态、查询出方案信息	50	未完成扣50分		
2	查看明细	选择需要查看方案记录，然后单击【明细】按钮，显示方案明细：方案编号、方案名称、考核对象、考核周期等信息	50	未完成扣50分		
合计			100			

第五部分

信息通信客户服务代表高级技师

第九章　信息通信客户服务代表高级技师技能笔答

单选题

Jb0707171001　在倾听过程中应及时回应表示理解，并在通话（　　）重复用户的问题予以确认。（3分）

A. 结束前　　B. 谈话中　　C. 回访时　　D. 谈话前

考核知识点：服务规范

难易度：易

标准答案：A

Jb0707171002　应用软件的鉴别和认证机制可以包含（　　）安全技术，用来替代或者作为用户名＋静态口令方式的补充。（3分）

A. 公钥基础设施（PKI）　　B. 硬件令牌、生物识别认证

C. 一次性动态口令　　D. 以上均是

考核知识点：技能知识

难易度：易

标准答案：A

Jb0707171003　下面不属于口头沟通的基本准则的是（　　）。（3分）

A. 物体的操纵　　B. 充分准备　　C. 注意语气和语调　　D. 善于倾听

考核知识点：服务规范

难易度：易

标准答案：A

Jb0707171004　省公司级单位信息通信客服要根据用户年龄、计算机使用水平及专业领域差异等因素，建立清晰、完整的用户档案，（　　）用户需求特征，提供个性化服务，建立优质服务的品牌形象。（3分）

A. 把握　　B. 汇总　　C. 汇报　　D. 归类

考核知识点：业务知识

难易度：易

标准答案：A

Jb0707171005　用户登录协同办公后，发现部门需要变更，但是，管理员在用户管理中找不到该用户，以下描述正确的是（　　）。（3分）

A. 该用户没有主部门，只有从部门　　B. 该用户只有主部门，没有从部门

C. 该用户有主部门和从部门　　D. 该用户不存在协同办公账号

考核知识点：技能知识

难易度：易
标准答案：A

Jb0707171006　公司各级单位信息通信系统运行维护单位（部门）要加强信息通信客服人员在规章制度、工作流程、客服礼仪、终端运维知识以及主要业务系统的基本应用操作等方面的（　　）。（3分）

A. 了解　　B. 培训　　C. 认识　　D. 掌握

考核知识点：规章制度
难易度：易
标准答案：B

Jb0707171007　在一个局域网上，进行 IPv4 动态地址自动配置的协议是 DHCP 协议。DHCP 协议可以动态配置的信息是（　　）。（3分）

A. 路由信息
B. IP 地址、DHCP 服务器地址、邮件服务器地址
C. IP 地址、子网掩码、域名
D. IP 地址、子网掩码、网关地址（本地路由器地址）、DNS 服务器地址

考核知识点：网络基础
难易度：易
标准答案：D

Jb0707171008　在信通客服网站系统菜单单击（　　），进入资源下载维护页面。（3分）

A. 服务请求　　B. 服务跟踪　　C. 系统管理　　D. 服务支持

考核知识点：技能知识
难易度：易
标准答案：C

Jb0707171009　性格内向，随遇而安，生活中怕遇到挫折和压力的客户属于那种性格类型？（3分）

A. 平和型　　B. 力量型　　C. 完美型　　D. 活泼型

考核知识点：服务规范
难易度：易
标准答案：A

Jb0707171010　在信通客服网站系统“统计报表”菜单下需求库统计表中不显示（　　）。（3分）

A. 需求总数　　B. 已解决数　　C. 缺陷总数　　D. 未解决数

考核知识点：技能知识
难易度：易
标准答案：C

Jb0707171011　在信通客服网站系统菜单依次单击【统计报表】→【需求库统计】，进入需求库

统计报表页面，在此界面可以（　　）需求库统计报表。（3分）

A. 增加　　B. 查看　　C. 删除　　D. 维护

考核知识点：技能知识

难易度：易

标准答案：B

Jb0707171012　公司各级单位要在各信息通信系统应急预案中补充信息通信客服的相关内容，提升信息通信客服对应急突发事件的（　　）能力。（3分）

A. 处置　　B. 掌握　　C. 分析　　D. 上报

考核知识点：业务知识

难易度：易

标准答案：A

Jb0707171013　具有回顾性特点的事务文书是（　　）。（3分）

A. 计划　　B. 总结　　C. 简报　　D. 调查报告

考核知识点：服务规范

难易度：易

标准答案：B

Jb0707171014　TCP 和 UDP 协议通过（　　）来确定最终目的进程。（3分）

A. IP 地址　　B. 物理地址　　C. 端口号　　D. 以上答案均不对

考核知识点：网络基础

难易度：易

标准答案：C

Jb0707171015　关于 Windows 用户口令的有效期，下列描述正确的是（　　）。（3分）

A. 超过有效期之后系统会自动废止当前的用户口令，用户必须重新向管理员申请口令

B. 系统只允许每个用户设置自己口令的有效期

C. 系统只允许每个用户设置自己口令的有效期

D. 可以在计算机管理中设置口令的有效期

考核知识点：主机基础

难易度：易

标准答案：C

Jb0707173016　Oracle 数据库当数据实例失败的时候，（　　）包含着提交的和没有提交的数据。（3分）

A. 控制文件　　B. 在线日志文件　　C. 归档文件　　D. 数据文件

考核知识点：数据库基础

难易度：难

标准答案：B

Jb0707171017　公司大面积停电事件预警分为一级、二级、三级和四级，依次用红色、橙色、

黄色和（ ）表示，一级为最高级别。（3分）

A. 蓝色　　B. 绿色　　C. 紫色　　D. 白色

考核知识点：规章制度

难易度：易

标准答案：A

Jb0707171018　及时开展故障调查分析，查清故障原因，加强统计分析，查找（ ），分专业、分类别制定防范措施，有针对性开展专项整治，严控故障重复发生。（3分）

A. 故障规律　　B. 根本原因　　C. 责任人　　D. 管理疏漏

考核知识点：规章制度

难易度：易

标准答案：A

Jb0707171019　深入开展隐患排查治理，严格执行《国家电网有限公司安全隐患排查治理管理办法》，实施隐患"排查（发现）、（ ）、报告、治理、验收、销号"闭环管理，保证隐患治理"责任、措施、资金、期限、预案"五落实。建立隐患动态跟踪抽查机制，对重大隐患实行挂牌督办。（3分）

A. 分析　　B. 评估　　C. 评测　　D. 确认

考核知识点：规章制度

难易度：易

标准答案：B

Jb0707171020　涉密的计算机、移动存储介质等使用，由各使用部门实施（ ）制度。（3分）

A. 自行管理　　B. 编号登记　　C. 统一管理　　D. 集中登记

考核知识点：规章制度

难易度：易

标准答案：B

Jb0707171021　进入回访抽样，填写抽样内容并抽样，勾选要回访的（ ），选择计划回访人，保存下发。（3分）

A. 工单　　B. 电话　　C. 受理人　　D. 联系人

考核知识点：规章制度

难易度：易

标准答案：A

Jb0707171022　呼叫中心为客户提供（ ）h的优质服务，极大地方便客户。（3分）

A. 6　　B. 8　　C. 12　　D. 24

考核知识点：规章制度

难易度：易

标准答案：D

Jb0707171023　部署国网云操作系统的正确流程是（ ）—开始部署—验证功能—配置及优

化。（3分）

A. 配置磁盘　　B. 配置网络环境

C. 添加物理服务器角色　　D. 配置网络环境

考核知识点： 云平台基础

难易度： 易

标准答案： D

Jb0707171024　信息通信客服服务目录总体实行（　　）方式。（3分）

A. “及时报备”　B. “集中报备”　C. “定期报备”　D. “按需报备”

考核知识点： 规章制度

难易度： 易

标准答案： B

Jb0707171025　信息通信客服人员必须签订（　　），保证遵守公司的各项保密规定。（3分）

A. 保密合同　B. 保密承诺书　C. 安全承诺书　D. 安全协议

考核知识点： 规章制度

难易度： 易

标准答案： B

Jb0707171026　信息通信客服要使用信息通信运维支撑系统，实现工单（　　）流转。（3分）

A. 纸质化　B. 电子化　C. 邮件　D. 短信

考核知识点： 规章制度

难易度： 易

标准答案： B

Jb0707171027　业务、系统运维人员收到信息通信调度派修后，进行故障处理，并将处理结果反馈（　　）。（3分）

A. 信息通信调度　B. 部门领导　C. 一线客服座席　D. 三线技术支持人员

考核知识点： 技能知识

难易度： 易

标准答案： A

Jb0707171028　信息系统上线前，应（　　）临时账号、临时数据，并修改系统账号默认口令。（3分）

A. 更改　B. 删除　C. 留存　D. 备份

考核知识点： 规章制度

难易度： 易

标准答案： B

Jb0707171029　信息通信客服人员通话过程应全程录音，电话录音资料至少保留（　　）。（3分）

A. 一个月　B. 两个月　C. 三个月　D. 六个月

考核知识点： 规章制度

难易度：易
标准答案：C

Jb0707171030　在信息系统上工作，保证安全的技术措施包括（　　）。（3分）
A. 授权、调试、验证　　B. 授权、备份、验证
C. 调试、备份、验证　　D. 授权、备份、测试
考核知识点：规章制度
难易度：易
标准答案：B

Jb0707172031　信息系统在（　　）阶段，应明确系统的安全防护需求。（3分）
A. 设计　　B. 建设　　C. 需求　　D. 运行
考核知识点：规章制度
难易度：中
标准答案：C

Jb0707172032　信息系统检修根据影响程度和范围分为（　　）级检修。（3分）
A. 一　　B. 两　　C. 三　　D. 四
考核知识点：规章制度
难易度：中
标准答案：B

Jb0707172033　培训计划分为月度计划和年度计划。客服负责人应于每月（　　）日前制定下月培训计划并上报本部门领导审批。（3分）
A. 10　　B. 15　　C. 20　　D. 25
考核知识点：规章制度
难易度：中
标准答案：A

Jb0707172034　服务器及终端类设备应全面安装（　　），定期进行病毒木马查杀并及时更新病毒库。（3分）
A. 桌面管控　　B. 安全监测软件　　C. 防病毒软件　　D. 检测工具
考核知识点：规章制度
难易度：中
标准答案：C

Jb0707172035　各级调度机构须对本单位运行机构审核通过的信息通信系统缺陷进行核对、备案，对于总部统一推广系统中存在的缺陷，须（　　）。（3分）
A. 自行开展消缺　　B. 报总部调度备案
C. 报总部调度备案并自行开展消缺　　D. 等待总部统一组织消缺
考核知识点：规章制度
难易度：中

标准答案：B

Jb0707172036　信息通信系统停机检修公告由（　　）发布。（3分）

A. 信息通信调度　　B. 信息通信客服
C. 信息通信运维　　D. 信息通信管理

考核知识点：规章制度

难易度：中

标准答案：B

Jb0707172037　各级保密行政管理部门应当组织开展（　　）的保密宣传教育。（3分）

A. 偶尔性　　B. 经常性　　C. 频繁性　　D. 定期性

考核知识点：规章制度

难易度：中

标准答案：B

Jb0707172038　公司各级信息通信运维单位根据批复的年度应急演练计划，编制月度应急演练计划，经本单位信息通信职能管理部门审核后，于每月（　　）前，由本单位信息通信调度机构逐级上报，经总部审批通过后方可执行。（3分）

A. 10日　　B. 15日　　C. 20日　　D. 30日

考核知识点：规章制度

难易度：中

标准答案：C

Jb0707172039　当前的网络安全是（　　）的而非（　　），网络安保工作需要从（　　）防御上升到（　　）防护。（3分）

A. 动态，静态，主动，被动　　B. 动态，静态，被动，主动
C. 静态，动态，主动，被动　　D. 静态，动态，被动，主动

考核知识点：规章制度

难易度：中

标准答案：B

Jb0707172040　检修工作需其他调度机构配合布置安全措施时，应由（　　）向相应调度机构履行申请手续。（3分）

A. 工作票签发人　　B. 工作负责人　　C. 工作许可人　　D. 运维值班负责人

考核知识点：规章制度

难易度：中

标准答案：C

Jb0707172041　在公司内部人力资源市场开展业务时，账号使用人员所在单位（部门）人力资源管理部门须在人员到岗日期起（　　）个工作日内进行信息系统操作。（3分）

A. 1　　B. 2　　C. 3　　D. 5

考核知识点：规章制度

难易度：中
标准答案：D

Jb0707172042　信息系统临时账号和公用账号须指定账号使用部门（　　）为责任人，由账号使用人员所在单位（部门）人力资源管理部门核实责任人信息后方可进行操作。（3分）
A. 具体使用人员　B. 在岗职工　C. 领导　D. 业务专责
考核知识点：规章制度
难易度：中
标准答案：B

Jb0707172043　信息通信调度对接到上报的重大系统故障派修至（　　）。（3分）
A. 一线客服座席　B. 系统运维人员　C. 部门领导　D. 厂商
考核知识点：规章制度
难易度：中
标准答案：B

Jb0707172044　信息机房线缆部署应实现（　　）分离，并完善防火阻燃、阻火分隔、防潮、防水及防小动物等各项安全措施。（3分）
A. 动静　B. 干湿　C. 强弱电　D. 以上都是
考核知识点：规章制度
难易度：中
标准答案：C

Jb0707172045　填用信息工作票的工作，工作负责人应得到（　　）的许可，并确认工作票所列的安全措施全部完成后，方可开始工作。（3分）
A. 工作票签发人　B. 工作许可人　C. 工作监护人　D. 工作班人员
考核知识点：规章制度
难易度：中
标准答案：B

Jb0707172046 信息系统运维单位（部门）应提前（　　）个工作日组织通知受检修工作影响的系统用户。（3分）
A. 1　B. 2　C. 3　D. 5
考核知识点：规章制度
难易度：中
标准答案：A

Jb0707172047　紧急检修时应填用工作票或任务单，可不经工作票签发人书面签发，但要经（　　）同意。（3分）
A. 工作许可人　B. 工作负责人
C. 工作票签发人　D. 调度值班员
考核知识点：规章制度

难易度：中
标准答案：C

Jb0707172048　蓝线指标采用量化评分制，评分达到（　　）后，即可完成上线试运行验收。（3分）

A. 75分　　B. 80分　　C. 85分　　D. 90分

考核知识点：规章制度
难易度：中
标准答案：D

Jb0707172049　回访工作，应主要针对响应速度、（　　）、服务态度三个评分项进行评价，并如实记录客户意见与建议。（3分）

A. 服务质量　　B. 处理依据　　C. 处理过程　　D. 服务流程

考核知识点：服务规范
难易度：中
标准答案：A

Jb0707172050　在受理事件处理结束后，对提出请求的客户进行（　　）。（3分）

A. 处理结果调查　　B. 满意度调查
C. 客户范围调查　　D. 使用系统情况调查

考核知识点：服务规范
难易度：中
标准答案：B

Jb0707172051　全部运维账号须由（　　）保管。（3分）

A. 建设厂商　　B. 运维单位
C. 维保厂商　　D. 信息化职能管理部门

考核知识点：规章制度
难易度：中
标准答案：B

Jb0707172052　在协同办公系统中，流程跟踪图中蓝色的节点表示（　　）状态。（3分）

A. 未走过的流程节点　　B. 当前流程节点
C. 已走过的节点　　D. 以上都不对

考核知识点：技能知识
难易度：中
标准答案：A

Jb0707172053　软件分发策略可以通过桌面系统服务器向客户端分发各种文件，下面描述错误的是（　　）。（3分）

A. 可以指定终端接收分发文件的路径
B. 管理员上传需要分发的文件时，不能上传桌面路径的文件

C. 可以检测终端是否已安装、已存在分发的文件
D. 文件分发失败后，没有相应记录
考核知识点：技能知识
难易度：中
标准答案：D

Jb0707172054 在协同办公系统中用户需要一个公司发文的功能，不需要配置的是（ ）。（3分）
A. 文件类型 B. 文件字配置 C. 分类号配置 D. 文号配置
考核知识点：技能知识
难易度：中
标准答案：C

Jb0707172055 管理人员登录系统，制订监管工作计划，需在系统主菜单中单击【服务质量监督】模块中的【监管计划】中的（ ）。（3分）
A. 计划设计 B. 新增计划 C. 计划管理 D. 新建计划
考核知识点：技能知识
难易度：中
标准答案：C

Jb0707172056 信息客服工作内容主要包括服务请求受理、问题受理、信息发布、（ ）、客户回访、业务需求收集和统计分析等。（3分）
A. 投诉受理 B. 故障处理 C. 客户申诉 D. 客户服务
考核知识点：技能知识
难易度：中
标准答案：A

Jb0707172057 适用于向上级机关请求指示、批准的公文叫（ ）。（3分）
A. 报告 B. 函 C. 请示 D. 意见
考核知识点：技能知识
难易度：中
标准答案：C

Jb0707172058 商业秘密之外的，泄露后会给公司造成被动或损害的内部事项成为（ ）。（3分）
A. 工作秘密 B. 国家秘密 C. 商业秘密 D. 企业秘密
考核知识点：技能知识
难易度：中
标准答案：A

Jb0707172059 主动型和反弹型木马的区别是（ ）。（3分）
A. 主动型木马的控制端可以在Internet上使用，而反弹性木马的控制端只能在内网中使用
B. 反弹性木马的控制端可以在Internet上使用，而主动型木马的控制端只能在内网中使用
C. 反弹性木马的受控端可以在内网中使用，而主动型木马的受控端只能在Internet上使用

D. 主动型木马的受控端可以在内网中使用，而反弹性木马的受控端只能在 Internet 上使用

考核知识点：信息安全基础

难易度：中

标准答案：C

Jb0707172060　项目系统状态 REL 表明项目处在（　　）状态。（3 分）

A. 建立　　B. 已释放　　C. 技术实现　　D. 删除标记

考核知识点：技能知识

难易度：中

标准答案：B

Jb0707172061　根据人们在沟通中情感流露情况及决策速度，可以把人们分为四类，其中不包括（　　）。（3 分）

A. 和蔼型　　B. 谦虚型　　C. 表达型　　D. 分析型

考核知识点：服务规范

难易度：中

标准答案：B

Jb0707172062　在系统菜单依次单击（　　）—【待办工作单】，进入待办工作单页面，在此界面处理待办工作单。（3 分）

A. 我的待办　　B. 待办工作单　　C. 待办工作　　D. 已办工单

考核知识点：技能知识

难易度：中

标准答案：A

Jb0707172063　遇客户不便接受回访时应与客户（　　）回访时间。（3 分）

A. 放弃回访　　B. 暂时搁置　　C. 约定下次　　D. 忽略用户

考核知识点：服务规范

难易度：中

标准答案：C

Jb0707172064 领导者要注意在协调各阶层利益关系、正确处理（　　）中锻炼提高自己的领导协调能力。（3 分）

A. 人民内部矛盾　　B. 阶级矛盾　　C. 社会矛盾　　D. 工作矛盾

考核知识点：服务规范

难易度：中

标准答案：A

Jb0707172065 数据分析的四个步骤以此是（　　）。（3 分）

A. 获取数据、处理数据、分析数据、呈现数据

B. 获取数据、呈现数据、处理数据、分析数据

C. 获取数据、处理数据、呈现数据、分析数据

D. 呈现数据、分析数据、获取数据、处理数据

考核知识点： 技能知识

难易度： 中

标准答案： A

Jb0707172066　制作移动存储密码还原设备添加设备 IP 后单击“授权”的含义描述正确的是（　　）。（3 分）

A. 单击授权后，制作的移动存储密码还原机才能生效

B. 单击授权后，制作的移动存储密码还原机只可以还原由自己制作的移动存储介质密码

C. 单击授权后，制作的移动存储密码还原机可以还原所有制作的移动存储介质密码

D. 单击授权后，制作的移动存储设备标签才可以拿到密码还原机上还原

考核知识点： 技能知识

难易度： 中

标准答案： B

Jb0707172067 信通客服网站系统的“知识库”界面可以查询的条件不包括（　　）。（3 分）

A. 按日期　B. 按内容　C. 按关键词　D. 按标题

考核知识点： 业务知识

难易度： 中

标准答案： A

Jb0707172068　需求评审组包括：（　　）、科技互联网部、信息系统运维单位、信息系统研发单位。（3 分）

A. 运维单位　B. 建设单位　C. 总部业务部门　D. 业务运维人员

考核知识点： 规章制度

难易度： 中

标准答案： C

Jb0707172069　以下对桌面系统客户端程序卸载的方式不正确的是（　　）。（3 分）

A. 在客户端桌面开始—允许输入“Uninstalledp”获取卸载密码卸载

B. 桌面终端标准化管理系统终端管理终端点—点控制卸载

C. 通过下发策略设置客户端定时卸载

D. 在控制面板中，通过添加/删除卸载

考核知识点： 技能知识

难易度： 中

标准答案： D

Jb0707172070　公文管理在协同办公系统的（　　）功能模块下。（3 分）

A. 知识管理　B. 办公自动化（OA）　C. 任务协作（TC）　D. 档案管理

考核知识点： 技能知识

难易度： 中

标准答案： B

Jb0707173071　关于客服人员的服务要求，以下说法有误的是（　　）。（3分）

A. 服务人员应使用标准普通话及规范化文明用语

B. 态度真诚、友善，回答用户问题清楚、直接

C. 吐字清晰、语音、语速适中，语调平和、优美、富有亲和力

D. 根据用户语速，可调整自己的语速，即使过快或过慢也要和用户保持一致

考核知识点：业务知识

难易度：难

标准答案：D

Jb0707173072　协调工作需要着眼于组织长远的发展与利益，经得起时间的考验，这属于协商原则的（　　）。（3分）

A. 长远性原则　B. 整体优化原则　C. 灵活适度原则　D. 全局性原则

考核知识点：服务规范

难易度：难

标准答案：A

Jb0707173073　业务系统版本升级后，应验证业务系统运行正常，并（　　）旧版本的文件。（3分）

A. 备份　B. 复制　C. 转储　D. 清除

考核知识点：技能知识

难易度：难

标准答案：D

Jb0707173074　在信通客服网站系统菜单依次单击【缺陷库】→【已入库】，进入已入库页面，在此界面可以查询的条件不包括（　　）。（3分）

A. 标题　B. 业务系统　C. 入库日期　D. 编号

考核知识点：技能知识

难易度：难

标准答案：D

Jb0707173075　个人因公外出，应该把所携带的涉密载体存放在（　　）里。（3分）

A. 个人设备　B. 任意设备　C. 公司设备　D. 保密设备

考核知识点：规章制度

难易度：难

标准答案：D

Jb0707173076　转移话路是指将客户电话转给第三方。转移成功后，软电话恢复到（　　）。（3分）

A. 话后处理　B. 等待状态　C. 小休　D. 通话

考核知识点：业务知识

难易度：难

标准答案：A

Jb0707173077 （ ）在信通客服网站系统中有“系统管理”菜单。（3分）
A. 业务人员　B. 普通用户　C. 信息管理人员　D. 内容维护员
考核知识点：业务知识
难易度：难
标准答案：D

Jb0707173078 在协同办公系统中，全宗号、目录号、卷号、件号或页号统称为（ ）。（3分）
A. 档号　B. 归档号　C. 分类号　D. 文书处理号
考核知识点：技能知识
难易度：难
标准答案：B

Jb0707173079 协调者通过协商，将各方意见基本统一到主导一方的意见上，这种协调方式属于（ ）。（3分）
A. 当面表态法　B. 谈心法　C. 跟踪处理法　D. 主体合流法
考核知识点：技能知识
难易度：难
标准答案：D

Jb0707173080 某进程在运行过程中需要等待从磁盘上读入数据，此时该进程的状态将( )。（3分）
A. 从就绪变为运行　B. 从运行变为就绪　C. 从运行变为阻塞　D. 从阻塞变为就绪
考核知识点：主机基础
难易度：难
标准答案：B

Jb0707173081 协议是控制两个（ ）进行通信的规则集合。（3分）
A. 相邻层实体　B. 对等层实体　C. 同一层实体　D. 不同层实体
考核知识点：网络基础
难易度：难
标准答案：B

Jb0707173082 设置隐藏共享的方式在共享资源的共享名后加上符号（ ）。（3分）
A. &　B. $　C. #　D. !
考核知识点：技能知识
难易度：难
标准答案：B

Jb0707173083 讲授法的优点是培训师容易控制（ ），能够使学员在较短时间内获得大量系统的知识。（3分）
A. 培训目标　B. 培训内容　C. 培训进程　D. 培训方法

考核知识点：技能知识
难易度：难
标准答案：C

Jb0707173084　科技档案归档，使用系统自动组卷功能时，卷内文件数量取决于（　　）。（3分）
A. 系统允许的数量　B. 电子案卷的大小
C. 实体案卷卷内文件数量　D. 电子案卷宽度
考核知识点：技能知识
难易度：难
标准答案：C

Jb0707173085　信息通信客服人员收集事件处理过程中比较（　　）的问题，整理汇总后形成知识库并定期更新，通过知识库的建立形成相对统一的事件处理标准。（3分）
A. 典型　B. 常见　C. 特殊　D. 敏感
考核知识点：技能知识
难易度：难
标准答案：A

Jb0707173086　保障信息安全最基本、最核心的技术措施是（　　）。（3分）
A. 信息加密技术　B. 信息确认技术　C. 网络控制技术　D. 反病毒技术
考核知识点：技能知识
难易度：难
标准答案：A

Jb0707173087　操作系统中采用缓冲技术的目的是增强系统（　　）的能力。（3分）
A. 串行操作　B. 控制操作　C. 重执操作　D. 并行操作
考核知识点：技能知识
难易度：难
标准答案：D

Jb0707173088　在信息安全加固工作中应遵循的原则有（　　）。（3分）
A. 规范性原则　B. 可控性原则
C. 最小影响和保密原则　D. 以上都是
考核知识点：规章制度
难易度：难
标准答案：D

Jb0707173089　省公司级单位信息通信客服（　　）负责处理用户投诉，对投诉内容进行调查核实，并进行妥善处理，及时回复投诉用户。（3分）
A. 主管人员　B. 全部人员　C. 监督人员　D. 指挥人员
考核知识点：规章制度
难易度：难

标准答案：A

Jb0707173090　公司各级单位信息通信客服人员要参加公司统一组织的信息系统运维人员技术资格普考或信息系统运维外委业务服务人员资格考试或通信专业普考，(　　) 上岗。(3 分)

A. 持证　　B. 统一　　C. 集中　　D. 积极

考核知识点：规章制度

难易度：难

标准答案：A

Jb0707173091　一线客服座席提供 7×24h 受理故障申报受理服务，重大系统故障及时处理，其他故障提供 (　　) h 处理。(3 分)

A. 5×9　　B. 7×24　　C. 7×9　　D. 5×9

考核知识点：规章制度

难易度：难

标准答案：A

Jb0707173092　国家电网有限公司信息运维遵循“三线运维”的原则，三线是指“一线前台服务台、二线后台运行维护和三线 (　　)”的三线运行维护架构。(3 分)

A. 厂家技术支持　　B. 专家技术支持　　C. 上门维护服务　　D. 外围技术支持

考核知识点：规章制度

难易度：难

标准答案：D

Jb0707173093　国家电网有限公司信息通信系统客户服务管理办法 (　　) 于公司总部 (分部) 及所属各级单位 (含全资、控股、代管单位)。(3 分)

A. 不适用　　B. 部分适用　　C. 适用　　D. 选择性适用

考核知识点：规章制度

难易度：难

标准答案：C

Jb0707173094　1h 内上报同一业务应用不可用的用户数不少于 3 人，且符合《国家电网有限公司安全事故调查规程 (2021 版)》规定的八级信息系统事件为 (　　)。(3 分)

A. 重大突发事件　　B. 较大突发事件　　C. 一般突发事件　　D. 特大突发事件

考核知识点：规章制度

难易度：难

标准答案：C

Jb0707173095　信息通信客服是指统一管理信息通信运维请求的接入及服务，提供信息化支撑保障的 (　　)。(3 分)

A. 服务窗口　　B. 统一窗口　　C. 综合窗口　　D. 接入窗口

考核知识点：规章制度

难易度：难

标准答案：A

Jb0707173096　根据国家电网有限公司规定，原则上新上线信息系统每月不超过（　　）次一级检修，建转运后每月不超过（　　）次一级检修。（3分）

A. 2，2　　B. 2，1　　C. 3，2　　D. 3，1

考核知识点：规章制度

难易度：难

标准答案：B

Jb0707173097　信息通信系统运行检修人员在巡检、检修等过程中发现的有可能影响到用户正常使用业务应用系统的信息，要及时告知信息通信（　　）。（3分）

A. 客服人员　　B. 运维人员　　C. 相关领导　　D. 现场人员

考核知识点：规章制度

难易度：难

标准答案：A

Jb0707173098　省公司级单位（　　）是本单位信息通信客服工作的归口管理部门。（3分）

A. 互联网专业职能管理部门　　B. 人力资源管理部门

C. 信息通信系统运行维护单位（部门）　　D. 信通公司

考核知识点：规章制度

难易度：难

标准答案：A

Jb0707173099　国家电网有限公司信息通信客服应急处置工作小组组长由国家电网有限公司信息通信分公司（　　）担任。（3分）

A. 客服部门主要负责人　　B. 运检部门主要负责人

C. 信息系统运维负责人　　D. 网络安全负责人

考核知识点：规章制度

难易度：难

标准答案：A

Jb0707173100　对于ERP后台作业来说，状态Ready意味着（　　）。（3分）

A. 作业计划已经完成并存储

B. 作业已被执行并且准备好输出日志

C. 作业正等待系统资源变得可用从而开始执行

D. 作业将不被执行

考核知识点：技能知识

难易度：难

标准答案：C

Jb0707173101　检查SAP系统的ABAP DUMP需要使用（　　）。（3分）

A. SM12　　B. df－m　　C. ST22　　D. RZ11

考核知识点：技能知识
难易度：难
标准答案：C

Jb0707173102　三线技术支持机构应与信通客服、(　　)、厂商建立协同工作机制，提升处理疑难和紧急问题的能力。(3分)

A. 各级调度　B. 运行维护　C. 检修机构　D. 调控运检
考核知识点：主机基础
难易度：难
标准答案：D

Jb0707173103　SAP系统使用(　　)事务码检查是否有安装错误。(3分)

A. DB02　B. SE06　C. STMS　D. SICK
考核知识点：技能知识
难易度：难
标准答案：D

Jb0707173104　SAP ERS服务的作用是(　　)。(3分)

A. 提供负载均衡服务
B. 作为Enqueue server的备份，避免系统故障时锁记录丢失
C. 作为SAP实例锁内存
D. 作为消息服务器的备份
考核知识点：技能知识
难易度：难
标准答案：B

Jb0707173105　锁定SAP系统中的事务代码的T－CODE是(　　)。(3分)

A. SM12　B. SM01　C. SM02　D. SU01
考核知识点：技能知识
难易度：难
标准答案：B

Jb0707173106　传输请求的传输路径是从(　　)→(　　)→(　　)。(3分)

A. 开发→测试→生产　B. 开发→生产→测试
C. 测试→开发→测试　D. 测试→开发→生产
考核知识点：技能知识
难易度：难
标准答案：A

Jb0707173107　操作系统能够采用磁盘作为虚拟内存，一般来说，虚拟内存的大小受到(　　)的限制。(3分)

A. 磁盘空间　B. 磁盘空间及CPU寻址范围

C. 程序的地址空间　　D. 物理内存容量

考核知识点：主机基础

难易度：难

标准答案：B

多选题

Jb0707171108　应定期对安全移动存储介质进行（　　）。（5分）

A. 销毁　　B. 清理　　C. 核对　　D. 检查

考核知识点：主机基础

难易度：易

标准答案：BC

Jb0707171109　在信通客服网站系统中进行服务指南维护时，上传附件可以是（　　）M。（5分）

A. 80　　B. 90　　C. 100　　D. 200

考核知识点：技能知识

难易度：易

标准答案：ABC

Jb0707172110　信息系统业务中断是指（　　）之外的信息系统授权用户无法使用该系统处理业务。（5分）

A. 系统管理员　　B. 网络管理员　　C. 安全管理员　　D. 数据库管理员

考核知识点：规章制度

难易度：易

标准答案：AD

Jb0707172111　在处理投诉时，不要让事态升级，主要包括（　　）。（5分）

A. 不要让抱怨升级为投诉　　B. 不要让一般升级为重点

C. 不要让事情升级为态度　　D. 不要让简单升级为转办

考核知识点：服务规范

难易度：中

标准答案：ABC

Jb0707173112　在处理用户问题时，以下表述不恰当的是（　　）。（5分）

A. “不可能，绝对不会有这种事情”　　B. “我绝没有说过那种话”

C. “这是我们公司的规定”　　D. “我不大清楚”

考核知识点：服务规范

难易度：难

标准答案：ABCD

Jb0707173113　要求一线客服座席能迅速、准确地判断用户的服务请求，做到（　　）。（5分）

A. 不拖延　　B. 不推诿　　C. 不理睬　　D. 不及时处理

考核知识点：服务规范

难易度：难
标准答案：AB

判　断　题

Jb0707171114　电话通话完毕后，应等对方挂断电话后再将电话轻轻放回。（3 分）
A. 对　　　　B. 错
考核知识点：服务规范
难易度：易
标准答案：A

Jb0707171115　信息通信客服资源申请服务中组织信息有两个策略，分别是直接切入主题的策略以及间接靠入主题的策略。（3 分）
A. 对　　　　B. 错
考核知识点：技能知识
难易度：易
标准答案：A

Jb0707171116　切换通话是指座席在客户与第三方之间来回切换通话。（3 分）
A. 对　　　　B. 错
考核知识点：技能知识
难易度：易
标准答案：A

Jb0707171117　在各类沟通方式中，电子媒介沟通在渠道丰富度上最高。（3 分）
A. 对　　　　B. 错
考核知识点：技能知识
难易度：易
标准答案：B

Jb0707171118 在安全移动存储介质使用过程中，应注意检查病毒、木马等恶意代码。（3 分）
A. 对　　　　B. 错
考核知识点：技能知识
难易度：易
标准答案：A

Jb0707171119　座席人员通过拔外线方式主动发起呼叫，与客户电话联系。（3 分）
A. 对　　　　B. 错
考核知识点：技能知识
难易度：易
标准答案：B

Jb0707172120　国家电网有限公司专用存储设备（U 盘/移动硬盘）是集数据加密、访问授权控

制功能于一体的移动存储设备，在国家电网有限公司系统外部也可以使用。（3分）

A. 对　　B. 错

考核知识点：规章制度

难易度：中

标准答案：B

Jb0707172121　信息系统之间集成必须采用服务网关或企业服务总线，禁止系统之间直接集成。（3分）

A. 对　　B. 错

考核知识点：规章制度

难易度：中

标准答案：A

Jb0707172122　信息运行维护单位（部门）负责本单位信息设备检修计划的编制、上报及执行。计划检修应按编制的年度、月度检修计划执行，计划检修、临时检修应提前办理检修申请。（3分）

A. 对　　B. 错

考核知识点：规章制度

难易度：中

标准答案：A

Jb0707172123　信息通信客服提供12h投诉建议受理服务。（3分）

A. 对　　B. 错

考核知识点：规章制度

难易度：中

标准答案：B

Jb0707172124　对外提供服务的虚拟服务器地址可自行决定是否进行域名绑定。（3分）

A. 对　　B. 错

考核知识点：规章制度

难易度：中

标准答案：B

Jb0707172125　申请书和请示都是请求上级机关批准答复的公文。（3分）

A. 对　　B. 错

考核知识点：规章制度

难易度：中

标准答案：B

Jb0707172126　话务指标监控：接听电话、未接电话、呼出电话数、呼入电话数、弃话率、外拨电话数、平均通话时长、平均应答速度。（3分）

A. 对　　B. 错

考核知识点：业务知识

难易度：中
标准答案：A

Jb0707172127　病毒只损害计算机的软件。（3分）
A. 对　　B. 错
考核知识点：信息安全基础
难易度：中
标准答案：B

Jb0707172128　用户输入交换区登录密码并成功登录后，打开“我的电脑”会发现新盘符交换区。（3分）
A. 对　　B. 错
考核知识点：技能知识
难易度：中
标准答案：A

Jb0707172129　客户回访工作内容为：在受理事件处理结束后，对提出请求的用户进行满意度调查。（3分）
A. 对　　B. 错
考核知识点：业务知识
难易度：中
标准答案：A

Jb0707172130　客户反映针对客服代表的投诉、举报、意见、建议、表扬业务等情况属于投诉工单。（3分）
A. 对　　B. 错
考核知识点：业务知识
难易度：中
标准答案：B

Jb0707172131　若二线运维人员可直接处理该问题，则形成咨询答复反馈一线客服座席；若为硬件故障，则联系相应的厂家解决；若为信息系统故障，则转向故障申报中的相应工作流程。（3分）
A. 对　　B. 错
考核知识点：业务知识
难易度：中
标准答案：A

Jb0707172132　通话状态下，座席单击【小休】时，客户来电会转接到此座席。（3分）
A. 对　　B. 错
考核知识点：业务知识
难易度：中
标准答案：B

Jb0707172133　座席分组信息维护中的新增下级是指在“座席分组管理”页面，在左侧座席分组目录树中单击选择要新增下级分组的座席分组。（3分）

A. 对　　B. 错

考核知识点：业务知识

难易度：中

标准答案：A

Jb0707172134　座席人员应严格遵循礼貌用语范围，严禁使用以下用语：“知道了吗？”“请诚实回答。”“这不是我的工作。”（3分）

A. 对　　B. 错

考核知识点：服务规范

难易度：中

标准答案：A

Jb0707173135　公司信息系统检修工作坚持“应修必修，修必修好”的原则，实行统一领导、分级负责。（3分）

A. 对　　B. 错

考核知识点：规章制度

难易度：难

标准答案：A

Jb0707173136　省公司级单位信息通信客服服务目录经本单位系统运行维护单位审批后执行，同时向国家电网有限公司数字化工作部报备。（3分）

A. 对　　B. 错

考核知识点：规章制度

难易度：难

标准答案：B

Jb0707173137　信息通信客户服务系统通过人工和自动的方式，利用 186 客服热线和 Internet 网站等手段，向信息系统客户提供 5×24h 的一个多层次、全方位服务的综合业务服务平台。（3分）

A. 对　　B. 错

考核知识点：服务规范

难易度：难

标准答案：B

Jb0707173138　在协同办公系统中，文书不可以在公文传输中查看已接收的文件。（3分）

A. 对　　B. 错

考核知识点：技能知识

难易度：难

标准答案：B

Jb0707173139　网关一般用于不同类型、差别较大的网络系统之间的互连。（3分）

A. 对　　　　B. 错

考核知识点： 网络基础

难易度： 难

标准答案： A

Jb0707173140　拆除蓄电池连接铜排或线缆应使用经绝缘处理的工器具。（3 分）

A. 对　　　　B. 错

考核知识点： 规章制度

难易度： 难

标准答案： A

Jb0707173141　办公计算机及外设使用人员离岗离职，要及时报运行维护部门对存储的企业秘密信息、敏感信息进行清理后清退至固定资产管理部门。（3 分）

A. 对　　　　B. 错

考核知识点： 规章制度

难易度： 难

标准答案： A

Jb0707173142　信通客服网站系统内容维护员主要包括的功能有服务请求、服务跟踪、知识库、服务支持、信息公告和系统管理六大类。（3 分）

A. 对　　　　B. 错

考核知识点： 业务知识

难易度： 难

标准答案： A

Jb0707173143　投诉建议受理是指收集各单位客户服务人员、信息系统技术支持人员或实施人员在服务过程中的服务质量问题（服务态度、业务能力及处理结果）的投诉或建议。（3 分）

A. 对　　　　B. 错

考核知识点： 服务规范

难易度： 难

标准答案： A

简　答　题

Jb0707171144　信息系统检修工作实行哪些制度？至少写出两点。（10 分）

考核知识点： 规章制度

难易度： 易

标准答案：

信息系统检修工作实行工作票、操作票。

Jb0707171145　信息系统业务运维工作内容主要包括哪些？至少写出两点。（10 分）

考核知识点： 业务知识

难易度： 易

标准答案：

日常应用巡检，用户操作指导，功能配置变更，账号权限管理等。

Jb0707173146 公司各级单位信息通信客服和信息通信调度紧密联系，其协同工作机制是什么？（10分）

考核知识点：规章制度

难易度：难

标准答案：

（1）信息通信调度负责将批准后的可能影响用户应用的检修计划告知信息通信客服，由信息通信客服统一组织发布面向用户的相关信息通信系统停机检修公告。

（2）信息通信客服受理的事件，内容涉及因信息系统应用缺陷造成用户无法进行正常工作的问题时，应及时告知信息通信调度，由信息通信调度完成问题的跟踪、处理。信息通信调度在事件处理方案确认后，反馈信息通信客服，信息通信客服人员要按照反馈内容向信息系统用户进行公告、答疑。

（3）各类计划检修、紧急抢修任务或紧急事件，各单位信息通信调度要对其影响范围、时间进行分析判断，影响到信息系统用户的事件要立即通知信息通信客服进行公告。

Jb0707171147 国家电网有限公司信息通信分公司负责运维范围内信息通信客服工作的管理包括哪些？至少写出两点。（10分）

考核知识点：规章制度

难易度：易

标准答案：

（1）服务资源的调配。

（2）服务质量的监督与控制。

（3）服务工作分析。

（4）服务工单管理。

Jb0707171148 信息系统检修工作可分为哪些？至少写出两点。（10分）

考核知识点：规章制度

难易度：易

标准答案：

信息系统检修工作可分为计划检修、临时检修、紧急抢修。

Jb0707171149 请简述查询 Oracle 在线日志状态的方法。（10分）

考核知识点：数据库基础

难易度：易

标准答案：

（1）select * from v$logfile。

（2）archive log list。

Jb0707173150 公用账号的使用应由账号责任人负责，具体应遵循的要求有哪些？（10分）

考核知识点：业务知识

难易度：难

标准答案：

（1）须建立公用账号的书面使用记录，包含使用时间、使用人、工作内容和使用期限等必要信息，确保记录真实、完整、可追溯。

（2）须在责任人、使用人发生变化时，立即修改密码，杜绝外泄，确保公用账号密码的使用安全。

（3）须严格控制使用人范围，严禁未经授权许可的人员使用公用账号。

（4）须加强对使用人使用信息系统行为的检查监督，确保使用行为与授权许可一致。

Jb0707171151　《国家电网有限公司网络与信息系统安全管理办法》规定：第三方单位在为公司提供系统规划建设、网络安全运维、咨询服务等业务前，应对其资质、背景和业务情况进行核查，应与其和相关人员签署合同（含保密条款），还要签订哪些协议？。(10 分)

考核知识点：规章制度

难易度：易

标准答案：

《国家电网有限公司网络与信息系统安全管理办法》规定：第三方单位在为公司提供系统规划建设、网络安全运维、咨询服务等业务前，应对其资质、背景和业务情况进行核查，应与其和相关人员签署合同（含保密条款），还要签订保密协议或保密承诺书。

Jb0707171152　在公告查询管理页面可以浏览并可以通过申请人、有效起始时间、有效截止时间查询条件查询哪些信息公告？至少写出两点。(10 分)

考核知识点：技能知识

难易度：易

标准答案：

在公告查询管理页面可以浏览并可以通过申请人、有效起始时间、有效截止时间查询条件查询待提交、审核过。

Jb0707171153　客户回访内容及结果要如实记录，调查内容包括哪些？至少写出两点。(10 分)

考核知识点：服务规范

难易度：易

标准答案：

客户回访内容及结果要如实记录，调查内容包括服务态度、语言规范、业务能力。

Jb0707171154　简述客户服务电话沟通的重要性。(10 分)

考核知识点：服务规范

难易度：易

标准答案：

（1）提高客户满意度的重要因素。

（2）维护企业形象的重要保证。

（3）有助于客户服务代表服务能力的提高。

Jb0707171155　影响服务体验的关键因素包括哪些？至少写出两点。(10 分)

考核知识点：服务规范

难易度：易

标准答案：

影响服务体验的关键因素包括专业的人员、方便、让客户得到满足、受到重视。

Jb0707171156　信通客服系统的使用拓展了信息系统客户服务的哪些内容？至少写出两点。（10分）

考核知识点：业务知识

难易度：易

标准答案：

信通客服系统的使用拓展了信息系统客户服务的多渠道、多模式。

Jb0707171157　客服主管需要在多长时间内完成问题审核，客服值长在几个工作日内确定是否涉及问题整改工作？至少写出两点。（10分）

考核知识点：业务知识

难易度：易

标准答案：

客服主管需要在1h内完成问题审核，客服值长在0.5工作日内确定是否涉及问题整改工作。

Jb0707171158　沟通的重要性有哪些？至少写出两点。（10分）

考核知识点：服务规范

难易度：易

标准答案：

（1）沟通是生存的需要。

（2）沟通是心理健康的保障。

（3）沟通是一种成功素质。

Jb0707171159　客服座席对于用户提出的故障申报应具有哪些初步判断能力？至少写出两点。（10分）

考核知识点：业务知识

难易度：易

标准答案：

（1）区分业务系统故障。

（2）区分用户桌面终端故障。

Jb0707171160　系统平台完成客户服务的哪些功能，并提供相应的服务手段？至少写出两点。（10分）

考核知识点：业务知识

难易度：易

标准答案：

系统平台完成客户服务的接入、排队、呼叫转移、识别，并提供相应的服务手段。

Jb0707171161　座席人员处理用户故障报修问题时需详细记录哪些内容，派发故障报修工单？至少写出两点。（10分）

考核知识点：业务知识

难易度：易

标准答案：

座席人员处理用户故障报修问题时需详细记录客户信息、办公地点，派发故障报修工单。

Jb0707171162　使用信封封装绝密级秘密载体时，应当使用由防透视材料制作的、周边缝有韧线的信封，信封的哪些应当加盖密封章或加贴密封条？至少写出两点。(10分)

考核知识点：业务知识

难易度：易

标准答案：

信封的封口、中缝应当加盖密封章或加贴密封条。

Jb0707171163　客户服务系统在逻辑组上分为哪些？至少写出两点。(10分)

考核知识点：业务知识

难易度：易

标准答案：

客户服务系统在逻辑组上分为系统平台、业务平台。

Jb0707173164　信息系统业务运维工作的目标是什么？（10分）

考核知识点：规章制度

难易度：难

标准答案：

信息系统业务运维工作的目标是面向业务需求，增强服务运营意识，丰富服务形式，提升服务敏捷度，提高用户满意度，推动运行工作从“面向设备”到“面向业务与数据”转变，从“支撑业务”向“推动业务”转变，持续提升运维价值。

Jb0707171165　目前，我国对供电质量的好坏从哪三个方面来衡量？（10分）

考核知识点：技能知识

难易度：易

标准答案：

目前，我国对供电质量的好坏从电压质量、频率质量、供电可靠率三个方面来衡量。

Jb0707171166　集群架构的优点包括哪些？至少写出两点。(10分)

考核知识点：数据库基础

难易度：易

标准答案：

集群架构的优点包括易于管理、灵活的负载均衡、可靠的安全性、可扩展性。

Jb0707171167　根据可能造成的事故后果，隐患分为哪些等级？至少写出两点。(10分)

考核知识点：规章制度

难易度：易

标准答案：

根据可能造成的事故后果，隐患分为一般事故隐患、重大事故隐患、安全事件隐患。

Jb0707171168　信息运维标准化体系总流程涵盖和发布管理等核心管理流程有哪些？至少写出两点。（10分）

考核知识点：规章制度

难易度：易

标准答案：

信息运维标准化体系总流程涵盖和发布管理等核心管理流程有事件管理、问题管理、配置管理、变更管理。

Jb0707172169　沟通中的文化背景指的是沟通双方的哪些信息？至少写出两点。（10分）

考核知识点：服务规范

难易度：中

标准答案：

沟通中的文化背景指的是沟通双方的价值取向、思维模式、心理结构。

Jb0707172170　关于运用提问技巧寻找用户需求正确的表述有哪些？至少写出两点。（10分）

考核知识点：服务规范

难易度：中

标准答案：

（1）开放式问题和封闭式问题都很有必要。

（2）一般应先提一个开放式的问题，如“有什么需要我帮忙吗？”。

（3）如果封闭式问题得到的回答是否定的，就应该马上重新转回到开放式问题。

（4）成功地运用封闭式的问题，也能马上就把用户的需求找到。

Jb0707172171　统计分析工作内容为：定期对用户的哪些影响信息通信客服工作的相关数据进行统计和分析？至少写出两点。（10分）

考核知识点：业务知识

难易度：中

标准答案：

统计分析工作内容为：定期对用户的咨询、投诉、建议进行统计和分析。

Jb0707172172　员工性格特征各有特点，一般有哪些较典型的人格特征？至少写出两点。（10分）

考核知识点：服务规范

难易度：中

标准答案：

（1）勇往直前的“冲刺者”。

（2）一团和气的“好先生”。

（3）不折不扣的“执行者”。

（4）勤劳肯干的“老实人”。

（5）想象力丰富。

Jb0707172173　撰写请示应坚持哪些原则？至少写出两点。（10分）

考核知识点：技能知识

难易度：中

标准答案：

（1）一文一事的原则。

（2）上报同时不抄送下级机关。

Jb0707172174　制定《国家电网公司电力安全工作规程（信息部分）》的主要目的包括哪些？至少写出两点。（10 分）

考核知识点：规章制度

难易度：中

标准答案：

（1）加强信息作业管理。

（2）规范各类人员行为。

（3）保证信息系统及数据安全。

Jb0707172175　关于信息工作票的填写与签发的要求有哪些？至少写出两点。（10 分）

考核知识点：规章制度

难易度：中

标准答案：

（1）信息工作票可以由工作负责人填写。

（2）信息工作票由工作票签发人审核、签名后方可执行。

Jb0707172176　信息系统检修工作的合理安排包括哪些？至少写出两点。（10 分）

考核知识点：规章制度

难易度：中

标准答案：

（1）避开业务高峰时期。

（2）大型节假日和重要保障时期尽量不安排检修工作。

（3）对检修工作进行有效整合，避免同一系统短期内出现重复检修。

Jb0707171177　在信通客服网站系统中哪些人员可以在菜单依次单击【需求库】→【已入库】进入已入库页面？至少写出两点。（10 分）

考核知识点：规章制度

难易度：易

标准答案：

在信通客服网站系统中管理员、业务人员可以在菜单依次单击【需求库】→【已入库】进入已入库页面。

Jb0707172178　公司依据各类突发事件对信息通信客户服务质量可能造成的影响和严重程度，将各类突发事件分为哪些？至少写出两点。（10 分）

考核知识点：规章制度

难易度：中

标准答案：

公司依据各类突发事件对信息通信客户服务质量可能造成的影响和严重程度，将各类突发事件分为重大、较大、一般。

Jb0707172179　投诉建议处理时限根据投诉建议处理流程是根据哪几种环节分别给出时限规定的？至少写出两点。（10分）

考核知识点：规章制度

难易度：中

标准答案：

投诉建议处理时限根据投诉建议处理流程是根据投诉建议确认、投诉建议反馈、投诉建议处理、投诉建议提报分别给出时限规定的。

Jb0707172180　用户在信通客服网站系统"知识库"菜单下单击知识后可看到的信息包括哪些？至少写出两点。（10分）

考核知识点：业务知识

难易度：中

标准答案：

用户在信通客服网站系统"知识库"菜单下单击知识后可看到的信息包括入库时间、评价次数、只是目录、关键词。

Jb0707172181　为保证信息系统运行可靠性，应采取哪些措施？至少写出两点。（10分）

考核知识点：规章制度

难易度：中

标准答案：

（1）开展信息系统巡视。

（2）安全设备特征库定期更新。

（3）信息系统的配置、业务数据等定期备份，备份的数据宜定期进行验证。

（4）信息系统的账号、权限应按需分配。

Jb0707172182　国家电网有限公司信息通信客服应急处置指南共涉及信息通信一体化调度运行平台哪些应急处置流程及要求？至少写出两点。（10分）

考核知识点：规章制度

难易度：中

标准答案：

（1）ICS故障。

（2）话务量异常增长。

（3）信息系统及网络故障。

（4）网络安全事件及重要用户。

Jb0707172183　国家电网有限公司信息通信客服应急处置工作小组成员有哪些？至少写出两点。（10分）

考核知识点：规章制度

难易度：中

标准答案：

（1）信息通信客服班长及座席。

（2）信息通信调度值班员。

（3）信息系统运维负责人。

（4）网络安全负责人。

Jb0707172184 为确保内网安全，对内网计算机有哪些要求？至少写出两点。(10分)

考核知识点：规章制度

难易度：中

标准答案：

（1）进行地址绑定。

（2）安装终端管理系统。

Jb0707172185 信息通信客服人员的监控方式有哪些？至少写出两点。(10分)

考核知识点：业务知识

难易度：中

标准答案：

信息通信客服人员的监控方式有实时抽查、随机抽查、重点抽查。

Jb0707172186 请简述信息通信备品、备件含义。(10分)

考核知识点：规章制度

难易度：中

标准答案：

备品指能够独立行使某种电气性能的整体性设备，能够完全替代原有同类在运设备；备件指整体性设备的零部件，可替代在运设备上的同类零部件，使在运设备继续保持原有性能。

Jb0707172187 集中部署信息系统业务运维模式有哪些？至少写出两点。(10分)

考核知识点：规章制度

难易度：中

标准答案：

集中部署信息系统业务运维模式有一级运维模式、二级运维模式。

Jb0707171188 信息系统高级诊断及调优工作包括哪几个阶段？（10分）

考核知识点：规章制度

难易度：易

标准答案：

信息系统高级诊断及调优工作包括前期准备、现场实施、后期管理。

Jb0707172189 请简述信息通信客服工作主要内容。(10分)

考核知识点：规章制度

难易度：中

标准答案：

信息通信客服工作主要内容包括服务请求受理、故障受理、信息发布、投诉受理、客户回访、业务需求收集和统计分析等。

Jb0707172190 《国家电网公司网络与信息系统安全管理办法》的要求有哪些？至少写出两点。（10分）

考核知识点：规章制度

难易度：中

标准答案：

（1）网络与信息系统安全工作坚持“三纳入一融合”原则。

（2）网络与信息系统安全管理工作机制遵循“统一指挥、密切配合、职责明确、流程规范、响应及时”的协同原则。

（3）网络与信息系统应急管理体系建设坚持的方针是“安全第一、预防为主”。

Jb0707172191 信息通信客服人员每通有效话务要对应形成工单，工单内容包括哪些内容？至少写出两点。（10分）

考核知识点：规章制度

难易度：中

标准答案：

信息通信客服人员每通有效话务要对应形成工单，工单内容包括时间、地点、故障现象、联系人。

Jb0707172192 信息系统缺陷按其严重程度划分为几个等级？至少写出两点。（10分）

考核知识点：规章制度

难易度：中

标准答案：

信息系统缺陷按其严重程度划分为危急缺陷、严重缺陷、一般缺陷。

Jb0707172193 班组长对班组成员进行个别辅导常采用哪些方式？至少写出两点。（10分）

考核知识点：服务规范

难易度：中

标准答案：

班组长对班组成员进行个别辅导常采用询式辅导、刺激式辅导、答疑式辅导。

Jb0707172194 电网企业班组生产管理的内容主要有哪些？至少写出两点。（10分）

考核知识点：业务知识

难易度：中

标准答案：

电网企业班组生产管理的内容主要有生产计划管理、生产技术管理、生产组织管理、生产设备工具管理、生产现场作业管理、生产总结与改善。

Jb0707172195 简述安全事故处理的“四不放过”原则。（3分）

考核知识点：规章制度

难易度：中

标准答案：

四不放过是指事故原因未查清不放过，责任人员未处理不放过，整改措施未落实不放过，有关人员未受到教育不放过。

Jb0707172196 团队领导的心态修养包括哪些？至少写出两点。（10分）

考核知识点：服务规范

难易度：中

标准答案：

团队领导的心态修养包括零点、积极、感恩、非凡。

Jb0707172197 调查报告的正文组成部分一般有哪些？至少写出两点。（10分）

考核知识点：业务知识

难易度：中

标准答案：

调查报告的正文组成部分一般有前言、主体、结尾。

Jb0707172198 班组长的重要作用表现在哪些方面？至少写出两点。（10分）

考核知识点：服务规范

难易度：中

标准答案：

班组长的重要作用表现在执行决策、指挥生产、组织管理、组建团队、协调关系。

Jb0707172199 资源申请处理进度可通过哪些渠道推送重点用户？至少写出两点。（10分）

考核知识点：业务知识

难易度：中

标准答案：

资源申请处理进度可通过短信、i国网、客服网站推送重点用户。

Jb0707172200 《国家电网有限公司信息系统账号实名制管理细则》规定：国家电网有限公司数字化工作部作为公司信息通信职能管理部门，主要职责有哪些？至少写出两点。（10分）

考核知识点：规章制度

难易度：中

标准答案：

（1）负责明确公司信息系统账号实名制工作要求。

（2）负责公司信息系统账号实名制相关的信息技术、运行等管理工作。

（3）负责定期组织对公司信息系统账号实名制工作执行情况进行检查、监督、评价和考核。

（4）协同信息系统总部授权许可部门对账号实名制违规情况进行核查。

Jb0707172201 信息通信客服资源申请服务中的“二线运维人员”的主要工作有哪些？至少写出两点。（10分）

考核知识点：业务知识

难易度：中
标准答案：
（1）完成管理信息系统的账号权限运维工作。
（2）解决和反馈运维过程中出现的问题及情况。

Jb0707172202　总结的写作主要包括哪些？至少写出两点。（10 分）
考核知识点：技能知识
难易度：中
标准答案：
总结的写作主要包括标题、正文、落款。

Jb0707172203　公用账号仅可用于哪些场景？（10 分）
考核知识点：规章制度
难易度：中
标准答案：
（1）信息系统班组维护作业。
（2）集中批量数据导入。
（3）信息收集及反馈。

Jb0707172204　一类信息系统包括哪些？（10 分）
考核知识点：规章制度
难易度：中
标准答案：
（1）受政府严格监管的信息系统。
（2）纳入国家关键信息基础设施的信息系统。
（3）对公司生产经营活动有重大影响的信息系统。

Jb0707172205　信息系统客户服务等级对受理的事件依据产生影响的范围划分为哪些？至少写出两点。（10 分）
考核知识点：业务知识
难易度：中
标准答案：
信息系统客户服务等级对受理的事件依据产生影响的范围划分为第一级客户服务、第二级客户服务、第三级客户服务。

Jb0707171206　应急预案评审包括哪几方面？（10 分）
考核知识点：规章制度
难易度：易
标准答案：
应急预案评审包括形式评审、要素评审。

Jb0707172207　关于人员的信息安全管理要求有哪些？至少写出两点。（10 分）

考核知识点：信息安全基础

难易度：中

标准答案：

（1）对单位的新录用人员要签署保密协议。

（2）对离岗的员工应立即终止其在信息系统中的所有访问权限。

（3）要求第三方人员在访问前与公司签署安全责任合同书或保密协议。

Jb0707173208 建立用户投诉处理的闭环管理机制，准确记录哪些内容，确保用户投诉处理全过程完整记录？至少写出两点。（10分）

考核知识点：业务知识

难易度：难

标准答案：

建立用户投诉处理的闭环管理机制，准确记录投诉受理、处理、回复，确保用户投诉处理全过程完整记录。

Jb0707173209 国家电网有限公司所属的数字化建设实施等单位作为信息系统设计、建设和测试工作的承担单位，主要职责有哪些？至少写出两点。（10分）

考核知识点：规章制度

难易度：难

标准答案：

（1）负责在设计阶段考虑信息系统安全措施。

（2）负责在建设阶段考虑信息系统安全措施。

（3）负责在测试阶段考虑信息系统安全措施。

（4）按“同步规划、同步设计、同步运行”的原则落实信息系统业务授权许可使用需求。

Jb0707173210 信息系统运行工作内容主要包括哪些？至少写出两点。（10分）

考核知识点：规章制度

难易度：难

标准答案：

（1）运行监测、巡视巡检。

（2）两票管理、运行监护。

（3）接入管理、运行方式执行。

（4）账号权限管理、设备管理。

（5）缺陷管理、故障管理。

（6）运行分析、安全保障。

Jb0707173211 请简单描述XP系统和WIN7系统内网机安装方正字体库的步骤。（10分）

考核知识点：主机基础

难易度：难

标准答案：

（1）下载方正字体库，保存到本地计算机。

（2）XP系统：需将方正字体库复制到C：\Windows\Fonts。

（3）Win7 系统：可直接将新安装的字体双击打开激活。

Jb0707173212　请简单描述员工信息同步变更至 ERP 人资管理系统的处理。

考核知识点：业务知识

难易度：难

标准答案：

（1）提交申请单。

（2）核实需变更人员是否有门户账号（如果没有，需先创建门户账号）。

（3）将该人员信息发给 ERP 人资项目组进行处理。

（4）ERP 人资反馈信息是否已同步完成。

（5）将处理结果反馈给用户。

Jb0707173213　请简述如何在呼叫系统中进行回访抽样查询。（10 分）

考核知识点：技能知识

难易度：难

标准答案：

在系统主菜单中单击【服务质量监督】模块，在【服务质量监督】模块中单击【抽样回访】，展开【抽样回访】菜单文件夹，单击“回访抽样查询”进入回访抽样查询页面；在回访抽样查询页面，可以查看所有回访抽样工单信息，包括已回访的和未回访的；可根据工单编号、用户分类、受理人员、满意度等条件过滤查询回访抽样工单；选择要一条回访抽样工单记录，单击【明细】弹出“工单回访明细”界面；在工单回访明细界面，可查看所选工单的详细信息。

Jb0707173214　请简述如何在呼叫系统中对关键指标监控进行查询。（10 分）

考核知识点：业务知识

难易度：难

标准答案：

在系统主菜单中单击【服务质量监督】模块，在【服务质量监督】模块中单击【关键指标监控】进入关键指标监控页面，在关键指标监控页面，分为三个区域，分别是：

（1）话务指标监控：接听电话、未接电话、呼出电话数、呼入电话数、弃话率、外拨电话数、平均通话时长、平均应答速度。

（2）工单指标监控：日创建工单数、日完成工单数、月创建工单数、月完成工单数。

（3）IMS 指标监控：服务平均响应时长、系统健康运行时长、页面会话连续数、在线用户数、注册用户数、累计访问人数、业务数据占用表空间大小、日登录人数、数据库平均响应时长。

Jb0707173215　请简述正确上传知识库的操作步骤。（10 分）

考核知识点：业务知识

难易度：难

标准答案：

在系统主菜单中单击【知识库管理】模块，在【知识库管理】模块中单击【知识辅助管理】，在【知识辅助管理】模块中单击【知识批量导入】，下载【知识新增导入】模板，根据要求编辑需要导入的知识，编辑完成后保存。打开【知识批量导入】模块，导入已编辑好的【知识库导入】模板，知识库导入成功，在【导入记录查询】模块可以查看已上传的知识库。

Jb0707173216 请简单描述，在 Excel 表格中，如何实现不同列之间中英文输入的自动切换？（10 分）

考核知识点：业务知识

难易度：难

标准答案：

（1）选中要输入英文的列，单击【数据】菜单，选择“有效性……”命令，在弹出的【数据有效性】对话框中，选中【输入法模式】选项卡，在【模式】框中选择【关闭（英文模式）】命令，单击【确定】按钮。

（2）选中要输入汉字的列，在【有效数据】对话框中，单击【IME 模式】选项卡，在【模式】框中选择【打开】命令，单击【确定】按钮。这样，当光标在前一列时，可以输入英文，在下一列时，直接可以输入中文，从而实现了中英文输入方式之间的自动切换。

Jb0707173217 请写出信通客服系统在逻辑组上的分类。至少写出两点。（10 分）

考核知识点：业务知识

难易度：难

标准答案：

信通客服系统在逻辑组上分为系统平台、业务平台。

Jb0707173218 ICS 呼叫系统中，“值长”所特有的软电话功能有哪些？至少写出两点。（10 分）

考核知识点：业务知识

难易度：难

标准答案：

ICS 呼叫系统中，“值长”所特有的软电话功能有监听、强插、拦截、强拆。

Jb0707173219 运行绩效管理包括哪些方面？至少写出两点。（10 分）

考核知识点：规章制度

难易度：难

标准答案：

运行绩效管理包括绩效目标管理、绩效运行监控、绩效评价管理和评价结果应用。

Jb0707173220 座席分组信息维护包括哪些内容？至少写出两点。（10 分）

考核知识点：规章制度

难易度：难

标准答案：

座席分组信息维护包括新增下级、修改、删除。

Jb0707173221 座席分组成员信息维护包括哪几方面？至少写出两点。（10 分）

考核知识点：规章制度

难易度：难

标准答案：

座席分组成员信息维护包括运维人员维护、客户信息查询、联系人维护、客户信息维护、软硬件信息。

Jb0707173222　常态安全巡检有哪些？（10分）

考核知识点：业务知识

难易度：难

标准答案：

（1）定期巡检病毒木马感染情况。

（2）定期巡检责任范围内互联网出口攻击与非正常访问情况。

（3）定期巡检安全移动存储介质使用及内容安全交换情况。

（4）定期巡检信息内外网络、信息系统及设备漏洞及弱口令情况。

Jb0707173223　公司应急预案体系由哪些方案构成？（10分）

考核知识点：规章制度

难易度：难

标准答案：

公司应急预案体系由总体应急预案、专项应急预案、现场处置方案构成。

Jb0707173224　话务指标监控内容有哪些？至少写出两点。（10分）

考核知识点：业务知识

难易度：难

标准答案：

话务指标监控内容有接听电话、未接电话、弃话率、平均通话时长。

Jb0707173225　请写出信通客服网站系统“三库”？（10分）

考核知识点：业务知识

难易度：难

标准答案：

信通客服网站系统“三库”指知识库、需求库、缺陷库。

Jb0707173226　简述检修工作的分类。（10分）

考核知识点：规章制度

难易度：难

标准答案：

（1）信息系统检修工作是指对处于试运行和正式运行状态的信息系统开展的检测、维护和升级等，分为计划检修、临时检修、紧急检修三种。

（2）计划检修指列入年度、月度计划的检修工作。

（3）临时检修指未列入年度、月度计划，需要适时安排的检修工作。

（4）紧急检修指因系统或设备异常影响系统正常使用需紧急处理以及系统故障停运后所开展的应急处置工作。

Jb0707173227　信息系统事件调查事故应查明的情况有哪些？（10分）

考核知识点：规章制度

难易度：难

标准答案：

（1）查明事件发生前系统的运行情况。

（2）查明事件发生经过、扩大及处理情况。

（3）调查系统和设备资料（包括订货合同、维护记录等）情况以及规划、设计、建设、实施、运维等方面存在的问题。

（4）查明事件造成的损失，包括影响时间、影响范围、影响严重程度等。

Jb0707173228　信通客服网站系统的“系统管理”菜单下包括哪些方面？至少写出两点。（10分）

考核知识点：业务知识

难易度：难

标准答案：

信通客服网站系统的“系统管理”菜单下包括信息公告维护、资源下载维护、检修计划维护。

Jb0707173229　需求落实组主要职责有哪些？至少写出两点。（10分）

考核知识点：技能知识

难易度：难

标准答案：

（1）负责对已通过评审的需求组织落实处置方案、计划。

（2）负责线上反馈用户沟通需求过程、预期完成时间、实际完成时间、处理进度（至少每双周更新一次）。

Jb0707173230　信息安全策略必须具备哪些特性？至少写出两点。（10分）

考核知识点：信息安全基础

难易度：难

标准答案：

信息安全策略必须具备确定性、全面性、有效性。

Jb0707172231　在一个交换网络中，什么原因会导致TCA被置位的BPDU报文快速增长？至少写出两点。（10分）

考核知识点：网络基础

难易度：中

标准答案：

（1）在该网络中采用了不正确的线缆。

（2）在该网络中，没有在连接终端的接口上配置边缘端口。

Jb0707173232　在发生故障后，省信通调度向国网信通调度进行口头报告时，需要说明哪些主要内容？（10分）

考核知识点：规章制度

难易度：难

标准答案：

在发生故障后，省信通调度向国网信通调度进行口头报告时，需要说明事件发生时间、事件基本情况说明、事件初步影响范围、事件预计处理和恢复时间。

Jb0707173233　什么场合开展特殊巡检？（10 分）

考核知识点：规章制度

难易度：难

标准答案：

（1）在有外力破坏可能或恶劣气象条件（如雷电、暴雨、高温等）。

（2）特殊历史时期、节假日。

（3）国家重要会议期间。

（4）设备带缺陷运行或其他特殊情况下对设备进行的巡检。

Jb0707173234　请写出常用的公文种类。至少写出两点。（10 分）

考核知识点：业务知识

难易度：难

标准答案：

常用的公文种类有议案、通报、意见。

Jb0707173235　凭证预览错误，应从哪些方面检查？至少写出两点。（10 分）

考核知识点：业务知识

难易度：难

标准答案：

（1）成本中心主数据对应的利润中心是否有配置。

（2）sap 是否有对凭证的利润中心做其他校验。

Jb0707173236　员工报销系统功能架构使用了 ERP 中哪些模块？至少写出两点。（10 分）

考核知识点：业务知识

难易度：难

标准答案：

员工报销系统功能架构使用了 ERP 中 TV、FICO、HR 模块。

Jb0707173237　什么情况下，需要在系统内维护功能位置？（10 分）

考核知识点：业务知识

难易度：难

标准答案：

（1）技术对象需要进行计划和维护，并进行结构化管理。

（2）需要对运行状态和运行历史进行分析。

（3）需要对维护成本进行分析和绩效考核。

（4）需要对设备的运行环境进行故障敏感性分析。

Jb0707173238　发生生产安全事故后，生产经营单位应当采取哪些应急救援措施？（10 分）

考核知识点：规章制度

难易度：难

标准答案：

（1）迅速控制危险源，组织抢救遇险人员。

（2）根据事故危险程度，组织现场人员撤离或者采取可能的应急措施后撤离。

（3）及时通知可能受到事故影响的单位和人员。

（4）采取必要措施，防止事故危害扩大和发生次生、衍生灾害发生。

（5）根据需要请求邻近的应急救援队伍参加救援，并向参加救援的应急救援队伍提供相关技术资料、信息和处置方法。

（6）维护事故现场秩序，保护事故现场和相关证据。

（7）法律、法规规定的其他应急救援措施。

Jb0707173239 什么是生产经营单位新建、改建、扩建工程项目的安全设施的“三同时”？（10分）

考核知识点：规章制度

难易度：难

标准答案：

（1）安全设施与主体工程同时设计。

（2）同时施工。

（3）同时投入和使用。

Jb0707173240 国网信通调度在什么时，按照不同的报告时限要求完成信息上报？至少写出两点。（10分）

考核知识点：规章制度

难易度：难

标准答案：

国网信通调度在一般时期、重要保障、特级保障时，按照不同的报告时限要求完成信息上报。

Jb0707173241 信息系统高级诊断及调优工作包括哪些？至少写出两点。（10分）

考核知识点：规章制度

难易度：难

标准答案：

信息系统高级诊断及调优工作包括前期准备、分析问题、现场实施。

Jb0707173242 主要为及时掌握信息系统及运行环境的运行状况的巡检分为哪些？至少写出两点。（10分）

考核知识点：规章制度

难易度：难

标准答案：

主要为及时掌握信息系统及运行环境的运行状况的巡检分为定期巡检、特殊巡检、监察巡检。

Jb0707173243 信息系统运行机构承担的安全保障工作内容与要求有哪些？（10分）

考核知识点：规章制度

难易度：难

标准答案：

（1）应落实公司信息系统安全事件的预警、分析、处置及通报工作机制，制定并实施安全稳定运行的防范措施，提升安全保障水平。

（2）应参与制定信息系统应急预案编制与应急演练，提高运行应急处置能力。

（3）应根据数据安全相关管理规定，组织制定信息系统备份策略，并监督备份与恢复演练执行情况。

Jb0707173244　公司信息通信调度管理工作主要内容有哪些？至少写出两点。（10 分）

考核知识点：规章制度

难易度：难

标准答案：

（1）编制相关调度规程和业务流程。

（2）明确调度管辖范围，编制调度管辖范围明细表，对调度管辖范围内的信息通信资源进行统一调度和命名。

（3）明确调度管控监视范围，编制调度管控监视范围明细表。

（4）组织开展调度管辖范围内信息通信系统应急预案的编写及应急演练工作，负责应急事件的指挥与协调。

（5）组织编制、审核、发布信息通信系统运行方式。

第十章　信息通信客户服务代表高级技师技能操作

Jc0707162001　服务包管理。(100 分)

考核知识点：服务目录管理

难易度：中

技能等级评价专业技能考核操作工作任务书

一、任务名称

服务包管理。

二、适用工种

信息通信客户服务代表高级技师。

三、具体任务

对服务包的新增、修改、撤销以及查看明细。

四、工作规范及要求

掌握系统的基本操作。

五、考核及时间要求

（1）本考核操作时间为 15 分钟，时间到停止考评，包括报告整理时间。

（2）问题查找和排除过程中，如确实不能查找出问题，可向考评员申请排除问题，该项问题项目不得分，但不影响其他项目。

技能等级评价专业技能考核操作评分标准

工种	信息通信客户服务代表					评价等级	高级技师
项目模块	服务目录管理—服务包管理				编号	Jc0707162001	
单位			准考证号			姓名	
考试时限	15 分钟		题型	单项操作		题分	100 分
成绩		考评员		考评组长		日期	
试题正文	服务包管理						
需要说明的问题和要求	要求单人操作完成						

序号	项目名称	质量要求	满分	扣分标准	扣分原因	得分
1	新增	单击服务包信息下方的【新增】按钮，在打开的页面上录入服务包名称、服务包说明，单击【保存】，录入页面关闭，服务包信息新增一条服务包信息，且新增的服务包为选中状态，服务包编号为保存时自动生成；选中新增的服务包，在下方的服务明细中，新增服务，即完成服务包的新建	25	未完成扣 25 分		
2	修改	选择要修改的“服务包信息”，服务信息明细中将会展示该服务包所包含的服务明细，进行修改，修改完成后会显示服务包修改成功	25	未完成扣 25 分		

续表

序号	项目名称	质量要求	满分	扣分标准	扣分原因	得分
3	删除	选择服务包中的一条信息，单击【撤销】功能进行撤销，撤销完成后服务包信息中将不会有这条信息。显示撤销成功	25	未完成扣 25 分		
4	明细	在服务包选择一条信息，单击右下角明细按键，显示这条信息的录入情况，进行明细查看	25	未完成扣 25 分		
合计			100			

Jc0707162002　业务系统配置。（100 分）

考核知识点：服务目录管理

难易度：中

技能等级评价专业技能考核操作工作任务书

一、任务名称

业务系统配置。

二、适用工种

信息通信客户服务代表高级技师。

三、具体任务

对业务系统信息的新增、修改、撤销以及查看明细。

四、工作规范及要求

掌握系统的基本操作。

五、考核及时间要求

（1）本考核操作时间为 15 分钟，时间到停止考评，包括报告整理时间。

（2）问题查找和排除过程中，如确实不能查找出问题，可向考评员申请排除问题，该项问题项目不得分，但不影响其他项目。

技能等级评价专业技能考核操作评分标准

工种	信息通信客户服务代表					评价等级	高级技师
项目模块	服务目录管理—服务包管理				编号	Jc0707162002	
单位			准考证号			姓名	
考试时限	15 分钟	题型		单项操作		题分	100 分
成绩		考评员		考评组长		日期	
试题正文	业务系统配置						
需要说明的问题和要求	要求单人操作完成						

序号	项目名称	质量要求	满分	扣分标准	扣分原因	得分
1	新增	在业务系统信息里面单击【新增】会出来“新增”界面，录入系统名称、简称、序号、供应商选择、描述说明，进行保存，显示业务系统管理保存成功	25	未完成扣 25 分		

续表

序号	项目名称	质量要求	满分	扣分标准	扣分原因	得分
2	修改	单击业务系统信息里面一条信息前面打钩，然后单击右侧修改按键进行录入信息的修改，显示业务系统管理修改完成	25	未完成扣 25 分		
3	删除	单击业务系统信息里面一条信息前面打钩，然后单击右侧删除按键进行录入信息的删除，显示业务系统管理删除成功	25	未完成扣 25 分		
4	明细	单击业务系统信息里面一条信息前面打钩，然后单击右侧明细按键进行录入信息的明细查看	25	未完成扣 25 分		
合计			100			